煤安 煤矿全员安全素质提升系列丛书

U1000917

煤矿安全生产应知应会手册

（2024 版）

全国煤矿安全培训教材建设专家委员会 **组织编写**

王宏飞　郭媛媛　雷娟娟　胡开通 **主编**

中国矿业大学出版社

·徐州·

内 容 提 要

为全面满足煤矿企业开展全员安全生产应知应会知识培训和考核的需要，我们组织行业内众多来自一线的专家编写了这本《煤矿安全生产应知应会手册》。本手册共包含两篇，即通用知识篇和专业知识篇。通用知识篇主要介绍了煤矿安全生产法律法规及必备安全常识；专业知识篇共分为管理、采、掘、机、运、通等8个专业，83个工种，内容包括岗位责任制、岗位作业流程标准、风险隐患、防范或应急处置措施等。本手册内容简单实用，便于职工学习掌握。同时，手册中加入了大量的实操视频，并配套考试题库软件，可以大大激发职工学习兴趣，提升职工学习掌握相关知识的效率。

本手册适用于煤矿企业组织开展全员安全生产应知应会知识培训和考核。

图书在版编目(CIP)数据

煤矿安全生产应知应会手册 / 王宏飞等主编. —徐州：中国矿业大学出版社，2023.9(2024.1 重印)

ISBN 978-7-5646-5978-3

Ⅰ. ①煤… Ⅱ. ①王… Ⅲ. ①煤矿—安全生产—手册 Ⅳ. ①TD7-62

中国国家版本馆 CIP 数据核字(2023)第 181836 号

书　　名　煤矿安全生产应知应会手册
主　　编　王宏飞　郭媛媛　雷娟娟　胡开通
责任编辑　陈　慧　吴学兵
出版发行　中国矿业大学出版社有限责任公司
　　　　　　(江苏省徐州市解放南路　邮编 221008)
营销热线　(0516)83885370　83884103
出版服务　(0516)83885312　83884920
网　　址　http://www.cumtp.com　**E-mail**:cumtpvip@cumtp.com
印　　刷　江苏苏中印刷有限公司
开　　本　787 mm×1092 mmm　1/16　**印张** 19.5　**字数** 487 千字
版次印次　2023 年 9 月第 1 版　2024 年 1 月第 4 次印刷
定　　价　78.00 元

数字资源使用方法

一、书中二维码视频观看方法

刮开封底防伪码，手机微信扫码注册，然后微信扫书中二维码即可观看对应视频。防伪码注册有问题请致电 0516-83885312。

二、考试题库软件使用方法

微信扫码关注“中国矿业大学出版社煤炭知识服务”微信公众号，点击右下角“在线学习”—“在线考试”，微信授权进入“煤矿安培考试”小程序。“自测练习”模块可顺序练习，“模拟考试”模块可进行模拟考试，“我的错题”模块可查看错题。进入相应模块后，点击“请选择题库”，左侧一栏选择“其他培训”—“安全生产应知应会”，点击“确定”开始学习。

公众号中回复“考试题库”，弹出的文章中第一篇有题库软件使用方法，可供参考。

中国矿业大学出版社煤炭知识服务

《煤矿安全生产应知应会手册》
编写委员会

前　言

近年来,政府安全生产主管部门和企业高度重视煤矿职工应知应会知识的培训。为了增强职工安全生产观念,规范职工安全行为,提高职工安全素质和岗位操作技能,政府安全生产主管部门出台了相关文件,要求企业组织编写可覆盖所有岗位(工种)的安全生产应知应会手册,并将手册作为基本培训教材列入全员培训,同时编制相应的考试题库,组织全员考核。

当前,煤矿企业组织安全生产应知应会知识的培训和考核还存在以下一些问题:

(1) 没有覆盖所有岗位(工种)的培训教材,企业怎么组织培训?

(2) 部分实操内容文字表达难以理解,学习掌握起来困难,职工怎么学习?

(3) 缺乏系统的培训 PPT 课件,教师怎么备课、怎么讲课?

(4) 如何组织考试? 网上题库五花八门,新旧内容混杂,怎么区分?

(5) 职工学习中如何便捷地实现手机在线学习、模拟考试?

为了全面满足煤矿企业开展全员安全生产应知应会知识培训和考核的需要,在深入调研和广泛征求煤矿企业意见的基础上,我们组织行业内众多来自一线的专家编写了这本《煤矿安全生产应知应会手册》。

本手册共包含两篇,即通用知识篇和专业知识篇。通用知识篇主要介绍了煤矿安全生产法律法规及必备安全常识;专业知识篇共分为管理、采、掘、机、运、通等 8 个专业,83 个工种,内容包括岗位责任制、岗位作业流程标准、风险隐患、防范或应急处置措施等。本手册内容简单实用,便于职工学习掌握。同时,手册中加入了大量的实操视频,并配套考试题库软件,可以大大激发职工的学习兴趣,提升职工学习掌握相关知识的效率。

为了便于职工阅读学习,书中的法律法规省去"中华人民共和国",用简称。

本手册适用于煤矿企业组织开展全员安全生产应知应会知识培训和考核。

本手册配套有PPT课件、考试题库软件、模拟考试试题等，方便各煤矿企业开展全员安全生产应知应会知识培训学习和考核，请加微信 xuebwu 或 QQ 群 708756397 联系（只限培训机构教师）。读者请关注“中国矿业大学出版社煤炭知识服务”微信公众号进行题库练习。

由于编者水平所限，书中难免有疏漏和不妥之处，敬请广大读者批评指正。

全国煤矿安全培训教材建设专家委员会

2024 年 1 月

目　录

第一篇　通用知识篇

第一章　煤矿安全生产法律法规应知应会知识 …… 3
第一节　习近平总书记关于安全生产工作重要论述及党中央国务院指导意见 …… 3
第二节　安全生产方针与法律法规 …… 7
第三节　从业人员安全生产的权利与义务 …… 11
第四节　劳动保护制度 …… 14

第二章　入井常识应知应会知识 …… 16
第一节　煤矿从业人员入井须知 …… 16
第二节　煤矿井下安全设施 …… 19
第三节　煤矿矿用产品安全标志和井下安全警示标志 …… 19
第四节　常见“三违”行为及其危害 …… 21

第三章　职业病防治应知应会知识 …… 23
第一节　煤矿职业危害因素 …… 23
第二节　煤矿常见职业病 …… 24
第三节　煤矿职业危害因素防治措施 …… 24
第四节　煤矿劳动防护用品的配备 …… 26

第四章　灾害防治与应急避险应知应会知识 …… 28
第一节　顶板事故防治与应急避险 …… 28
第二节　水灾事故防治与应急避险 …… 30
第三节　火灾事故防治与应急避险 …… 34
第四节　瓦斯事故防治与应急避险 …… 36
第五节　煤尘爆炸事故防治与应急避险 …… 38
第六节　煤矿机电运输事故防治 …… 39
第七节　煤矿爆破事故防治 …… 44

第五章　自救、互救与现场急救应知应会知识 …… 46
第一节　自救器的使用 …… 46
第二节　避难硐室的自救避灾与现场急救 …… 47

第三节 井下安全避险系统 …… 48
第四节 现场急救 …… 49

第六章 安全培训与岗位准入应知应会知识 …… 55
第一节 煤矿安全培训与岗位准入十问 …… 55
第二节 安全培训检查的类别 …… 58
第三节 安全培训相关规定及检查内容 …… 58

第二篇 专业知识篇

第七章 管理岗位应知应会知识 …… 67
第一节 主要负责人 …… 67
第二节 副矿长(副总经理)级安全生产管理人员 …… 67
第三节 副总工程师级安全生产管理人员 …… 71
第四节 部室(科)级安全生产管理人员 …… 74
第五节 区队级安全生产管理人员 …… 75
第六节 班组长 …… 76

第八章 采煤作业岗位应知应会知识 …… 77
第一节 采煤机司机 …… 77
第二节 液压支架操作工 …… 82
第三节 采煤机检修工 …… 85
第四节 刮板输送机司机 …… 91
第五节 乳化液泵站司机 …… 93
第六节 超前支护工 …… 94
第七节 端头支护工 …… 95
第八节 刮板输送机维修工 …… 97
第九节 液压支架维修工 …… 101
第十节 采煤工作面清煤工 …… 108
第十一节 乳化液泵站检修司机 …… 110
第十二节 综采放煤工 …… 112
第十三节 综采维修电工 …… 113
第十四节 转载机司机 …… 114
第十五节 智能化操作工 …… 116

第九章 掘进作业岗位应知应会知识 …… 119
第一节 掘进机司机 …… 119
第二节 耙装机司机 …… 121

第三节　液压钻车司机 …… 124
第四节　打眼工 …… 127
第五节　爆破工 …… 128
第六节　喷浆工 …… 130
第七节　背药工 …… 133
第八节　架棚工 …… 134
第九节　锚杆(索)支护工 …… 136
第十节　巷道维护工 …… 140
第十一节　综掘机维修工 …… 142
第十二节　带式输送机司机 …… 146

第十章　机电作业岗位应知应会知识 …… 151
第一节　矿灯管理工 …… 151
第二节　地面变配电工 …… 153
第三节　电气焊工 …… 156
第四节　电气设备检修工 …… 160
第五节　机械检修工 …… 162
第六节　井下变配电工 …… 164
第七节　井下电钳工 …… 172
第八节　空气压缩机司机 …… 174
第九节　气割气焊工 …… 176
第十节　主排水泵司机 …… 180
第十一节　主提升机司机 …… 183
第十二节　主要通风机司机 …… 187
第十三节　进网电工 …… 191
第十四节　高压电工 …… 192
第十五节　低压电工 …… 196

第十一章　运输提升作业岗位应知应会知识 …… 199
第一节　架空乘人装置司机 …… 199
第二节　带式输送机维修工 …… 202
第三节　带式输送机司机 …… 203
第四节　绞车司机 …… 205
第五节　把钩工 …… 207
第六节　信号工 …… 211
第七节　运料工 …… 214
第八节　无极绳绞车司机 …… 216

第九节　轨道维护工 …… 217
第十节　单轨吊司机 …… 219
第十一节　叉车司机 …… 221
第十二节　给煤机司机 …… 223
第十三节　矿车修理工 …… 226
第十四节　无轨胶轮车司机 …… 228

第十二章　通风安全作业岗位应知应会知识 …… 232
第一节　测尘工 …… 232
第二节　测风工 …… 235
第三节　防尘工 …… 237
第四节　监测监控维护工 …… 240
第五节　安全仪器监测工 …… 242
第六节　通风工 …… 244
第七节　瓦斯抽采工 …… 245
第八节　瓦斯抽采泵司机 …… 249
第九节　瓦斯检查工 …… 252
第十节　风筒工 …… 256
第十一节　安全检查工 …… 257

第十三章　地测防治水作业岗位应知应会知识 …… 263
第一节　矿井地质工 …… 263
第二节　矿井测量工 …… 266
第三节　水文地质工 …… 272
第四节　储量工 …… 277
第五节　探放水工 …… 281

第十四章　其他作业岗位应知应会知识 …… 287
第一节　防突工 …… 287
第二节　检身员 …… 290
第三节　调度员 …… 293
第四节　矿山救护工 …… 295
第五节　防冲工 …… 297

参考文献 …… 299

第一篇　通用知识篇

第一章 煤矿安全生产法律法规应知应会知识

第一节 习近平总书记关于安全生产工作重要论述及党中央国务院指导意见

一、习近平总书记关于安全生产工作重要论述

（一）红线意识

1.“发展决不能以牺牲人的生命为代价”的红线

2013年6月3日，吉林省宝源丰禽业有限公司主厂房发生特别重大火灾爆炸事故，造成121人死亡、76人受伤，事件当时轰动全国。

6月6日，习近平总书记就做好安全生产工作作出重要指示。他指出：接连发生的重特大安全生产事故，造成重大人员伤亡和财产损失，必须引起高度重视。人命关天，发展决不能以牺牲人的生命为代价。这必须作为一条不可逾越的红线。同时强调：要始终把人民生命安全放在首位，以对党和人民高度负责的精神，完善制度、强化责任、加强管理、严格监管，把安全生产责任制落到实处，切实防范重特大安全生产事故的发生。

2.“发展决不能以牺牲安全为代价”的红线

2016年7月，习近平总书记对加强安全生产和汛期安全防范工作作出重要指示。他指出，各级党委和政府特别是领导干部要牢固树立安全生产的观念，正确处理安全和发展的关系，坚持发展决不能以牺牲安全为代价这条红线。

（二）“一票否决”“四个到位”和安全检查“全覆盖、零容忍、严执法、重实效”

2013年11月22日，山东省青岛市黄岛经济开发区中石化黄潍输油管线泄漏引发特别重大爆燃事故，造成62人死亡、136人受伤。

11月24日，习近平总书记在考察黄岛经济开发区黄潍输油管线泄漏引发爆燃事故抢险工作时指出，各级党委和政府、各级领导干部要牢固树立安全发展理念，始终把人民群众生命安全放在第一位。各地区各部门、各类企业都要坚持安全生产高标准、严要求，加大安全生产指标考核权重，实行安全生产和重大安全生产事故风险“一票否决”。责任重于泰山。要抓紧建立健全安全生产责任体系，党政一把手必须亲力亲为、亲自动手抓。要把安全责任落实到岗位、落实到人头，坚持管行业必须管安全、管业务必须管安全，加强督促检查、严格考核奖惩，全面推进安全生产工作。同时强调，所有企业都必须认真履行安全生产主体责任，做到安全投入到位、安全培训到位、基础管理到位、应急救援到位，确保安全生产。

他还指出，安全生产，要坚持防患于未然；要继续开展安全生产大检查，做到“全覆盖、零容忍、严执法、重实效”；要采用不发通知、不打招呼、不听汇报、不用陪同和接待，直奔基

层、直插现场，暗查暗访，特别是要深查地下油气管网这样的隐蔽致灾隐患。要加大隐患整改治理力度，建立安全生产检查工作责任制，实行谁检查、谁签字、谁负责，做到不打折扣、不留死角、不走过场，务必见到成效。要做到“一厂出事故、万厂受教育，一地有隐患、全国受警示”。

（三）实施生命防护工程

2016 年 7 月，习近平总书记在中共中央政治局常委会会议上发表重要讲话，强调安全生产是民生大事，一丝一毫不能放松，要以对人民极端负责的精神抓好安全生产工作，站在人民群众的角度想问题，把重大风险隐患当成事故来对待，守土有责，敢于担当，完善体制，严格监管，让人民群众安心放心。

习近平总书记指出，各级党委和政府特别是领导干部要牢固树立安全生产的观念，正确处理安全和发展的关系，坚持发展决不能以牺牲安全为代价这条红线。经济社会发展的每一个项目、每一个环节都要以安全为前提，不能有丝毫疏漏。要严格实行党政领导干部安全生产工作责任制，切实做到失职追责。要把遏制重特大事故作为安全生产整体工作的“牛鼻子”来抓，在煤矿、危化品、道路运输等方面抓紧规划实施一批生命防护工程，积极研发应用一批先进安防技术，切实提高安全发展水平。

（四）构建双重预防机制

2016 年 1 月，习近平总书记在中共中央政治局常委会会议上明确指出：必须坚决遏制重特大事故频发势头，对易发重特大事故的行业领域采取风险分级管控、隐患排查治理双重预防性工作机制，推动安全生产关口前移。

（五）两个至上

2020 年 4 月 10 日，习近平总书记就安全生产作出重要指示：生命重于泰山。各级党委和政府务必把安全生产摆到重要位置，树牢安全发展理念，绝不能只重发展不顾安全，更不能将其视作无关痛痒的事，搞形式主义、官僚主义。要针对安全生产事故主要特点和突出问题，层层压实责任，狠抓整改落实，强化风险防控，从根本上消除事故隐患，有效遏制重特大事故发生。

2020 年 5 月 24 日，习近平在参加十三届全国人大三次会议内蒙古代表团审议时强调，党团结带领人民进行革命、建设、改革，根本目的就是让人民过上好日子，无论面临多大挑战和压力，无论付出多大牺牲和代价，这一点都始终不渝、毫不动摇。同时还强调人民至上、生命至上，保护人民生命安全和身体健康可以不惜一切代价。

（六）统筹发展与安全

在党的十九大报告中，习近平总书记指出，统筹发展和安全，增强忧患意识，做到居安思危，是我们党治国理政的一个重大原则。在党的十九届五中全会上，总书记进一步指出，安全是发展的前提，发展是安全的保障。

2020 年 12 月，习近平总书记在主持中共中央政治局第二十六次集体学习时强调：坚持统筹发展和安全，坚持发展和安全并重，实现高质量发展和高水平安全的良性互动，既通过发展提升国家安全实力，又深入推进国家安全思路、体制、手段创新，营造有利于经济社会发展的安全环境，在发展中更多考虑安全因素，努力实现发展和安全的动态平衡，全面提高国家安全工作能力和水平。

2022年3月21日，东航MU5735航空器发生飞行事故，造成132人罹难。习近平总书记立即作出重要指示，要求立即启动应急机制，全力组织搜救，妥善处置善后。国务院委派领导同志靠前协调处理。3月24日又专门对安全生产作出重要指示，强调：安全生产要坚持党政同责、一岗双责、齐抓共管、失职追责，管行业必须管安全，管业务必须管安全，管生产经营必须管安全。从实际工作看，仍有一些地方和行业安全责任没有压紧压实，工作措施没有抓实抓到位。各级党委和政府要坚持以人民为中心的发展思想，坚持人民至上、生命至上，统筹发展和安全，始终保持如履薄冰的高度警觉，做好安全生产各项工作，决不能麻痹大意、掉以轻心。对在安全生产上不负责任、玩忽职守出问题的，要严查严处、严肃追责。各级党政主要负责同志要亲力亲为、靠前协调，其他负责同志要认真履行各自岗位的安全职责，层层落实到基层一线，坚决反对形式主义、官僚主义。要在全国深入开展安全大检查，严厉打击违法违规行为，采取有力措施清除各类风险隐患，坚决遏制重特大事故，确保人民生命财产安全。

（七）习近平总书记关于安全生产工作最新指示、批示

2022年11月，习近平总书记对河南安阳市凯信达商贸有限公司火灾事故作出重要指示：各地区和有关部门要始终坚持人民至上、生命至上，压实安全生产责任，全面排查整治各类风险隐患，坚决防范和遏制重特大事故发生。

2023年2月22日，习近平总书记对内蒙古阿拉善左旗一露天煤矿坍塌事故作出重要指示，要求：各地区和有关部门要以时时放心不下的责任感，全面排查各类安全隐患，强化防范措施，狠抓工作落实，更好统筹发展和安全，切实维护人民群众生命财产安全和社会大局稳定。

2023年11月16日，山西吕梁市永聚煤矿一办公楼发生火灾。习近平强调，各地区和有关部门要深刻吸取此次火灾事故教训，牢固树立安全发展理念，强化底线思维，针对冬季火灾事故易发多发等情况，举一反三，深入排查重点行业领域风险隐患，完善应急预案和防范措施，压实各方责任，坚决遏制重特大事故发生，切实维护人民群众生命财产安全和社会大局稳定。

我们要深入贯彻落实习近平总书记关于安全生产的一系列重要指示精神，提高政治站位，在安全生产管理工作中注重以人为本，坚持人民至上、生命至上，把保护人民生命安全摆在首位，树牢安全发展理念与安全生产红线意识，坚持“安全第一、预防为主、综合治理”的方针，切实落实煤炭企业的主体责任和本职岗位的安全生产职责，狠抓管理创新与技术创新、依法治理、基础建设、专项整治等重点工作，从源头上防范化解重大安全风险，有效遏制生产安全事故，促进本企业、本地区安全生产形势持续稳定向好。

二、《中共中央办公厅、国务院办公厅关于进一步加强矿山安全生产工作的意见》

（一）出台背景

矿山安全生产事关人民群众生命财产安全，事关经济发展和社会大局稳定，是安全生

产的重中之重。近年来，在党中央、国务院和地方各级党委、政府高度重视下，在各级有关部门和矿山企业共同努力下，全国矿山安全生产形势总体平稳。但同时也出现了一些新情况、新问题，迫切需要出台一个与新形势、新体制、新任务、新要求相适应，能够引领当前和今后一个时期全国矿山安全生产工作高质量发展的指导性文件。

因此，2023 年 9 月 6 日，中共中央办公厅、国务院办公厅印发了《关于进一步加强矿山安全生产工作的意见》(以下简称《意见》)。

（二）《意见》特点

《意见》是中华人民共和国成立以来第一个经党中央、国务院同意印发的矿山安全生产领域的纲领性文件，是新体制新机制下做好矿山安全生产工作的基本遵循。

1. 支撑矿山安全高质量发展

矿山安全生产事关人民群众生命财产安全，事关经济发展和社会大局稳定。《意见》聚焦当前矿山安全生产深层次矛盾和突出问题，既从体制、法制、机制等方面作出一系列部署，又从党委政府、部门、企业等层面提出一系列要求。《意见》建立了一套全过程风险动态管控工作机制，为推动矿山安全治理模式向事前预防转型提供了方法路径；构建了一条完整的安全生产责任链，明确要求地方党委政府、监管监察部门、矿山企业要落实安全责任等。

2. 推动矿山安全治理模式向事前预防转型

围绕事前预防转型，《意见》坚持关口前移、源头管控，动态管理、超前治理，及时预警、迅速处置，提出了一系列措施。在排查治理重大隐患方面，《意见》聚焦矿山企业主体责任落实和政府部门监管监察责任落实提出了针对性举措：强化企业全员全覆盖排查整治；强调矿山安全监管监察部门要建立重大隐患治理督办制度；强化隐患责任倒查，明确企业在重大隐患排查整改上的主体责任等。

3. 补齐智能化发展短板，加快矿山智能化升级

针对目前我国矿山智能化建设总体水平还不够高，部分地区和企业认识不够到位、建设进展不够平衡、相关标准规范不够健全、部分技术装备适应性还不够强等问题，《意见》对矿山智能化建设专门作出部署，通过加强顶层设计、加大政策扶持、强化服务指导、选树智能化矿山先进典型等方式，推动矿山智能化升级改造。

（三）《意见》主要内容

《意见》共 7 部分 24 项内容。第一至第六部分是重点任务，从严格矿山安全准入、推进矿山转型升级、防范化解重大安全风险、强化企业主体责任、落实地方党政领导责任和部门监管监察责任、推进矿山安全依法治理等 6 个方面作出针对性部署安排；第七部分是强化组织实施，从加强组织领导、研究配套政策、加强资金保障、建立协调机制、强化责任追究等提出具体工作要求。

《意见》建立了一套全过程风险动态管控工作机制，为推动矿山安全治理模式向事前预防转型提供了方法路径。强调源头治理、系统治理、综合治理和依法治理，为推动矿山安全转变治理理念、完善治理体系、提高治理能力、增强治理效能提供了制度保障。构建了一条

完整的安全生产责任链，明确要求地方党委政府、监管监察部门、矿山企业要落实安全责任，为推动矿山安全责任进一步落实提供了深化措施。明确了灾害严重煤矿准入、非煤矿山源头管控、整合重组、升级改造、智能化开采等要求，为推动矿山行业高质量发展提供了强有力的支撑。

《意见》围绕“事前预防转型”提出了一系列措施，坚持关口前移、源头管控，动态管理、超前治理，及时预警、迅速处置，把风险化解在隐患前、把隐患消除在事故前。同时，《意见》中首次明确要求涉矿中央企业总部和涉矿大中型企业应当配备安全总监。

重大事故隐患是造成矿山重特大事故的主要原因之一，是矿山安全风险管控的重中之重。为进一步做好相关工作，《意见》在排查治理重大隐患方面提出了针对性举措：一是强调矿山企业要定期开展全员全覆盖隐患排查治理，落实全员安全生产责任制；二是强调矿山安全监管监察部门要建立重大隐患治理督办制度，在重大隐患消除前跟踪监管，并监督整改销号，进一步压实矿山监管监察部门监督整改责任；三是强化隐患责任倒查，明确企业在重大隐患排查整改上的主体责任，同时从政府监管监察方面进一步扣紧责任链条，要求严格执行“谁检查、谁签名、谁负责”，对发现重大隐患不处理处罚或跟踪整改不到位的，依法严肃追责问责，倒逼相关部门对重大事故隐患必须采取措施、督促企业必须限期整改到位，切实防止引发生产安全事故。

第二节　安全生产方针与法律法规

一、安全生产方针

“安全第一、预防为主、综合治理”是开展安全生产管理工作总的指导方针，是长期实践的经验总结。这一方针体现了我们党和国家对安全生产工作的重视，是指导企业安全生产工作总的指导思想和行动准则。所以，企业必须认真贯彻落实“安全第一、预防为主、综合治理”的安全生产方针。

“安全第一、预防为主、综合治理”是一个完整的体系，是相辅相成、辩证统一的整体。安全第一是原则，预防为主是手段，综合治理是方法。安全第一是预防为主、综合治理的统帅和灵魂，没有安全第一的思想，预防为主就失去了思想支撑，综合治理就失去了整治依据。预防为主是实现安全第一的根本途径。只有把安全生产的重心放在建立事故预防体系上，超前采取措施，才能有效防止和减少事故。只有采取综合治理，才能实现人、机、物、环境的统一，实现本质安全，真正把安全第一、预防为主落到实处。

二、煤矿安全生产相关法律法规

在我国，以《安全生产法》为龙头，以相关法律、行政法规、部门规章、地方性法规、地方行政规章和其他规范性文件以及安全生产国家标准、行业标准为主体的安全生产法律法规体系已经初步形成，而且还在不断健全和完善，促进了安全生产管理工作的规范化、制度化和科学化。煤矿安全生产相关法律法规及标准见表1-1。

表 1-1　煤矿安全生产相关法律法规及标准

<table>
<tr><th>序号</th><th colspan="2">名称</th><th>制定机关</th><th>主要法律法规及标准</th></tr>
<tr><td>1</td><td colspan="2">法律</td><td>全国人民代表大会及其常务委员会</td><td>《刑法》《安全生产法》《矿山安全法》《矿产资源法》《煤炭法》《职业病防治法》《劳动法》《劳动合同法》等</td></tr>
<tr><td rowspan="2">2</td><td rowspan="2">法规</td><td>行政法规</td><td>国务院</td><td>《煤矿安全监察条例》《安全生产许可证条例》《工伤保险条例》《矿山安全法实施条例》《国务院关于特大安全事故行政责任追究的规定》《国务院关于预防煤矿生产安全事故的特别规定》《生产安全事故报告和调查处理条例》《企业职工伤亡事故报告和处理规定》等</td></tr>
<tr><td>地方性法规</td><td>地方人民代表大会及其常务委员会</td><td>《××省安全生产条例》等</td></tr>
<tr><td rowspan="2">3</td><td rowspan="2">规章</td><td>行政规章</td><td>国务院所属部委</td><td>《煤矿安全规程》《煤矿救护规程》《爆破安全规程》《安全生产事故隐患排查治理暂行规定》《生产经营单位安全培训规定》《煤矿安全培训规定》《特种作业人员安全技术培训考核管理规定》《煤矿企业安全生产许可证实施办法》《煤矿安全生产基本条件规定》《安全生产违法行为行政处罚办法》等</td></tr>
<tr><td>地方性规章</td><td>地方政府所属部门</td><td>《××省煤矿安全整改提升基本标准》《××省煤矿防治水管理规定(试行)》等</td></tr>
<tr><td rowspan="2">4</td><td rowspan="2">标准</td><td>国家标准(GB)</td><td>国务院标准化行政主管部门</td><td>《安全色》(GB 2893)、《安全标志及其使用导则》(GB 2894)、《矿山安全标志》(GB/T 14161)等</td></tr>
<tr><td>行业标准(AQ、MT 等)</td><td>国务院有关行政主管部门</td><td>《矿井瓦斯等级鉴定规范》(AQ 1025)、《煤矿井工开采通风技术条件》(AQ 1028)、《煤矿井下安全标志》(AQ 1017)等</td></tr>
<tr><td>5</td><td colspan="2">规范性文件</td><td></td><td>《关于加强煤矿班组安全生产建设的指导意见》《关于加强国有重点煤矿安全基础管理的指导意见》等</td></tr>
</table>

(一) 安全生产法律

1.《安全生产法》

《安全生产法》是为了加强安全生产工作，防止和减少生产安全事故，保障人民群众生命和财产安全，促进经济社会持续健康发展而制定的，自 2002 年 11 月 1 日起施行。根据 2021 年 6 月 10 日第十三届全国人民代表大会常务委员会第二十九次会议通过的《关于修改〈中华人民共和国安全生产法〉的决定》第三次修正，自 2021 年 9 月 1 日起施行。内容包括总则、生产经营单位的安全生产保障、从业人员的安全生产权利义务、安全生产的监督管理、生产安全事故的应急救援与调查处理、法律责任和附则等。

2.《劳动法》

《劳动法》是为了保护劳动者的合法权益，调整劳动关系，建立和维护适应社会主义市场经济的劳动制度，促进经济发展和社会进步而制定的，自 1995 年 1 月 1 日起施行。根据 2018 年 12 月 29 日第十三届全国人民代表大会常务委员会第七次会议通过的《关于修改〈中华人民共和国劳动法〉等七部法律的决定》第二次修正。内容包括劳动者的主要权利和义务，劳动就业方针政策及录用职工的规定，劳动合同的订立、变更与解除程序的规定，集体合同的签订与执行办法，工作时间与休息时间制度，劳动报酬制度，劳动卫生和安全技术规程等。

3.《劳动合同法》

《劳动合同法》是为了完善劳动合同制度，明确劳动合同双方当事人的权利和义务，保护劳动者的合法权益，构建和发展和谐稳定的劳动关系而制定的，自 2008 年 1 月 1 日起施行。该法修正案于 2012 年 12 月 28 日通过，自 2013 年 7 月 1 日起施行。劳动合同的内容应包括：用人单位的名称、住所和法定代表人或者主要负责人，劳动者的姓名、住址和居民身份证或者其他有效身份证件号码，劳动合同期限，工作内容和工作地点，工作时间和休息休假，劳动报酬，社会保险，劳动保护、劳动条件和职业危害防护，法律、法规规定应当纳入劳动合同的其他事项。

4.《刑法》

《刑法》是规定犯罪、刑事责任和刑罚的法律，是追究安全生产违法犯罪行为刑事责任的重要依据。2020 年 12 月 26 日，第十三届全国人民代表大会常务委员会第二十四次会议通过《中华人民共和国刑法修正案(十一)》，自 2021 年 3 月 1 日起施行。

《刑法》中涉及安全生产的主要内容如下：

"强令他人违章冒险作业，或者明知存在重大事故隐患而不排除，仍冒险组织作业，因而发生重大伤亡事故或者造成其他严重后果的，处五年以下有期徒刑或者拘役；情节特别恶劣的，处五年以上有期徒刑。"

"在生产、作业中违反有关安全管理的规定，有下列情形之一，具有发生重大伤亡事故或者其他严重后果的现实危险的，处一年以下有期徒刑、拘役或者管制：

"(一) 关闭、破坏直接关系生产安全的监控、报警、防护、救生设备、设施，或者篡改、隐瞒、销毁其相关数据、信息的；

"(二) 因存在重大事故隐患被依法责令停产停业、停止施工、停止使用有关设备、设施、场所或者立即采取排除危险的整改措施，而拒不执行的；

"(三) 涉及安全生产的事项未经依法批准或者许可，擅自从事矿山开采、金属冶炼、建筑施工，以及危险物品生产、经营、储存等高度危险的生产作业活动的。"

5.《职业病防治法》

《职业病防治法》是为了预防、控制和消除职业病危害，防治职业病，保护劳动者健康及其相关权益，促进经济发展而制定的，自 2002 年 5 月 1 日起施行。根据 2018 年 12 月 29 日第十三届全国人民代表大会常务委员会第七次会议通过的《关于修改〈中华人民共和国劳动法〉等七部法律的决定》第四次修正。内容包括总则、前期预防、劳动过程中的防护与管理、职业病诊断与职业病病人保障、监督检查、法律责任和附则。

（二）安全生产行政法规

1.《生产安全事故报告和调查处理条例》

为了规范生产安全事故的报告和调查处理，落实生产安全事故责任追究制度，防止和减少生产安全事故，特制定《生产安全事故报告和调查处理条例》，自2007年6月1日起施行。事故报告内容应包括：事故发生单位概况，事故发生的时间、地点以及事故现场情况，事故的简要经过，事故已经造成或者可能造成的伤亡人数（包括下落不明的人数）和初步估计的直接经济损失，已经采取的措施，其他应当报告的情况。

2.《工伤保险条例》

《工伤保险条例》是为了保障因工作遭受事故伤害或者患职业病的职工获得医疗救治和经济补偿，促进工伤预防和职业康复，分散用人单位的工伤风险而制定的，自2004年1月1日起施行；2010年12月20日进行了修订，修订版自2011年1月1日起施行。《工伤保险条例》内容包括总则、工伤保险基金、工伤认定、劳动能力鉴定、工伤保险待遇、监督管理、法律责任等。

（三）安全生产规章、细则、行业标准

1.《煤矿安全规程》

《煤矿安全规程》是煤矿企业必须遵守的法定规程，其制定目的是保障煤矿安全生产和从业人员的人身安全与健康，防止煤矿事故与职业病危害。2022版《煤矿安全规程》根据《应急管理部关于修改〈煤矿安全规程〉的决定》修订，自2022年4月1日起施行。内容包括总则、地质保障、井工煤矿、露天煤矿、职业病危害防治、应急救援等。

2.《防治煤与瓦斯突出细则》

为了加强防治煤（岩）与瓦斯（二氧化碳）突出工作，预防煤矿事故，保障从业人员生命安全，国家煤矿安全监察局于2019年7月16日颁布了《防治煤与瓦斯突出细则》，自2019年10月1日起施行。内容包括总则、一般规定、区域综合防突措施、局部综合防突措施、防治岩石与二氧化碳（瓦斯）突出措施、附则等。

3.《煤矿防灭火细则》

为了加强煤矿防灭火工作，有效防控煤矿火灾事故，保障煤矿安全生产及从业人员生命和健康，国家矿山安全监察局于2021年10月12日颁布了《煤矿防灭火细则》，自2022年1月1日起施行。内容包括总则、一般规定、井下火灾监测监控、防火技术、应急处置、井下火区管理、露天煤矿防灭火、附则等。

4.《防治煤矿冲击地压细则》

为了加强煤矿冲击地压防治工作，有效预防冲击地压事故，保障煤矿职工安全，国家煤矿安全监察局于2018年5月2日颁布了《防治煤矿冲击地压细则》，自2018年8月1日起施行。内容包括总则，一般规定，冲击危险性预测、监测、效果检验，区域与局部防冲措施，冲击地压安全防护措施，附则等。

5.《煤矿防治水细则》

为了加强煤矿防治水工作，防止和减少事故，保障职工生命安全和健康，国家矿山安全监察局于2018年6月4日颁布了《煤矿防治水细则》，自2018年9月1日起施行。内容包括总则、矿井水文地质类型划分及基础资料、矿井水文地质补充勘探、井下探放水、矿井防治水技术、露天煤矿防治水、水害应急处置、附则等。

上述5个规程、细则常统称为“一规程四细则”。

6.《煤矿安全生产标准化管理体系考核定级办法(试行)》和《煤矿安全生产标准化管理体系基本要求及评分方法(试行)》

为贯彻执行《安全生产法》关于“推进安全生产标准化建设”的规定，原国家煤矿安全监察局组织制定了《煤矿安全生产标准化管理体系考核定级办法(试行)》和《煤矿安全生产标准化管理体系基本要求及评分方法(试行)》，要求煤矿企业按照新标准化管理体系开展达标创建，进一步推进煤矿安全生产标准化管理体系建设深入开展。煤矿安全生产标准化管理体系考核等级分为一级、二级、三级共3个等级。

7.《煤矿重大事故隐患判定标准》

《煤矿重大事故隐患判定标准》经2020年11月2日应急管理部第31次部务会议审议通过，自2021年1月1日起施行。该标准根据《安全生产法》和《国务院关于预防煤矿生产安全事故的特别规定》(国务院令第446号)的规定，从15个方面列举了81种应当判定为重大事故隐患的情形。

第三节 从业人员安全生产的权利与义务

《安全生产法》等法律法规，赋予了广大生产经营单位从业人员依法获得安全生产保障的权利，从业人员在享有安全生产保障权利的同时，也必须依法履行安全生产方面的义务。

一、从业人员安全生产的权利

1. 劳动保护和提请劳动争议处理权

职工有要求用人单位保障职工的劳动安全、防治职业病危害的权利。当职工的劳动保护权益受到伤害，或者与用人单位因劳动保护问题发生纠纷时，有向有关部门提请劳动争议处理的权利。

2. 安全生产知情权

职工有权了解作业场所和工作岗位存在的危险因素、危害后果，以及针对危险因素应采取的防范措施和事故应急措施，用人单位必须向职工如实告知，不得隐瞒和欺骗；进入工作面前，职工有权要求跟班干部或班组长检查工作面，并制定具体安全措施。如果用人单位没有如实告知，职工有权拒绝工作，用人单位不得因此做出对职工不利的处分。

3. 参与安全生产管理权

职工有权参加本单位安全生产工作的民主管理和民主监督，对本单位的安全生产工作提出意见和建议，对不符合党和国家安全生产方针和法律、法规规定的规章、制度有权提出修改意见，用人单位应重视和尊重职工的意见和建议，并及时做出答复。

4. 安全生产监督权

职工有权对企业贯彻、执行党和国家安全生产方针的情况、有关安全生产法规及管理制度的执行情况、管理干部行为、作业现场的安全情况、安全技术措施专项费用使用情况进行监督。

5. 安全生产教育培训权

职工享有参加安全生产教育培训的权利。用人单位应依法对职工进行安全生产法律、法规、规程及相关标准的教育培训,使职工掌握从事岗位工作所必须具备的安全生产知识和技能。用人单位没有依法对职工进行安全生产教育培训,特种作业人员未取得操作资格证书的,职工有权拒绝上岗作业。

6. 职业健康防治权

对于从事接触职业病危害因素或可能导致职业病作业的职工,有权获得职业健康检查并了解检查结果。被诊断为患有职业病的职工有依法享受职业病待遇,接受治疗、康复和定期检查的权利。

7. 拒绝违章指挥权

违章指挥是指用人单位的有关管理人员违反安全生产的法律法规和有关安全规程、规章制度的规定,指挥从业人员进行作业的行为;强令冒险作业是指用人单位的有关管理人员,明知开始或继续作业可能会有重大危险,仍然强迫职工进行作业的行为。违章指挥、强令冒险作业违背了“安全第一”的方针,侵犯了职工的合法权益,职工有权拒绝;违章操作,职工有权制止;跟班干部擅离工作岗位,职工有权向有关方面报告。用人单位不得因职工拒绝违章指挥和强令冒险作业而打击报复,降低其工资、福利等待遇或解除与其订立的劳动合同。

8. 停止作业避险权

职工发现直接危及人身安全的紧急情况时,有权停止作业,或者在采取可能的应急措施后,撤离作业场所。用人单位不得因职工在紧急情况下停止作业或者采取紧急撤离措施而降低其工资、福利等待遇或者解除与其订立的劳动合同。但职工在行使这一权利时要慎重,要尽可能正确判断险情危及人身安全的程度。

9. 工伤保险和民事索赔权

用人单位应当依法为职工办理工伤保险,为职工缴纳工伤保险费。职工因安全生产事故受到伤害,除依法应当享受工伤保险外,还有权向用人单位要求民事赔偿。工伤保险和民事赔偿不能互相取代。

10. 批评、检举和控告权

职工有权向煤矿企业和煤炭管理部门、工会组织举报违反有关安全生产法律、法规、制度的行为;有权检举违章指挥、违章作业者;有权反映作业现场安全管理情况和不安全因素。检举可以署名,也可以不署名;可以用书面形式,也可以用口头形式。但是,职工在行使这一权利时,应注意检举和控告的情况必须真实,要实事求是。用人单位不得因职工行使上述权利而对其进行打击、报复,包括不得因此而降低其工资、福利等待遇或者解除与其订立的劳动合同。在进行安全生产监督检查时，如果受到打击报复和迫害，职工有权向上级或政府有关部门、工会组织投诉和控告；有权对忽视安全、玩忽职守造成事故的责任者进行检举；有权对隐瞒事故的单位和责任者提出控告。

从业人员离开煤矿企业时，有权索取本人职业健康监护档案复印件，煤矿企业必须如实、无偿提供，并在所提供的复印件上签章。

二、从业人员安全生产的义务

1. 遵守安全生产规章制度和操作规程的义务

职工不仅要严格遵守安全生产有关法律法规，还应当遵守用人单位的安全生产规章制度和操作规程，这是职工在安全生产方面的一项法定义务。职工必须增强法纪观念，自觉遵章守纪，从维护国家利益、集体利益以及自身利益出发，把遵章守纪、按章操作落实到具体的工作中。

2. 服从安全生产管理的义务

服从煤矿安全检查、安全监察管理；自觉服从安全监督部门、安全监察部门的指挥，自觉配合安全监察人员的工作，协助他们执行公务，并提供真实信息和有关资料。

用人单位的安全生产管理人员一般具有较多的安全生产知识和较丰富的经验，职工服从管理，可以保持生产经营活动的良好秩序，有效地避免、减少生产安全事故的发生。因此，职工应当服从管理，这也是职工在安全生产方面的一项法定义务。当然，职工对于违章指挥、强令冒险作业的行为，有权拒绝。

3. 正确佩戴和使用劳动防护用品的义务

劳动防护用品是保护职工在劳动过程中安全与健康的一种防御性装备，不同的劳动防护用品有其特定的佩戴和使用规则、方法，只有正确佩戴和使用，方能真正起到防护作用。用人单位在为职工提供符合国家或行业标准的劳动防护用品后，职工有义务正确佩戴和使用劳动防护用品。

4. 发现事故隐患及时报告并参加抢险救灾的义务

职工发现事故隐患和不安全因素后，应及时向现场安全生产管理人员或本单位负责人报告，接到报告的人员应当及时予以处理。一般来说，职工报告得越早，接受报告的人员处理得越早，事故隐患和其他职业危险因素可能造成的危害就越小。在煤矿发生事故后，职工应积极参加抢救事故，不能以任何借口逃避事故抢救工作。

5. 接受安全生产教育培训的义务

职工应依法接受安全生产教育和培训，掌握所从事岗位工作所需的安全生产知识，提高安全生产技能，增强事故预防和应急处理能力。特种作业人员和有关法律法规规定须持证上岗的作业人员，必须经培训考核合格后，依法取得相应的资格证书或合格证书，方可上岗作业。

6. 改善工作环境和爱护生产设施、设备的义务

职工在工作中，应积极参加技术革新活动，提出合理化建议，不断改善劳动条件和工作

环境。

煤矿企业的生产设备及安全生产设施是安全生产的保证，要自觉维护其正常运转和安全使用，使其发挥保障安全生产的作用。

第四节 劳动保护制度

劳动保护是国家和单位为保护劳动者在劳动生产过程中的安全和健康所采取的立法、组织和技术措施的总称，是指根据国家法律、法规，依靠技术进步和科学管理，采取组织措施和技术措施，消除危及人身安全健康的不良条件和行为，防止事故和职业病，保护劳动者在劳动过程中的安全与健康。根据《劳动法》的规定，劳动保护制度主要包括以下几类。

一、劳动安全卫生制度

劳动安全卫生保护的内容十分广泛，且因不同行业有着不同的重点和差别，《劳动法》在第六章规定了劳动安全卫生制度的基本内容：

(1) 用人单位必须建立、健全劳动安全卫生制度，严格执行国家劳动安全卫生规程和标准，对劳动者进行劳动安全卫生教育，防止劳动过程中的事故，减少职业危害。

(2) 劳动安全卫生设施必须符合国家规定的标准。

(3) 用人单位必须为劳动者提供符合国家规定的劳动安全卫生条件和必要的劳动防护用品，对从事有职业危害作业的劳动者应当定期进行健康检查。

(4) 从事特种作业的劳动者必须经过专门培训并取得特种作业资格。

(5) 劳动者在劳动过程中必须严格遵守安全操作规程。

(6) 国家建立伤亡事故和职业病统计报告和处理制度。

二、特殊劳动保护制度

(1) 国家对女职工和未成年工实行特殊劳动保护。未成年工是指年满 16 周岁未满 18 周岁的劳动者。

(2) 禁止安排女职工从事矿山井下、国家规定的第四级体力劳动强度的劳动和其他禁忌从事的劳动。

(3) 不得安排女职工在经期从事高处、低温、冷水作业和国家规定的第三级体力劳动强度的劳动。

(4) 不得安排女职工在怀孕期间从事国家规定的第三级体力劳动强度的劳动和孕期禁忌从事的劳动。对怀孕 7 个月以上的女职工，不得安排其延长工作时间和夜班劳动。

(5) 女职工生育享受不少于 90 天的产假。

(6) 不得安排女职工在哺乳未满 1 周岁的婴儿期间从事国家规定的第三级体力劳动强度的劳动和哺乳期禁忌从事的其他劳动，不得安排其延长工作时间和夜班劳动。

(7) 不得安排未成年工从事矿山井下、有毒有害、国家规定的第四级体力劳动强度的劳动和其他禁忌从事的劳动。

(8) 用人单位应当对未成年工定期进行健康检查。

三、工作时间和休息休假制度

(1) 国家实行劳动者每日工作时间不超过8小时、平均每周工作时间不超过44小时的工时制度。

(2) 对实行计件工作的劳动者,用人单位应当根据上一条规定的工时制度合理确定其劳动定额和计件报酬标准。

(3) 用人单位应当保证劳动者每周至少休息1日。

(4) 企业因生产特点不能实行上述规定的,经劳动行政部门批准,可以实行其他工作和休息办法。

(5) 用人单位在国家规定的法定节日期间应当依法安排劳动者休假。

(6) 用人单位由于生产经营需要,经与工会和劳动者协商后可以延长工作时间,一般每日不得超过1小时;因特殊原因需要延长工作时间的,在保障劳动者身体健康的条件下延长工作时间每日不得超过3小时,但是每月不得超过36小时。

(7) 有下列情形之一的,延长工作时间不受上一条的限制:① 发生自然灾害、事故或者因其他原因,威胁劳动者生命健康和财产安全,需要紧急处理的;② 生产设备、交通运输线路、公共设施发生故障,影响生产和公众利益,必须及时抢修的;③ 法律、行政法规规定的其他情形。

(8) 用人单位不得违反《劳动法》规定延长劳动者的工作时间。

(9) 有下列情形之一的,用人单位应当按照下列标准支付高于劳动者正常工作时间工资的工资报酬:① 安排劳动者延长工作时间的,支付不低于工资的150%的工资报酬;② 休息日安排劳动者工作又不能安排补休的,支付不低于工资的200%的工资报酬;③ 法定休假日安排劳动者工作的,支付不低于工资的300%的工资报酬。

(10) 国家实行带薪年休假制度。劳动者连续工作1年以上的,享受带薪年休假。具体办法由国务院规定。

第二章　入井常识应知应会知识

第一节　煤矿从业人员入井须知

一、入井人员的基本条件

根据有关法律法规的规定，煤矿井下从业人员必须符合下列基本条件：

(1) 身体健康，无职业禁忌证。凡是有下列病症的不得从事煤矿井下作业：

① 活动性肺结核和肺外结核病。

② 严重的上呼吸道或支气管疾病。

③ 显著影响肺功能的肺脏或胸膜病变。

④ 心、脑血管器质性疾病。

⑤ 经医疗鉴定，不适于从事粉尘作业的疾病或其他疾病。

⑥ 风湿病(反复活动)。

⑦ 严重的皮肤病。

⑧ 癫痫病。

⑨ 精神分裂症。

⑩ 经医疗鉴定，不适于从事井下工作的其他疾病。

(2) 年满 18 周岁且不超过国家法定退休年龄。

(3) 具有初中及以上文化程度。

二、入井前的准备与安全注意事项

(1) 入井前要吃饱、睡足、休息好，体力不足或精神不振时工作易发生事故。

(2) 严格遵守"三禁止"——入井前严禁饮酒，严禁穿化纤衣服，严禁携带烟草和点火物品。

(3) 入井人员必须戴安全帽等个体防护用品，穿带有反光标识的工作衣；随身携带自救器、标识卡和矿灯。

(4) 按时参加班前会，明确工作地点、任务和安全注意事项，了解作业场所安全状况、存在的危险因素、防范措施及事故应急避险措施。

(5) 自觉遵守入井检身制度和出入井人员清点制度，确保安全生产。

入井前的准备（微信扫码观看）　　入井安全注意事项

三、安全乘车须知

(1) 乘罐、乘车、乘带式输送机时要听从指挥、排队上下，不能嬉戏打闹、抢上抢下。

(2) 按定员乘罐、乘车，并关好罐笼门、车门，挂好防护链。

(3) 乘罐、乘车、乘带式输送机时，不能在机车上或两车厢之间搭乘。不能在罐内、车内躺卧和打瞌睡，不能将头、手、脚和携带的工具伸到罐笼和车辆外面；不能在输送带上仰卧、打瞌睡、站立、行走；不能用手扶带式输送机侧帮，不准扒上跳下。

(4) 开车信号已发出和罐笼、人车没有停稳时，严禁上下人。严禁扒车、跳车和坐矿车。

(5) 运送爆炸物品时，要听从管理人员安排，严禁与上下班人员同时乘车、乘罐。

(6) 人料混装十分危险，禁止乘坐已装物料的罐笼、矿车和带式输送机。

(7) 乘架空人车时，保持正确坐姿，不触摸钢丝绳和绳轮，按规定有秩序上下。

乘坐罐笼的 安全注意事项	乘坐人车的 安全注意事项	乘坐架空人车的 安全注意事项

四、井下行走须知

(1) 走人行道，不在轨道中间行走。

(2) 不随意横穿电机车轨道、绞车道。

(3) 携带长件工具时要拿在手中，注意避免碰伤他人和触及架空线。

(4) 当车辆接近时要立即进入躲避硐暂避。

(5) 在横穿大巷、通过弯道及交叉口时，要做到"一停、二看、三通过"。

(6) 在兼作行人的斜巷和采用无轨胶轮车运输的矿井，必须执行"行人不行车，行车不行人"的规定。

(7) 严禁在刮板输送机上行走，严禁在带式输送机巷道中钻过或跨越带式输送机。

井下行走的
安全注意事项

五、其他安全注意事项

(一) 熟悉安全出口、路标和避灾路线

1. 安全出口

按照《煤矿安全规程》的规定，每个生产矿井至少有 2 个能行人的通达地面的安全出口，各出口间距不得小于 30 m。井下每一个水平到上一个水平和各个采(盘)区都至少有 2 个便于行人的安全出口，并与通到地面的安全出口相连。这些安全出口我们必须熟悉。

2. 路标

在井巷交叉点和拐弯处,都设置有路标,标明巷道名称、长度以及用箭头指明去矿井安全出口的方向,井下工作人员必须熟悉通往安全出口的路标。

3. 避灾路线

煤矿井下巷道很多,工作场所分散,每个井下工作人员都必须熟悉避灾路线。避灾路线都挂有路标,路标上画着箭头,沿着箭头指示的方向走,就可以安全出井。

如果通到地面的安全出口和2个水平之间的安全出口的坡度都大于45°时,矿井一定设置有楼道间或梯子间。攀登梯子时,要按顺序,不要拥挤。

(二)熟悉井下信号,爱护信号设备

井下声光信号分为工作信号和安全信号。它是保证工作联系和安全生产所必需的重要手段。每个矿井对各种信号都有明确的规定。提升和运输一般都用红、绿灯和电铃作信号。此外,还有发生灾害时的报警信号,如瓦斯(甲烷)报警断电仪发出的瓦斯超限报警信号、设备启动和停止的联络信号、推车工人推车时的大声呼喊、用口哨发出的爆破信号等,听到或看到这些信号,必须迅速停止工作,撤退到安全地点。

所有下井人员必须明确和做到以下几点:

(1) 熟悉本矿井规定的各种信号,在井下行走或工作时听从信号指挥。

(2) 爱护信号设备,不要故意损坏,发现信号设备失灵或不起作用时要及时报告,以便修复或更换。

(3) 信号设备由专人管理和使用,其他人员不得擅自发送信号。

(三)爱护机电设备

(1) 机电设备应由接受过专门培训的专业岗位人员进行操作,其他任何人都不准开动、停止或拨弄。

(2) 不准破坏井下防爆设备的防爆性能,不准拆除各种保护装置和带电挪动设备。

(3) 井下中央变电所、中央水泵房、采区变电所等机电硐室,非工作人员不得进入。

(4) 井下电缆应用吊钩悬挂在巷道一侧帮上,千万不要把电缆当作扶手。

(5) 不准破坏任何机电设备和仪器,并应遵守相关警示规定。

(四)严格执行交接班制度

交接班制度是保证煤矿安全生产极为重要的规章制度。交接班时应做到:

(1) 井下所有人员都必须在工作地点现场交接班。

(2) 区(队)长与区(队)长、班组长与班组长、特种作业人员与特种作业人员交接班时,不准托人代替。

(3) 双方交接时,交班人要把本班的生产情况、安全情况、可能发生危险的地方详细地向接班人交代清楚。接班人应主动询问上一班工作中出现的问题及其处理情况,认真检查工作面交班时遗漏的问题。在开始工作之前,先把工作地点存在的安全隐患处理完,做到在安全条件下进行生产。

(4) 认真填写和妥善保管交接班记录簿。

（五）在采掘工作面应注意的安全事项

在采掘工作面，职工四周都是煤或岩石，头顶上悬空的煤或岩石有可能掉下来，两帮和工作面的煤或岩石也可能片落下来，冒顶、片帮都可能造成事故。另外，采掘工作面工作空间狭窄、人员众多、设备集中，工作和行走都受到限制。所以，在采掘工作面的工作人员必须注意以下安全事项：

(1) 行走时要走人行道，不要靠煤帮走，不要在刮板输送机上走，也不要在未安设支架处站立。

(2) 要注意避开采煤机的滚筒，防止被碰伤。在采用爆破法采煤的工作面工作时，要随时注意爆破信号，听从爆破工的信号指挥。

(3) 不要拨弄工作面的采掘设备和输送设备，不要乱扔乱放工具。

(4) 严禁在工作面打闹，也不能在采空区休息。

第二节　煤矿井下安全设施

煤矿井下安全设施是确保井下工作安全的必要设施，主要包括提升运输安全设施、通风安全设施、防灭火安全设施、防爆安全设施、防尘安全设施、防水安全设施和防瓦斯安全设施等。

煤矿井下安全设施

安全提示：煤矿井下安全设施是保证矿井安全生产，保护职工生命安全的重要设施，每位职工都应当自觉爱护它、维护它，不可随意损坏。

第三节　煤矿矿用产品安全标志和井下安全警示标志

一、煤矿矿用产品安全标志

2007 年 4 月 1 日实施的《矿用产品安全标志标识》(AQ 1043)中规定了矿用产品安全标志标识的分类、型式、尺寸、材质、颜色、使用及管理要求。

矿用产品安全标志由矿用产品安全标志证书和矿用产品安全标志标识两部分组成。

取得矿用产品安全标志的产品，只有加施标识后生产单位方可销售，使用单位方可采购和使用。煤矿矿用产品安全标志标识的标准型式如图 2-1 所示。

二、煤矿井下安全警示标志

安全标志是指井下悬挂或张贴的图文标志，目的是引起煤矿井下作业人员对现场不安全因素的警觉并采取相应的措施，预防事故的发生。

煤矿井下安全标志分为主标志和文字补充标志两类。主标志分为禁止标志、警告标志、指令标志和路标、名牌、提示标志。文字补充标志是主标志的文字说明或方向指示，它只能与主标志同时使用。文字补充标志基本形式是矩形边框，放在主标志下方，也可放在左方或右方。文字补充标志的底色应与联用的主标志底色相统一，其文字的颜色，除警告

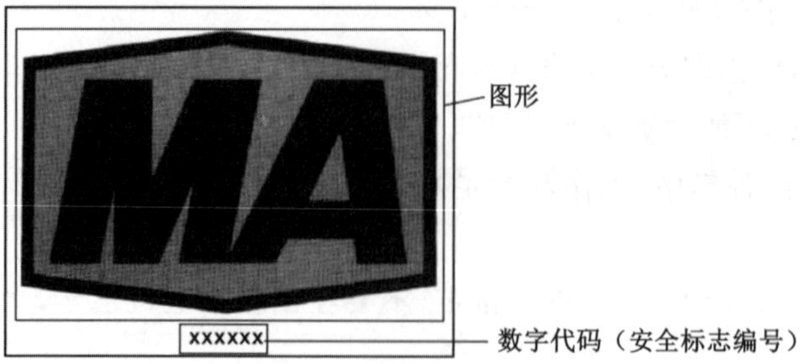

图 2-1　煤矿矿用产品安全标志标识的标准型式

标志用黑色外，其他标志均为白色。

煤矿井下安全标志牌位置应设在与安全有关的明显的地方，并保证人们有足够的时间注意它所表示的内容。

煤矿井下安全标志牌应定期清洗，每季至少检查一次。如有变形、损坏、变色、图形符号脱落、亮度老化等现象应及时修理或更换。

1. 禁止标志

禁止标志是禁止或制止人们的某种行为的标志。禁止标志为白底、红圈、红斜杠、黑图形符号。

2. 警告标志

警告标志是警告人们可能发生危险的标志。警告标志的基本形状为等边三角形，顶角朝上。警告标志为黄底、黑边、黑图形符号。

3. 指令标志

指令标志是指示人们必须遵守某种规定的标志。指令标志基本形状为圆形。指令标志为蓝底、白图形符号。

4. 路标、名牌、提示标志

路标、名牌、提示标志是告诉人们目标、方向、地点的标志。路标、名牌、提示标志基本形状为长方形。路标、名牌、提示标志为绿底（红底或黄底）、白图案（黑图案）、白字或黑字。

禁止标志	警告标志	指令标志	路标、名牌、提示标志

第四节　常见“三违”行为及其危害

安全意识就是人们头脑中建立起来的生产必须安全的观念，也就是人们在生产活动中各种各样有可能对自己或他人造成伤害的外在环境条件的一种戒备和警觉的心理状态。违章蛮干，会给个人、家庭、企业、社会带来严重后果和沉重负担。

一、“三违”的定义

“三违”是违章指挥、违章作业、违反劳动纪律的简称。

(1) 违章指挥：指违反国家的安全生产方针、政策、法律、条例、规程、标准、制度及生产经营单位的规章制度和技术方案的指挥行为。

(2) 违章作业：指在劳动过程中违反国家法律法规和生产经营单位制定的各项规章制度。

(3) 违反劳动纪律：指违反在劳动生产过程中，为维护生产秩序，而制定的要求每个员工遵守的规章制度的行为。

二、“三违”的危害

“三违”可能会对自身或他人生命造成伤害，一旦酿成事故会给亲人、工友带来生活上的困难和感情上的痛苦。“三违”实质上是一种违反安全生产客观规律的盲目行为，安全事故与“三违”有着直接或间接联系。煤矿工人由于一些原因还存在安全意识不强、法治观念淡薄的情况，“三违”现象时有出现，屡禁不绝，已成为严重威胁职工生命安全健康，影响企业形象和制约企业安全发展的顽症。

三、“三违”常见的表现形式

(1) 常见的违章指挥行为。不按照安全生产责任制有关本职工作规定履行职责；不按规定对员工进行安全教育培训；强令员工冒险违章作业；不按照规定审查、批准技术方案和安全措施；不认真执行企业发布的管理程序；新建、改建、扩建项目不执行“三同时”的规定，不履行审批手续；对已发现的事故隐患，不及时采取措施，放任自流等。

(2) 常见的违章作业行为。不按规定正确佩戴和使用劳动防护用品；发现设备或安全防护装置缺损，继续操作；不执行规定的安全防范措施，对违章指挥盲目服从，不加抵制；违反规程或安全技术措施作业；不按操作规程、工艺要求操作设备；忽视安全、忽视警告，冒险进入危险区域等。

(3) 常见违反劳动纪律的表现。迟到、早退、擅离职守；工作时间干私活、办私事；上班注意力不集中、消极怠工；工作中不服从分配、不听从指挥；无理取闹、纠缠领导、影响正常工作；私自动用他人工具、设备；不遵守各项规章制度，违反工艺流程和操作规程等。

四、“三违”现象产生的主观原因

“三违”现象产生的原因有：人员安全意识不强，安全作业综合素质不高；不懂规章或规章懂得太少；存在侥幸、麻痹、自满、马虎、凑合、逆反、应付、从众型等多种心理，认为违章不会造成事故;认为规章太烦琐,操作费力费时,抢功图快;个体所受安全教育少、安全作业技能水平较低;作业环境差、劳动强度大、易疲劳,习惯性违章;情绪不良原因,操作失误;认知水平低等。

五、提升安全意识,杜绝“三违”

(1)“三违”的外在表现是行为,根子在思想和意识。

(2)对“三违”职工的安全教育方法多种多样,应坚持以人为本。

(3)严格安全管理,自觉规范行为。

第三章　职业病防治应知应会知识

第一节　煤矿职业危害因素

煤矿生产中主要的职业危害因素有粉尘、有毒有害气体、噪声和振动、不良气候条件等。

一、粉尘

粉尘是煤矿的主要职业危害因素。煤矿生产中，采煤、掘进、支护、提升运输、巷道维修等生产环节均会产生粉尘，这些粉尘可能使从业人员患上尘肺病。

二、有毒有害气体

由于井下爆破、煤氧化、煤层涌出等原因，矿井空气中含有甲烷（CH_4）、一氧化碳（CO）、二氧化碳（CO_2）、二氧化氮（NO_2）、硫化氢（H_2S）、二氧化硫（SO_2）、氨气（NH_3）等有毒有害气体，会导致职业中毒。

矿井粉尘的危害	矿井空气

三、噪声和振动

煤矿噪声和振动主要来源于井下机械化生产，其危害取决于生产过程、生产工艺和所使用的工具，如风动凿岩机和局部通风机的噪声和振动等。长期在噪声下工作，可能造成听力下降，甚至引起耳聋；长期接触振动，可能导致局部疼痛，甚至引起内脏器官损伤。

四、不良气候条件

煤矿井下的不良气候条件有气温高、湿度大、不同地点风速大小不等和温差大等。长期在潮湿环境下工作的人员易患风湿性关节炎等。

此外，劳动强度大、作业姿势不良也是煤矿井下工作的特点，易造成井下从业人员腰腿疼和各种外伤。

第二节　煤矿常见职业病

一、尘肺病

尘肺病是由于在煤炭生产活动中长期吸入煤尘、岩尘并在肺内滞留而引起的以肺组织弥漫性纤维化为主的全身性疾病，它是我国煤炭行业累计患病人数、每年发病人数最多，对煤矿职工身体健康危害最大的职业病。

尘肺病在发病初期无任何症状，人体没有任何感觉，通常在15～20年后出现症状。根据尘肺病的发展进程，通常将尘肺病分为以下三期：

第一期：重体力劳动时呼吸困难、胸痛、轻度干咳。

第二期：中等体力劳动或正常工作时，感觉呼吸困难、胸痛、干咳或带痰咳嗽。

第三期：从事一般工作甚至休息时，也感到呼吸困难、胸痛、连续带痰咳嗽，甚至咯血和行动困难。

尘肺病

二、职业性噪声聋

职业性噪声聋是由于在职业活动中长期接触高噪声而发生的一种进行性的听觉损伤。早期会出现听力下降，继续长期接触，听力损失不能完全恢复，由功能性改变发展为器质性退行性病变。

三、中暑

中暑是职工在高温环境中因高气温作用于人体，超过人体的适应力，而引起的大量出汗、口渴、头痛、发烧和全身无力，甚至突然昏倒或高烧昏迷的现象。

第三节　煤矿职业危害因素防治措施

煤矿职业危害因素的防治，坚持“预防为主、防治结合”的方针，遵循三级预防的原则。第一级预防是使劳动者尽可能不接触职业危害因素，即使在职业危害不可避免的情况下，采取措施降低生产环境中职业危害因素浓度或强度，使之达到国家职业卫生标准；第二级预防是通过早期发现职业危害，并及时处理，防止进一步发展；第三级预防是对已患职业病者，及时做出诊断和进行恰当的治疗，防止恶化和发生并发症，促进康复。

一、粉尘的防治

煤矿粉尘主要是煤尘、岩尘和水泥尘。煤尘进入人肺使人患煤肺病，岩尘进入人肺使人患矽肺病，水泥尘进入人肺使人患水泥肺病，通称为尘肺病。

《煤矿安全规程》规定，作业场所空气中粉尘（总粉尘、呼吸性粉尘）浓度应当符合表3-1的要求。不符合要求的，应当采取有效措施。

表 3-1 作业场所粉尘浓度要求

粉尘种类	游离 SiO_2 含量 /%	时间加权平均容许浓度/(mg/m^3)	
		总粉尘	呼吸性粉尘
煤尘	<10	4	2.5
矽尘	10～50	1	0.7
	50～80	0.7	0.3
	≥80	0.5	0.2
水泥尘	<10	4	1.5

注：时间加权平均容许浓度是以时间加权数规定的 8 h 工作日、40 h 工作周的平均容许接触浓度。

矿井粉尘防治措施

二、有毒有害气体的防治

有毒有害气体的防治措施有：

（1）消除有毒有害气体。煤矿井下的有毒气体主要来源于炮烟和煤氧化、火灾等。因为很多有毒气体是易溶于水的，通过加强通风、喷雾洒水排除和降低有毒气体含量，净化空气，是消除毒物危害的最根本、最有效的措施。

（2）加强个人防护。炮烟未散去或作业现场空气质量太差时，作业人员不要急着进入工作面，待炮烟散尽、现场空气质量好转时再进入工作面，还应用好防护服、防护面具、防尘口罩、自救器等。

（3）提高机体抵抗能力。对于在有害物质场所作业的人员，给予必要的保健待遇，加强营养和锻炼。

（4）加强对有害物质的监测，掌握其浓度含量，做到心中有数，控制其危害程度。

（5）对受到危害的人员及时进行健康检查。必要时实行转岗、换岗作业。

（6）加强有害物质及预防措施的宣传教育。建立健全安全生产责任制、卫生责任制和岗位安全责任制。

三、生产性噪声的防护

噪声危害损害听觉，引起各种病症，甚至引发事故。

预防噪声危害的措施有：

（1）控制噪声传播。隔声：用吸声材料、吸声结构和隔声装置将噪声源封闭，防止噪声传播。消声：用吸声材料铺装室内墙壁或悬挂于室内空间，可以吸收辐射和反射声能，降低传播中噪声的强度水平。

(2) 采用合理的防护措施。利用耳塞防护。合适的耳塞隔声效果可达 30～40 dB(A),对高频噪声的阻隔效果较好。

(3) 合理安排劳动制度。工作时间穿插休息时间,休息时间离开噪声环境,限制噪声工作时间,可减轻噪声对人体的危害。

(4) 卫生保健措施。对受到噪声危害的人员定期体检,听力下降者及时治疗,重者调离噪声作业岗位。就业前体检或定期体检中发现的听觉器官疾病、心血管病、神经系统器质性疾病者,不得从事噪声环境下的工作。

四、生产性振动的防护

生产过程中,按振动作用于人体的方式可将其分为局部振动和全身振动。局部振动是最常见的和危害较大的振动。

振动危害的预防措施:

(1) 对局部振动的减振措施。改革工艺和设备,改革工作制度。合理使用减振用品,建立合理的劳动制度,限制作业人员接触振动的时间。煤矿井下的振动危害主要来自风动凿岩机、综采综掘机械及其他机械。

(2) 对全身振动的减振措施。在有可能产生较大振动设备的周围设置隔离地沟,衬以橡胶、软木等减振材料,以确保振动不能外传。对振动源采取减振措施,如用弹簧等减振阻尼器减少振动的传递距离,采用在井下采煤机、掘进机、柴油车等座椅下加泡沫垫等方式来减弱运行中由于各种原因传来的振动。另外,利用尼龙件代替金属件,可减少机器的振动;及时检修设备,可以防止因零件松动引起的振动。

五、高温作业的防护

高温作业对人体的循环系统、消化系统、泌尿系统、神经系统等都有危害。

高温作业的防护措施:

(1) 通风降温。加大风速排除热量。风速与温度有一定的关系,合适的风速可使温度降到一定的程度。

(2) 喷雾洒水降温。在工作面喷雾洒水既可以降温又可以降尘。

(3) 保健防护。供给含盐饮料,以补充人体所需水分和盐分。

(4) 发放保健食品。高温环境下作业,人体能量消耗快,应增加蛋白质、热量、维生素等的摄入,以减轻疲劳,提高工作效率。

(5) 个人防护。给工作人员提供结实、耐热、宽大、便于操作的工作服、工作帽、防护眼镜、隔热面具、隔热靴等。

(6) 医疗防护。对在高温条件下作业的人员进行就业前体检,凡有心血管系统疾病、高血压、溃疡病、肺气肿、肝病、肾病等疾病不宜从事高温作业的人员不安排从事高温作业或调离高温作业岗位。

第四节　煤矿劳动防护用品的配备

劳动防护用品是由用人单位提供的,保障劳动者安全与健康的辅助性、预防性措施,不得以劳动防护用品替代工程防护设施和其他技术、管理措施。

（1）接触粉尘和有毒、有害物质的劳动者应当根据不同粉尘种类、粉尘浓度和游离二氧化硅含量及毒物的种类和浓度配备相应的呼吸器、防护服、防护手套和防护鞋等。

（2）接触噪声的劳动者，用人单位应当根据劳动者需求为其配备适用的护听器。

（3）工作场所中存在电离辐射危害的，经危害评价确认劳动者需佩戴劳动防护用品的，用人单位可为劳动者配备劳动防护用品。

（4）从事存在物体坠落、碎屑飞溅、转动机械和锋利器具等作业的劳动者，用人单位可为劳动者配备适用的劳动防护用品。

（5）同一工作地点存在不同种类的危险、有害因素的，应当为劳动者同时提供防御各类危害的劳动防护用品。需要同时配备的劳动防护用品，还应考虑其可兼容性。劳动者在不同地点工作，并接触不同的危险、有害因素，或接触不同危害程度的有害因素的，为其选配的劳动防护用品应满足不同工作地点的防护需求。

（6）劳动防护用品的选择还应当考虑其佩戴的合适性和基本舒适性，根据个人特点和需求选择适合的型号、式样。

（7）用人单位应当在可能发生急性职业损伤的有毒、有害工作场所配备应急劳动防护用品，放置于现场邻近位置并有醒目标识。用人单位应当为巡检等流动性作业的劳动者配备随身携带的个人应急防护用品。

第四章　灾害防治与应急避险应知应会知识

第一节　顶板事故防治与应急避险

顶板事故是指在井下采掘和生产服务过程中，顶板意外冒落造成的人员伤亡、设备损坏、生产中止等事故，是煤矿五大自然灾害之一。其导致的事故危害主要有三种：

① 人员被堵、被埋或伤亡。

② 已经或可能影响通风系统安全运行。

③ 造成设备损坏、生产中止。

④ 巷道损毁。

一、顶板冒落的预防

(1) 采取有效的支护措施。

(2) 及时处理局部漏顶，以免引起大范围冒顶。

(3) 坚持"敲帮问顶"及围岩观测分析制度。

(4) 严格按照规程作业。

(5) 坚持巷道顶板预应力、离层检测和保障矿山压力监测系统的正常运行。

顶板事故的 分类、特点及原因	顶板事故的预防

二、顶板冒落的预兆

顶板冒落的预兆有：响声、掉渣、片帮、漏顶、裂缝、脱层、瓦斯涌出量突然增大、顶板淋水增大。

(1) 响声。岩层下沉断裂、顶板压力急剧加大时，支架就会发出劈裂声，紧接着出现折梁断柱现象；液压支柱的活柱急速下缩，也发出很大声响；有时也能听到采空区内顶板发出断裂的闷雷声。

(2) 掉渣。顶板岩石已有裂缝和碎块，其中小矸石稍受震动就会掉落。

(3) 片帮。冒顶前煤壁所受压力增加，变得松软，片帮煤比平时多。

(4) 漏顶。破碎的伪顶或直接顶在大面积冒顶以前，有时因为背顶不严或支架不牢而出现漏顶。若不及时处理，会使棚顶托空，支架松动。顶板岩石继续垮落，就会造成没有声响的大冒顶。

(5) 裂缝。顶板的裂缝张开,裂缝增多。

(6) 脱层(离层)。检查顶板是否脱层要用“敲帮问顶”的方法,如果声音清脆,表明顶板完好;如果顶板发出“空空”的响声,说明上下岩层已经脱离。

顶板冒落的预兆

(7) 瓦斯涌出量突然增大。

(8) 顶板淋水增大。

三、冒顶处置措施

1. 采煤工作面冒顶处置措施

(1) 当冒落的煤、矸埋压住人时,不可惊慌,应在现场跟班领导、班组长和有经验的老工人的指挥下,严密监视冒落的顶板及两帮情况,加固冒顶处 10 m 范围内支护,用长柄工具捣掉悬矸、危岩后,由有经验的工人由外向里进行支护,动作要迅速,并设专人观察顶板。留好退路,严防继续冒落伤人,组织人力积极抢救被埋人员。

(2) 抢救时仔细侦察,分析遇险者位置和被压情况,尽量不破坏冒落矸石的堆积状态,小心搬开煤、矸救出伤员,严禁用锹、镐等强挖硬刨。

(3) 救出伤员后及时采取止血、包扎、骨折固定等救护措施,发生呼吸停止的要立即进行人工呼吸心肺复苏等现场急救后,迅速送往医院。

(4) 若冒落的矸石将人员堵在独头巷道,被堵人员要沉着、冷静,不要慌乱、乱喊乱叫,并设法自救。

(5) 若冒顶面积大,处理时间长,被堵人员要静卧休息,减少氧气消耗,有压风管路时可打开阀门,放入空气供人呼吸。节约矿灯电量、食物和水。若冒落的煤(矸石)不太多,可能扒出通道口时,应采取由有经验的老工人监视顶板,其他人员轮流攉扒的方法进行自救,并间断性地敲击金属物发出求救信号。

冒顶事故的处置

2. 掘进、巷修工作面冒顶处置措施

(1) 当发生冒顶事故时,现场人员不可惊慌,要在现场跟班领导、班组长和有经验的老工人指挥下,严密监视顶板及两帮的情况,在确保安全的前提下立即加强、加固冒顶处 10 m 范围内的支护。

(2) 处理冒顶时,要用长钎子捣掉可能冒落的悬矸、危岩,由有经验的老工人由外向里进行支护,一般采用架设木垛的方法,在没有冒落危险的情况下,设专人观察顶板,留好退路,迅速架好支架,排好护顶木垛,一直到冒顶最高点将顶托住。

(3) 当冒落的煤、岩石埋压住人员时,要仔细侦察,分析遇险人员的位置和被埋压情况,在安全的前提下组织抢救工作。抢救中要尽量不破坏冒落岩石的堆积状态,小心搬开冒落的煤(岩)块,严禁使用锹、镐等强挖硬刨,谨防对埋压人员造成二次伤害。

(4) 救出的伤员要及时采取止血、包扎、骨折固定等急救措施,发生呼吸停止的要立即进行人工呼吸和心肺复苏等现场急救后,迅速送往医院。

(5) 若冒落的矸石将人员堵在独头巷道内，被堵人员要沉着、冷静，不要乱喊乱叫。若冒顶面积大，处理的时间长，被堵人员应立即静坐休息，注意节约矿灯电量、食物和水，减少氧气消耗，保持足够的体力，有压风管的应打开压风阀门，保持良好的通风。若冒顶面积不太大，被堵人员应在现场跟班领导、班组长和有经验的老工人指挥下，专人监视顶板情况，采用轮番攉扒冒落煤(岩石)的方法组织自救，并间断性敲打铁管、钢轨等发出呼救信号，等待救援。

(6) 当冒顶的范围大，影响通风或人员被堵，可采用小断面快速修复的方法，架设小于原巷道规格的临时支护，采用撞楔法把冒落的煤(岩石)控制住，从巷道两侧清理煤(岩石)，且边清理边维护，防止煤(矸)流入巷道。帮、顶维护好后，进行永久支护架设。

(7) 当冒顶的长度大，不易处理时，可采用打绕道的方法，绕过冒落区去抢救被堵人员，或绕过冒落区后再转入正常掘进。

四、发生冒顶事故时的应急避险

(1) 迅速撤离。当发现工作地点有即将发生冒顶的征兆而又难以采取措施防止顶板冒落时，要迅速离开危险区，撤退到安全地点。

(2) 及时躲避。当冒顶发生而又来不及撤至安全地点时，应靠煤帮贴身站立避灾，但要注意避免煤壁片帮伤人；如靠近木垛，也可撤至木垛处避灾。

(3) 立即求救。冒落基本稳定后，遇险人员应立即采用呼叫、敲打(不要敲打对自己有威胁的支架、物料和岩块)等方法，发出有规律、不间断的求救信号，以便救援人员发现情况，组织力量进行抢救。

(4) 自救和互救。事故发生后，遇险人员要听从灾变现场跟班领导、班组长和有经验的老工人的指挥，在保证安全的前提下，积极开展自救和互救。正视已发生的灾害，注意保持自身体力，未受伤和受轻伤人员要采取切实可行的措施设法营救被掩埋人员，并尽可能脱离险区或转移到较安全地点等待救援。

冒顶事故应急避险	冒顶事故救援注意事项

(5) 配合营救。发生冒顶埋人事故时，被埋压的人员不要惊慌失措，切忌猛烈挣扎；被隔堵的人员应在遇险地点维护好自身安全，构筑脱险通道，配合外部的营救工作。

(6) 现场安全负责人应根据现场实际情况采取果断措施进行处理；当无法处理时，要迅速带领人员撤离，防止事故扩大。

第二节　水灾事故防治与应急避险

一、矿井水灾特点与类型

矿区内大气降水、地表水、地下水通过各种通道涌入井下，成为矿井涌水。当矿井涌水量超过矿井正常排水能力时即会发生水患，称为矿井水灾，通常也称为透水。

煤矿水害是指发育于主要开采煤层顶底板直接或间接含水层中的水在矿井采掘过程中通过天然或人为扰动的导水通道进入矿井并给矿井带来灾害的过程与结果。

1. 突水的特点

(1) 突发性强，无明显前兆。

(2) 水量增速快，灾害控制难度大。

(3) 突水具有时滞性，容易造成误解。

(4) 突水量与过水通道有相互促进现象。

2. 按水源划分的各种水害类型

(1) 顶板裂隙水水害。

(2) 底板灰岩水水害。

(3) 断层水水害。

(4) 老空积水水害。

(5) 封闭不良钻孔水害。

(6) 地表水水害。

(7) 洪水水害。

矿井水灾的特点	矿井水灾防治措施

二、矿井水灾预防

防治水工作要坚持预防为主、防治结合，以及当前与长远、局部与整体、地面与井下、防治与利用相结合的原则；坚持“预测预报、有疑必探、先探后掘、先治后采”的十六字方针；落实“探、防、堵、疏、排、截、监”七项措施，根据不同的水文地质条件，采用不同的防治方法，因地制宜，统一规划，综合治理。

三、发生透水事故前的预兆

1. 一般预兆

(1) 挂红。

(2) 挂汗。

(3) 空气变冷。

(4) 出现雾气。

(5) 水叫。

(6) 煤层变湿、淋水加大。

(7) 矿压增大。

(8) 水色发浑，有臭味。

(9) 钻孔喷水、煤壁溃水。

(10) 裂缝出现渗水。

(11) 煤层变潮湿、松软。

(12) 工作面气温降低。

(13) 有时听到水的“嘶嘶”声。

水灾事故的预兆

2. 工作面底板灰岩含水层突水预兆

(1) 工作面压力增大,底板鼓起,有时底鼓量可达 500 mm 以上。

(2) 工作面底板产生裂隙,并逐渐增大。

(3) 沿裂隙或煤帮向外渗水,随着裂隙的增大,水量增加,当底板渗水量增大到一定程度时,煤帮渗水可能停止,此时水色时清时浊,底板活动时水变浑浊,底板稳定时水变清。

(4) 底板破裂,沿裂缝有高压水喷出,并有"嘶嘶"声或刺耳水声。

(5) 底板发生"底爆",伴有巨响,水大量涌出,水色呈乳白或黄色。

3. 冲击层水的突水预兆

(1) 突水部位发潮、滴水,滴水逐渐增大,仔细观察可发现水中有少量细砂。

(2) 发生局部冒顶,水量突增并出现流砂,流砂常呈间歇性,水色时清时浑,总的趋势是水量、砂量增加,直至流砂大量涌出。

(3) 顶板发生溃水、溃砂,这种现象可能影响到地表,致使地表出现塌陷坑。

四、矿井发生突水事故时的应急避险

矿井发生突水事故时,要根据灾情迅速采取以下有效措施进行紧急避险:

(1) 在突水迅猛、水流急速的情况下,现场人员应立即避开出水口和泄水流,躲避到标高高于工作地点的硐室内、拐弯巷道或其他安全地点。如情况紧急来不及转移躲避,可抓牢棚梁、棚腿或其他固定物体,防止被涌水冲倒和冲走。

(2) 当老空水涌出,使所在地点有毒有害气体浓度增高时,现场人员应立即佩戴好隔离式自救器。在未确定所在地点空气成分能否保证人员生命安全时,禁止任何人随意摘掉自救器的口具和鼻夹,以避免中毒窒息事故发生。

(3) 井下发生突水事故后,决不允许任何人以任何借口在不佩戴防护器具的情况下冒险进入灾区;否则,不仅达不到抢险救灾的目的,反而会造成自身伤亡、事故扩大。

水灾事故应急避险

(4) 水害事故发生后,在现场及附近地点工作的人员脱离危险后,应在可能情况下迅速观察和判断突水的地点、涌水的程度、现场被困人员的情况等,并立即报告矿井调度室。同时,用电话或其他联络方式及时向下部水平和其他可能受到水害威胁区域的人员发出警报通知。

五、发生突水事故后撤离现场时的注意事项

如果涌水来势凶猛、现场无法抢救或者将危及人员安全,井下人员应沿着规定的避灾路线和安全通道迅速撤退到上部水平或地面。在行动中应注意下列事项:

1. 井下发生水灾初期的自救

(1) 井下发生突水后,应立即用最快的方法通知附近区域的人员一起按照矿井灾害预防和处理计划中所规定的路线撤出。

(2) 突水初期,水势很猛,冲力很大,人员撤退时一定要注意向高处走,沿着上山方向进入上部水平,然后升井。

(3) 在撤退中，如出路已被水隔断，就要寻找井下位置最高、离井筒和大巷最近的地点暂时躲避；同时定时在钢轨和金属管道上有规律地敲打发出求救信号。

(4) 如突水区设立水闸门，在人员撤出后，要立即紧紧关死水闸门，把水流完全隔断。

(5) 水泵房人员在接到突水事故报警后，要立即关闭泵房两侧的密闭门，启动所有水泵，把突出的水尽快排出；没接到救灾领导人的撤退命令，决不可离开工作岗位。

(6) 突水后(特别是老空积水突出以后)，往往会从积水的空间放出大量如瓦斯、硫化氢等有害气体，所以在避灾自救中要注意防止有害气体中毒和窒息。

2. 水灾现场处理

(1) 应迅速判定水灾的性质，了解突水地点、影响范围、静止水位，估计突出水量、补给水源及有影响的地面水体。

(2) 要掌握灾区范围、搞清发生事故前的人员分布，分析被困人员可能躲避的地点以便迅速组织抢救。

(3) 根据突水量的大小和矿井排水能力，积极采取排、堵、截水的技术措施。

(4) 加强通风，防止瓦斯和其他有害气体的积聚和发生有害气体熏人等事故。

(5) 在排水后进行侦察、抢险时，要防止冒顶、掉底和二次突水。

(6) 在抢救和运送长期被困井下的人员时，要采取措施避免因突然改变他们已适应的环境和生存条件而造成不应有的伤亡。

3. 撤离注意事项

(1) 撤离前，应当设法将撤退的避灾路线和目的地告知矿井调度指挥中心或救灾指挥部。

(2) 透水后，应在可能的情况下，迅速观察和判断透水的地点、水源、涌水量、发生原因、危害程度等情况，根据预防水灾的避灾路线迅速撤至透水地点标高以上的水平，而不能进入突水点附近及下方独头巷道。

(3) 行进中应靠近巷道一侧，抓牢支架或其他固定物体，尽量避开压力水头和泄水主流，并注意防止被水中滚动的矸石和木料撞伤。

(4) 若透水破坏了巷道中的照明和路标，遇险人员应朝着有风流通过的上山巷道方向撤退。

(5) 在撤退沿途和所经过的巷道交叉口，应留设指示行进方向的明显标志，以提示救护人员注意。

(6) 人员撤退到竖井需从梯子间上去时，应遵守秩序，不要慌乱和争抢。行动中手要抓牢，脚要蹬稳，切实注意自己和他人安全。

(7) 撤退过程中，若唯一的出口被堵塞而无法撤退，应有组织地在独头工作面躲避，等待救护人员营救，严禁盲目潜水等冒险行为。

(8) 被困期间断绝食物后，即使在饥饿难忍的情况下，也应努力克制自己，绝不嚼食杂物充饥。需要饮用井下水时，选择适宜的水源，并用纱布或衣服过滤。

水灾事故救援
注意事项

（9）长时间被困井下，发现救护人员到来营救时，尽力保持镇静，不可过度兴奋和慌乱。

第三节　火灾事故防治与应急避险

凡发生在井下的火灾及发生在井口附近能够危害到井下安全的火灾，都称作矿井火灾。发生矿井火灾的原因有两种：一是外部火源引起的火灾，二是煤炭本身的物理化学性质的内在因素引起的火灾。因此，矿井火灾分为两类：外因火灾和内因火灾。

外因火灾，又称外源火灾。在井下违章吸烟、拆卸矿灯、放明炮、电焊、气焊等，都可能引发外因火灾。内因火灾，又称煤炭自燃火灾。

火灾事故的分类 及发生条件	煤炭自燃的 预防措施	外因火灾的 预防措施

一、煤炭自燃的初期预兆

煤矿内因火灾事故隐患主要表现为煤炭自然发火。煤炭自燃的初期预兆有如下几种：

（1）巷道内湿度增加，出现雾气、水珠。

（2）煤炭自燃放出焦油味。

（3）巷道内发热，气温升高。

（4）人有疲劳感。

（5）出现烟雾或明火。

煤炭自燃的预兆

二、井下火灾的灭火方法

煤矿灭火方法有直接灭火、隔绝灭火和封闭火区3种。

1. 直接灭火

（1）采用灭火剂或挖出火源等方法直接扑灭，称为直接灭火法。常用的灭火剂有水、泡沫、干粉、二氧化碳、四氯化碳、卤代烷、惰气、砂子和岩粉等。

（2）消除可燃物。煤矿常用消除可燃物的方法是挖除火源。

（3）用凝胶处理高温点和自燃火源。凝胶由基料[硅酸盐（水玻璃）]＋促凝剂（碳酸氢氨等盐类）＋水（90%左右）组成。

（4）灌浆灭火。灌浆灭火是煤矿井下常用的灭火方法。

2. 隔绝灭火

当不能直接将火扑灭时，为了迅速控制火势，使其熄灭，可在通往火源的所有巷道内砌筑密闭墙，使火源与空气隔绝。

3. 封闭火区

封闭火区的方法分为 3 种：

(1) 锁风封闭火区。

(2) 通风封闭火区。

(3) 注惰气封闭火区。

矿井火灾灭火方法	二氧化碳灭火器使用方法	干粉灭火器使用方法	水基型灭火器使用方法	消火栓使用方法

三、火灾事故的应急避险

(1) 井下若发现烟气或明火等火灾灾情，应立即通知在附近工作的人员及矿调度室。

(2) 如果火灾范围不大，应立即组织力量扑灭。

(3) 如果火灾范围大或是火势凶猛，则应在撤出灾区人员、保证自身安全的前提下，采取稳定风流、控制火势发展、防止人员中毒和预防瓦斯或煤尘爆炸的措施，并随时保持与地面指挥部的联系，根据指挥部的命令行事。

火灾事故应急避险

(4) 见到火或突然接到火警通知，需要立即撤退人员，要在判明灾情和自己实际处境以及应采取的应急措施的前提下再采取行动。

四、发生火灾事故后安全撤离时的注意事项

发生火灾事故时，如果不能直接扑灭或控制灾情，应迅速撤离火灾现场，撤离时要注意以下事项：

(1) 要尽最大可能迅速了解或判明事故的性质、地点、范围和事故区域的巷道情况、通风系统、风流、火灾烟气蔓延的速度和方向，以及与自己所处巷道位置之间的关系，并根据矿井灾害预防与事故处理计划和现场实际情况确定撤退路线和避灾自救方法。

(2) 撤退时，任何人在任何情况下都不要惊慌、不能狂奔乱跑，应在现场跟班领导和有经验的老工人带领下有组织地撤退。位于火源进风侧的人员，应迎着新鲜风流撤退。位于火源回风侧的人员或是在撤退途中遇到烟气有中毒危险时，应迅速佩戴好自救器，尽快通过捷径绕到新鲜风流中去，或是在烟气没有到达之前顺着风流尽快从回风出口撤到安全地点；如果距火源较近而且越过火源没有危险时，也可迅速穿过火区撤到火源的进风侧。

(3) 如果在自救器有效作用时间内不能安全撤出，应在设有存储备用自救器的避险硐室换新自救器后再行撤退，或是寻找有压风管路系统的地点以压缩空气供呼吸之用。

(4) 撤退行动既要迅速果断又要快而不乱。撤退中应靠巷道有连通出口的一侧行进，避免错过脱离危险区的机会，同时还要随时注意观察巷道和风流的变化情况，谨防火风压

可能造成的风流逆转。

(5) 如果是逆风或顺风撤退都无法躲避着火巷道或火灾烟气造成的危害，则应迅速进入避难硐室，没有避难硐室时应在烟气袭来之前选择合适的地点就地利用现场条件快速构筑临时避难硐室，进行避灾自救。

第四节　瓦斯事故防治与应急避险

与瓦斯有关的煤矿事故有5种，即瓦斯爆炸事故、瓦斯燃烧事故、瓦斯窒息事故、瓦斯喷出事故和煤与瓦斯突出事故。这5种事故通常都会造成重大人员伤亡，其中，瓦斯爆炸事故和煤与瓦斯突出事故发生频繁，危害最大。

一、瓦斯爆炸及其预防

瓦斯爆炸就是瓦斯(CH_4)在高温火源的作用下，与空气中的氧气发生剧烈的化学反应，生成二氧化碳和水蒸气，同时产生大量的热量，形成高温、高压，并以极高的速度向外冲击而产生的动力现象。

1. 瓦斯爆炸条件

瓦斯发生爆炸必须同时具备3个基本条件：一是瓦斯浓度在爆炸界限内，一般为5%～16%；二是混合气体中氧气的浓度不小于12%；三是有足够能量的点火源，温度在650～750 ℃。瓦斯爆炸的3个条件必须同时满足，缺一不可。

2. 预防瓦斯爆炸的措施

预防瓦斯爆炸应从瓦斯爆炸的3个条件入手，即设法防止瓦斯积聚和出现引燃火源；同时一旦出现瓦斯爆炸，还要设法防止爆炸事故扩大。

3. 瓦斯爆炸事故的应急避险

(1) 当灾害发生时一定要镇静清醒，不要惊慌失措、乱喊乱跑。当听到或感觉到爆炸声响和空气冲击波时，应立即背朝声响和气浪传来的方向，脸朝下、双手置于身体下面、闭上眼睛迅速卧倒。头部要尽量低，有水沟的地方最好趴在水沟边上或坚固的障碍物后面。

(2) 立即屏住呼吸，用湿毛巾捂住口鼻，防止吸入有毒的高温气体，避免中毒和灼伤气管和内脏。

(3) 用衣服将自己身上的裸露部分尽量盖严，以防火焰和高温气体灼伤皮肉。

(4) 迅速戴好自救器，以防止吸入有毒气体。

瓦斯的危害 与瓦斯爆炸	瓦斯爆炸 防治措施	瓦斯爆炸事故 的应急避险

(5) 高温气浪和冲击波过后应立即辨别方向，通过最短的距离进入新鲜风流中，并按照避灾路线尽快逃离灾区。

(6) 已无法逃离灾区时，应立即选择进入避难硐室中，充分利用现场的一切器材和设备来保护人员和自身安全。进入避难硐室后要注意安全，最好找到离水源近的地方，设法堵好硐口，防止有害气体进入。注意节约矿灯电量、食品和水，室外要做好标记，有规律地敲打连接外部的金属管道、轨道等，发出求救信号。

二、煤与瓦斯突出及其预防

煤与瓦斯突出是指在矿山煤(岩)层和采动压力作用下，破碎的煤与瓦斯由煤体内突然向采掘空间大量喷出，它是一种瓦斯特殊涌出。

1. 煤与瓦斯突出的预兆

(1) 无声预兆。工作面顶板压力增大，使支架变形、煤壁外鼓、片帮、掉渣、顶板下沉或底板鼓起，煤层层理紊乱，煤暗淡无光泽，煤质变软，瓦斯涌出量异常或忽大忽小，煤壁发凉，打钻时有顶钻、卡钻、喷瓦斯等现象。

(2) 有声预兆。煤层在变形过程中发出劈裂声、闷雷声、机枪声、响煤炮，声音由远到近、由小到大，有短暂的、有连续的，间隔时间长短也不同，煤壁发生震动和冲击，顶板来压，支架发出断裂声。

煤与瓦斯突出的预兆

特别注意：任何一次突出前，并不是所有预兆都出现，仅出现其中一种或数种，而且有的预兆还不明显；也有的预兆距发生突出的时间很短。因此，发现任何预兆，都要格外警惕，及时报告并躲避。

2. 煤与瓦斯突出的危害

大量的煤与瓦斯在短时间内向采掘空间突然喷出，突出的煤流或岩石流抛出会掩埋井下作业人员、堵塞巷道，造成风流逆转，破坏井下设施、设备和通风系统，井巷中充满高浓度瓦斯会引起人员缺氧窒息死亡。当突出瓦斯与新鲜风流汇合后，遇到火源还可能引发燃烧或爆炸使灾害事故扩大。

3. 煤与瓦斯突出事故的预防

防突工作必须坚持“区域综合防突措施先行、局部综合防突措施补充”的原则，按照“一矿一策、一面一策”的要求，实现“先抽后建、先抽后掘、先抽后采、预抽达标”。突出煤层必须采取两个“四位一体”综合防突措施，做到多措并举、可保必保、应抽尽抽、效果达标，否则严禁采掘活动。

4. 煤与瓦斯突出事故的应急避险

(1) 佩戴隔离式自救器保护自己。

(2) 寻找可供避难的场所。

(3) 新鲜风流区域的人员主动、正确地参加救护工作。

煤与瓦斯突出事故的预防

煤与瓦斯突出事故的应急避险

5. “四位一体”综合防突措施

我国对煤与瓦斯突出的防治技术进行了长期的研究，总结出了一套行之有效的两个（区域、局部）“四位一体”综合防突措施，在煤矿生产实际应用中取得了较好的效果。

（1）区域“四位一体”综合防突措施：区域突出危险性预测、区域防突措施、区域防突措施效果检验、区域验证。

（2）局部“四位一体”综合防突措施：工作面突出危险性预测、工作面防突措施、工作面防突措施效果检验、安全防护措施。

第五节　煤尘爆炸事故防治与应急避险

在采掘生产过程中，特别是采掘工作面在爆破、落煤、运输过程中都会产生大量煤尘。煤尘危害主要有两个方面：一是对人体的危害，二是煤尘爆炸危害。煤尘爆炸是煤矿最严重的灾害之一，严重威胁矿井安全生产。

一、煤尘爆炸事故的危害及爆炸条件

风速过高会引起采掘工作面和运输巷道煤尘飞扬，而风速过低会使产尘点产生的煤尘排不出去导致浮尘量增加。带式输送机、刮板输送机各转载点如不采取有效防尘措施，会造成煤尘飞扬。当煤尘含量达到爆炸临界点，遇电气设备漏电产生的火花、爆破产生的火焰等引爆火源时，就会发生煤尘爆炸事故。

1. 煤尘爆炸事故的危害

煤尘爆炸事故的危害

（1）在采掘生产过程中，特别是采掘工作面在爆破、落煤、运输过程中都会产生大量煤尘，煤尘浓度可达到爆炸界限，当电气设备漏电产生火花、爆破产生火焰等引爆火源存在时，就会发生煤尘爆炸事故。

（2）煤尘爆炸时会产生高温、高压、有毒有害气体，造成人员伤亡、机械设备和巷道的毁损，强大的冲击波会造成风流逆转、通风系统紊乱，还可能引起其他地点连续爆炸。

（3）采掘工作面及其回风巷发生煤尘爆炸事故时，将影响本采区；当引起连续爆炸时，将扩大影响范围，直至影响整个矿井；进风井附近发生煤尘事故时，将影响其进风流中的所有工作地点，反风不及时将影响整个矿井。

2. 煤尘爆炸的条件

煤尘发生爆炸必须同时具备3个基本条件：一是煤尘本身具有爆炸性，而且浮游煤尘要达到一定浓度（下限为45 g/m^3，上限为1 500～2 000 g/m^3）；二是混合气体中氧气的浓度不小于18%；三是有足够能量的点火源，温度在610～1 050 ℃。

二、煤尘爆炸事故防治措施

（1）矿井开采新水平、新煤层，要及时对煤层开展煤尘爆炸性鉴定工作，根据鉴定结果采取相应的安全措施，并将作业场所的煤尘降低到《煤矿安全规程》规定的浓度以下。

(2) 建立煤尘监测制度,加强采掘工作面和主要场所的煤尘监测,消除煤尘隐患。

(3) 加强巡查及管理,防止井下出现明火、爆破火焰、电气火花等引爆火源。

(4) 按照“源头治理、科学防治”的原则,认真落实减尘、捕尘、洗尘有关规定。

煤尘爆炸事故的防治措施

三、煤尘爆炸事故的应急避险

发生煤尘爆炸事故后的危险区域,必须采取有效措施,保证救援人员安全的前提下,救援人员才能进入救人。

(1) 如果事故不能及时得到控制,或有扩大趋势,抢救非常困难时,由指挥部决定是否请求外援。

(2) 井下发生煤尘爆炸事故时,一般有较大声响和较强的冲击波以及煤尘飞扬。如发生以上情况,立即采取如下措施:

① 无论任何人,凡发现灾害事故,不论灾害程度如何、波及范围大小,都应立即向矿调度室汇报,并详细说明事故发生的地点、时间、类别、事故现场情况、冲击波的方向及事故可能波及的地点。

② 事故现场的跟班领导或工程技术人员及通风、安检人员应立即组织在场人员采取一切有效措施进行自救和抢险救灾,将事故消灭在初发阶段。

煤尘爆炸事故的应急避险

③ 不能有效消除危险时,应立即组织灾区人员和受威胁区域的人员迅速沿避灾路线撤离。

④ 采煤工作面发生事故时,受灾人员要以事故区为中心,分别由上、下顺槽撤退,转入安全的进风巷道。

(3) 在发生煤尘爆炸事故灾区人员无法迅速撤离时,应考虑下述方法避灾:

① 避灾人员要戴好自救器或用湿毛巾堵住口鼻,以隔绝火焰和防止高温有害气体的伤害,待爆炸冲击波过去后,迅速撤到安全地点。

② 不能撤离的人员迅速转入独头巷道(最好是岩石巷道)等安全地点,停止局部通风机,切断电源,断开风筒,堵住入口,防止有毒气体侵入,并在躲避地点巷道口悬挂矿灯,并用工具定时敲打金属管路、铁轨等发出呼救信号,等待救援。

③ 避灾地点若有压风管,可设法打开压风管路,以便向避灾人员输送新鲜空气。

第六节 煤矿机电运输事故防治

一、机电事故及其防治

机电事故是指由于机电设备出现故障或违章操作而引发的长时间停电、设备烧毁、人身触电等事故。

（一）井下电网保护

煤矿井下电网的过电流保护、漏电保护和保护接地称为煤矿井下的“三大保护”，是保证井下供电安全的重要措施。

1. 过电流保护

过电流是指电气设备或电缆的实际工作电流超过其额定电流值。过电流会使设备绝缘老化，降低设备的使用寿命；烧毁电气设备、引发电气火灾或引起瓦斯、煤尘爆炸。常见的过电流现象有短路、过负荷和断相。过电流保护装置包括熔断保护、继电保护和电子式综合保护。

2. 漏电保护

漏电是指电气设备或电网绝缘电阻显著下降的现象。井下常见的漏电故障分为集中性漏电和分散性漏电 2 种。集中性漏电是指电网的某一处因绝缘破损导致漏电。分散性漏电是指因淋水、潮湿导致电网中某段线路或某些设备绝缘阻值下降至危险值而形成的漏电。漏电保护装置能迅速切断故障线路的电源，保证供电安全。

3. 保护接地

保护接地是指在变压器中性点不接地系统中，将电气设备正常情况下不带电的金属外壳与大地进行良好的电气连接，设置保护接地，可有效防止因设备外壳带电引起的人身触电事故。

（二）触电事故及其预防

触电事故是人体触及带电体或接近高压带电体时，由于电流通过人体而造成的人身伤害事故。其主要伤害为电击和电伤。防止触电的主要措施有以下 6 个方面：

(1) 严格执行安全用电的各项制度，遵章守纪，非专职人员不得擅自操作电气设备。

(2) 井下不得带电检修电气设备。严禁带电搬迁非本安型电气设备、电缆，采用电缆供电的移动式用电设备不受此限。停电检修时，开关、手把在切断电源时必须闭锁，认真执行“谁停电谁送电”的停送电制度。

(3) 加强电气设备的运行、维护和检查工作，严禁电网中性点直接接地。

(4) 防止人体触及或者接近带电体。将人体可能触及的电气设备的带电部分全部封闭在外壳内，同时设置漏电保护装置。

(5) 对导电部分裸露的高压电气设备无法用外壳封闭的，应设防护罩或加栅栏隔离，防止人员接近。

(6) 设置保护接地装置。煤矿井下 36 V 以上电气设备必须有良好的保护接地。在井下高、低压供电系统中，装设漏电保护装置，防止供电系统漏电造成人身触电。

触电事故的伤害程度受电流的大小、持续时间、电流的途径以及电流频率、人体健康状况等因素影响。

（三）机电设备防爆及失爆的预防措施

由于煤矿井下存在可以爆炸的瓦斯、煤尘，电气设备运行过程中产生的火花、电弧都有引燃、引爆瓦斯、煤尘的可能，所以，电气设备防爆至关重要，它是防止井下发生瓦斯、煤尘爆炸的重要措施。

1. 矿用电气设备

矿用电气设备分为两大类，即矿用一般型电气设备和矿用防爆型电气设备。

(1) 矿用一般型电气设备是专为煤矿井下条件生产的不防爆的一般型电气设备，只能用在井下没有瓦斯、煤尘爆炸危险的环境中。在矿用一般型电气设备外壳的明显处，均有清晰的永久性凸纹标志“KY”。

(2) 矿用防爆型电气设备是按照国家标准制造的，在防爆电气设备外壳的明显处，均有清晰的永久性凸纹标志“Ex”。

2. 电气设备的防爆、隔爆和失爆

防爆是指电气设备具有在存在爆炸性混合物地点的使用过程中不会引起周围爆炸性混合物发生爆炸的性能。矿用防爆型电气设备是指专供煤矿井下使用的防爆电气设备。

隔爆是指当电气设备外壳内部发生爆炸时，决不会引起外壳外部的爆炸性气体发生燃烧或爆炸的性能。凡具有这种防爆性能的电气设备称为隔爆型电气设备。

失爆是指当隔爆型电气设备的外壳内部发生爆炸时，引起壳外的爆炸性混合物质发生爆炸，或是从各处缝隙中喷出高温气体或火焰引起壳外爆炸性气体爆炸。

3. 电气设备失爆的预防措施

(1) 严格按《煤矿安全规程》规定的要求选用电气设备。

(2) 井下防爆型电气设备的管理由电气防爆检查部门全面负责，集中统一管理。

(3) 严把入井关。入井前必须检查产品合格证、防爆合格证、煤矿矿用产品安全标志及其安全性能，检查合格并签发合格证后，方准入井。

(4) 加强检查、维护。井下防爆电气设备的运行、维护和修理，必须符合防爆性能的各项技术要求。发现失爆电气设备，必须立即处理或更换，严禁继续使用。

(四) 矿灯的安全使用

矿灯是井下工作人员个人照明的工具，每个下井人员都必须佩戴一盏完好的矿灯，否则不准下井。

矿灯安全使用有关规定：

(1) 从矿灯房领取矿灯时应注意检查灯头、灯线、灯盒等零件是否完整、齐全、紧固，发现问题时，要立即更换。

(2) 不得手提灯线甩动灯头或提灯盒。

(3) 在井下不得强行打开灯头圈或灯盒盖，以免损坏闭锁和造成矿灯短路，产生火花，引发瓦斯、煤尘爆炸事故。

(4) 接触爆炸材料时，矿灯盒应套上绝缘灯套，防止引爆电雷管。

(5) 升井后及时将矿灯交回矿灯房。

(6) 矿井完好的矿灯总数，至少应当比经常用灯的总人数多10%。

(7) 矿灯应集中统一管理。每盏矿灯必须编号，经常使用矿灯的人员必须专人专灯。

(8) 矿灯应保持完好，发出的矿灯最低应当能连续正常使用11 h。

(9) 矿灯应当使用免维护电池，并具有过流和短路保护功能。采用锂离子蓄电池的矿灯还应当具有防过充电、过放电功能。

(10) 加装其他功能的矿灯，必须保证矿灯的正常使用要求。

带电搬迁设备触电事故	电弧灼伤事故

二、提升运输事故及其防治

提升运输事故是指在提升运输系统中由于作业人员违章作业、设备故障、管理不善而造成的各类事故。

(一) 刮板输送机伤害事故及其预防

1. 刮板输送机伤害事故的类型

刮板输送机伤害事故常见的有：刮板链打伤事故，转动部分绞伤事故，机尾翘起砸伤事故，挤伤或撞伤事故，电火花导致瓦斯、煤尘爆炸事故等。

2. 刮板输送机伤害事故的预防措施

(1) 操作人员必须经过培训，考核合格后持证上岗，刮板输送机必须有专人维护，有维修保养制度，保证设备性能完好。

(2) 启动前必须对输送机进行全面检查，包括工作环境和设备的状态等。启动前先发信号，然后点动试车，待确认无问题后再正式开车。

(3) 严格执行停电处理故障、停电检修制度。停电后在开关处要挂牌，并把采煤机闭锁。严禁运行中清扫刮板输送机。

(4) 刮板输送机的转动、传动部位应按规定设置保护罩或保护栏杆，机尾应设保护板；需横越输送机的行人处必须设置人行过桥。

(5) 不准在输送机机道内行走，更不准乘坐刮板输送机。当需要运送长料时，必须制订安全措施。

(6) 移动刮板输送机的液压装置必须完整可靠。移动刮板输送机时，必须有防止冒顶、片帮伤人和损坏设备的安全措施。

(7) 刮板输送机两侧电缆要按规定认真吊挂，特别是在工作面移动的电缆要管理好，防止落入机槽内被刮坏或拉断而造成事故。

(二) 斜巷绞车运输事故及其预防

1. 斜巷绞车运输事故的类型

该事故类型常见的有：违章放飞车造成跑车事故，各种原因的断绳跑车事故，带电维修伤害事故，违章跟车扒车事故等。

2. 斜巷绞车运输事故的预防措施

(1) 斜井绞车司机要经过培训,考核合格后持证上岗。严禁违章作业。

(2) 绞车等设备完好,管理到位。

(3) 按规定设置和使用防护装置。

(4) 使用合格的连接装置和保险绳。

(5) 严格执行“行人不行车,行车不行人”的规定。

(6) 严禁多挂车或超载、超速运行。

(7) 严禁扒车或违章跟车。

(三) 人力推车伤害事故及其预防

人力推车时,作业人员应根据所运的材料和设备类型正确地选用运输车辆。例如,木材、金属管、金属支架、钢轨等长料运输应选用有框架的材料车,水泥、石子等可用矿车装运。各种货载的外形尺寸应与所通过巷道断面相适应,不得超高、超宽。《煤矿安全规程》对人力推车做了明确规定:

(1) 1 次只准推 1 辆车。严禁在矿车两侧推车。同向推车的间距,在轨道坡度小于或等于 5‰时,不得小于 10 m;坡度大于 5‰时,不得小于 30 m。

(2) 推车时必须时刻注意前方。在开始推车、停车、掉道发现前方有人或者有障碍物,从坡度较大的地方向下推车以及接近道岔、弯道、巷道口、风门、硐室出口时,推车人必须及时发出警号。

(3) 严禁放飞车和在巷道坡度大于 7‰时人力推车。

(4) 不得在能自动滑行的坡道上停放车辆,确需停放时必须用可靠的制动器或者阻车器将车辆稳住。

(四) 罐笼提升事故及其预防

1. 罐笼提升事故的类型

罐笼提升事故主要包括罐笼脱轨、过卷、卡罐、断绳、蹾罐等造成人员伤亡、财产损失的事故。

2. 罐笼提升事故的预防措施

(1) 罐笼设计合理,符合技术规范要求。

(2) 罐笼每层内一次能容纳的人数应明确规定。超过规定人数时,把钩工必须制止。

(3) 立井使用罐笼提升时,井口、井底和中间运输巷的安全门必须与罐位和提升信号连锁。

(4) 井口、井底和中间运输巷都应当设置摇台或者锁罐装置,并与罐笼停止位置、阻车器和提升信号系统连锁。

(5) 用多层罐笼升降人员或者物料时,井上、下各层出车平台都必须设有信号工。

(6) 严禁罐笼在同一层内人员和物料混合提升。升降无轨胶轮车时,仅限司机一人留在车内,且按提升人员要求运行。

(7) 严禁超载和超最大载荷差运行。

【案例】 2021 年 12 月 2 日，某煤业公司发生一起采煤机与刮板输送机挤伤人事故，造成 1 人死亡。

（1）事故原因分析

采煤工区副班长王某某在刮板输送机未停止运行的情况下，违章跨站在采煤工作面刮板输送机溜槽沿上进行挂铰接顶梁作业，不慎摔倒在运行的刮板输送机上，被刮板输送机拖入采煤机机尾与溜槽之间挤伤致死。

（2）事故主要教训

① 职工现场互保联保制度不落实。与王某某共同负责铺网挂铰接顶梁作业的支护工赵某某未及时制止王某某违章作业。

② 区队安全管理不到位。区队现场管理不到位，区队管理人员对作业现场违章作业行为未及时发现并制止。

③ 安全监督检查不到位。该煤矿对安检员的管理不力，对现场的薄弱环节监督检查不到位，对现场职工违章作业行为未及时发现和制止。

④ 职工安全教育不到位。职工安全意识不强，安全风险意识差，未严格执行采煤工作面作业规程的规定，现场违章作业。

第七节 煤矿爆破事故防治

一、爆破事故类型及爆破作业的基本要求

（一）爆破事故的类型

爆破作业过程中由于违反技术规范、违章作业或爆破器材管理不善而引发的事故称为爆破事故。矿井常见的爆破事故有爆破崩人事故、炮烟中毒事故、爆破引发瓦斯和煤尘爆炸事故等。

（二）爆破作业的基本要求

（1）爆破作业人员应持证上岗，要加强对爆破器材的管理，严禁穿化纤衣服人员接触爆

炸材料。

(2) 按适用条件使用质量合格的炸药、雷管,严禁使用非煤矿许用炸药和非煤矿许用电雷管。

(3) 在有煤尘爆炸危险的地点进行爆破时,20 m 内应进行洒水降尘。

(4) 加强警戒,严禁其他人员进入爆破地点。

(5) 严格执行操作规程,爆破作业前必须发出警号,至少再等 5 s 才可起爆。

(6) 爆破后,待工作面的炮烟被吹散,爆破工、瓦斯检查工和班组长必须首先巡视爆破地点,检查通风、瓦斯、煤尘、顶板、支架、拒爆、残爆等情况。如有危险情况,必须立即处理。

(7) 掘进巷道贯通爆破,当相距 20 m 时(综掘巷道相距 50 m 时),必须停止一掘进工作面作业,仍然保持通风,由另一掘进工作面贯通,并派专人负责警戒。

二、常见爆破事故预防

(1) 根据矿井瓦斯等级合理选用具有煤矿安全标志的煤矿许用炸药。

(2) 使用合格炸药,禁止使用过期、变质的炸药。

(3) 按照《爆破操作规程》作业,严格控制装药量,禁止裸露爆破。

(4) 确保装药和填塞质量,避免残爆和爆燃;装药前尽可能将炮孔内的水和岩粉吹干净,使有害气体产生减至最低程度。

(5) 炮眼封孔时应使用水炮泥,封孔长度符合《煤矿安全规程》的要求。

(6) 严格按照《煤矿安全规程》和作业规程的规定,爆破母线要有足够的长度。

(7) 确保"一炮三检"和"三人连锁爆破"制度的落实。

(8) 通电以后拒爆时,若使用瞬发电雷管至少等 5 min,如使用延期电雷管至少等 15 min,方可沿线路检查,找出拒爆原因。不能提前进入工作面,以免误爆伤人。

(9) 加强通风管理,采掘工作面及其作业地点风流中甲烷浓度达到 1.0%时,必须停止用电钻打眼;爆破地点附近 20 m 以内风流中,甲烷浓度达到 1.0%时,严禁爆破。

(10) 掘进工作面爆破后,待炮烟吹散吹净,作业人员方可进入爆破地点。

"一炮三检"制度	"三人连锁爆破"制度

第五章　自救、互救与现场急救应知应会知识

大量煤矿事故事实证明，当矿井发生灾害事故后，事故现场人员在万分危急的情况下，依靠自己的智慧和力量，积极正确地开展自救和互救工作，是最大限度地减少事故损失的重要环节。因此，每个入井人员都必须掌握自救、互救的基本方法。

第一节　自救器的使用

一、化学氧自救器的使用

化学氧自救器是指利用化学生氧物质产生氧气的隔离式呼吸保护器。它用于灾区环境大气中缺氧或存在有毒有害气体的环境，供一般入井人员使用，只能使用1次。

以ZH(30)C化学氧自救器为例，自救器型号为ZH(30)C，其中字母Z代表自救器，H代表化学氧，30代表防护时间为30 min，C代表设计序号。

自救器介绍	化学氧自救器的佩戴与使用注意事项（三维仿真）	化学氧自救器的佩戴使用（真人实操）

二、压缩氧自救器的使用

压缩氧自救器是指利用压缩氧气供氧的隔离式呼吸保护器。它用于灾区环境大气中缺氧或存在有毒有害气体的情况，是一种可反复多次使用的自救器，每次使用后只需要更换吸收二氧化碳的吸收剂和重新充装氧气即可重复使用。

压缩氧自救器的佩戴与使用注意事项（三维仿真）	压缩氧自救器的佩戴使用（真人实操）

第二节 避难硐室的自救避灾与现场急救

避难硐室是井下发生灾害事故后，人员无法撤离灾区时的避难场所。避难硐室分事先构筑好的永久避难硐室和由避灾人员用身边现有材料建造的临时避难硐室。

一、永久避难硐室

永久避难硐室预先设在井底车场附近或采区工作地点安全出口的路线上，距工作地点不能太远（即到达时间不能超过自救器的有效工作时间）。避难硐室的容积原则上应能容纳采区的全体人员。硐室内备有供避灾人员呼吸用的供气装备（如压风自救装置）、通信设备、自救器、药品和食物等。需要注意两个问题：一是硐室内的供气装置要有保障，即空气气源能长时间供气，遇险人员使用的呼吸装置要佩戴方便、迅速、呼吸自如舒畅；二是硐室内要存放一定数量的自救器，其防护时间要长一些（如 30 min 以上的化学氧和压缩氧自救器），确保遇险人员在条件允许时，佩戴自救器从避难硐室撤到安全地点或井上。

二、临时避难硐室

临时避难硐室是利用独头巷道、硐室或两道风门之间的巷道，由避灾人员临时修建的，所以应在这些地点事先准备好所需的木板、木桩、风筒、黏土、砂子或砖等材料，还应装有带阀门的压气管。避灾时，若无构筑材料，避灾人员就用衣服和身边现有的材料临时构筑避难硐室，以减少有害气体的侵入。密闭应该打两道，人站在里面打。

三、避难硐室的使用操作

1. 进入避难硐室生存区

人员进入避难硐室生存区的具体操作步骤和方法如下：

第一步：人员走到避难硐室第一道防爆密闭门前→向上旋转防爆密闭门外把手→迅速进入避难硐室过渡室。

第二步：进入过渡室的人员关闭第一道防爆密闭门→向下旋转门上的内把手，锁紧第一道防爆密闭门→打开避难硐室内部压风总阀→打开喷淋装置→使用喷淋装置喷洗 30 s。

第三步：所有人员喷洗完毕之后→向上旋转第二道密闭门的把手→打开第二道密闭门→迅速进入避难硐室生存区→关闭第二道密闭门。

2. 进入避难硐室后摘取自救器

人员进入避难硐室正确摘下自救器的操作步骤和方法是：避难人员进入生存区→找到避难硐室巷帮悬挂的“七合一”传感器→摁下传感器右侧的开关按钮→观察传感器屏幕显示数值→确认传感器显示环境参数正常→摘下自救器。

3. 操作避难硐室的压风供氧装置

避难硐室的压风供氧装置有以下两种操作模式：

(1) 压风供氧模式：人员打开避难硐室压风控制柜→打开压风管路的阀门→调节压风控制柜风流量不小于每人每分钟 100 L。

(2) 自备氧供氧模式:人员确认避难硐室巷道顶部悬挂的压风管道上的散流器无风流及流量表无读数→检查避难硐室压风总阀、压风控制柜内各阀门、散流器阀门处于打开状态→关闭硐室压风总阀→关闭第一道防爆密闭墙及第二道密闭墙上的超压排气阀→启动自备氧供氧。

4. 操作避难硐室的空气净化装置

人员确认避难硐室内传感器显示有毒有害气体浓度超标→打开避难硐室中所有的空气净化器→拿出储物座椅中相应的有毒有害气体吸收药剂并平铺至药剂床中。

操作注意事项:当传感器显示二氧化碳浓度降低后又升高,并再次提示有毒有害气体浓度超标时,更换空气净化器中的二氧化碳吸附剂。

四、在避难硐室避难时的注意事项

(1) 进入避难硐室前,应在硐室外留有矿灯、衣服、工具等明显标志,以便矿山救护队及时发现。

(2) 避难人员在避难硐室中应保持安静,不急躁,尽量俯卧于巷道底部,避免不必要的体力和氧气消耗,以便延长避难时间。

(3) 在避难中,要保持良好的精神状态和心理状态,坚持克服各种困难,坚定信心。

(4) 硐室内只留一盏矿灯照明,其余熄灭,以备人员撤离时使用。自救器、急救袋暂时可以不用的应尽量停止使用,一方面以备延长待救时间,另一方面以备重伤员抢救之用。

(5) 在避难硐室内可间断地敲打铁器、岩石等,发出呼救信号。

(6) 避难时要密切注意避难地点附近风流和瓦斯的情况,要不断改善环境争取待救时间(进入有压风管的避难硐室时应立即打开压风管)。若避难地点条件恶化,有可能危及人员生命安全时,应立即转移到附近安全地点。

(7) 被水堵在上山的人员,不要向下跑,不要盲目探险。水被排走露出顶板时,也不要急于出来,以防二氧化硫、硫化氢等气体中毒。

(8) 看到救护队员后不要过于激动,以防血管破裂。避难时间过长被救后,不能过多饮食和见到强烈光线,以防损伤消化器官和眼睛。

第三节 井下安全避险系统

一、煤矿井下安全避险六大系统

煤矿必须建立矿井安全避险系统,对井下人员进行安全避险和应急救援培训,每年至少组织1次应急演练。

煤矿井下安全避险六大系统包括:矿井监测监控系统、井下人员定位系统、井下紧急避险系统、矿井压风自救系统、矿井供水施救系统和矿井通信联络系统等。

煤矿井下安全避险六大系统

所有井工煤矿必须按规定建设完善煤矿井下安全避险六大系统,

入井人员必须会使用煤矿井下安全避险六大系统。

二、压风自救装置的使用操作

当井下发生煤与瓦斯突出或发现有煤与瓦斯突出预兆，或瓦斯严重超标，对现场人员生命有严重威胁时，人员要以最快的速度使用压风自救装置。

1. 面罩式压风自救装置

面罩式压风自救装置具体操作使用方法是：现场人员打开压风自救装置箱门→打开气动阀→戴上面罩进行呼吸→待安全后沿避灾路线撤离或等待救灾。

2. 防护袋式压风自救装置

防护袋式压风自救装置具体操作使用方法是：现场人员迅速跑至压风自救装置处→解开防护袋→打开供气球阀→人员头部钻入防护袋(保证鼻、口在防护袋内)。

第四节 现场急救

现场急救的关键在于“及时”，争取在最短的时间内有效地完成急救和安全转运任务。现场互救必须遵守转运原则：初步确切止血、骨折简易固定、生命体征平稳、医护全程护送、边救边送、就近医院救治。

现场急救必须遵守“三先三后”的原则：

(1) 窒息(呼吸道完全堵塞)或心跳、呼吸骤停的伤员，必须先进行人工呼吸或心肺复苏后搬运。

(2) 对出血的伤员，先止血后搬运。

(3) 对骨折的伤员，先固定后搬运。

现场急救的方法包括心肺复苏、止血、包扎、骨折临时固定和伤员搬运等。

一、心肺复苏

一旦发现有人晕倒应采取如下 4 个步骤措施：第一步判断意识；第二步呼救；第三步翻转体位；第四步胸外心脏按压，进行心肺复苏，如图 5-1 所示。

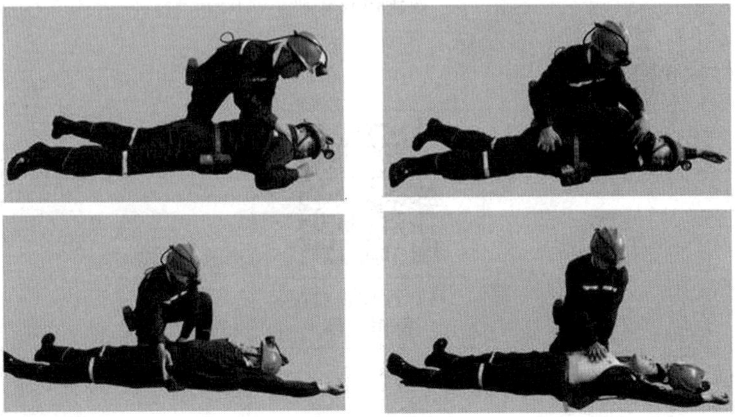

图 5-1 发现有人晕倒的处理程序

心肺复苏操作步骤

二、止血

少量出血的处理：表面伤口和擦伤，应先用干净的水冲洗，再用创可贴或干净的纱布、手绢包扎伤口。

严重出血的止血方法：

（1）直接压迫止血，如图 5-2 所示。

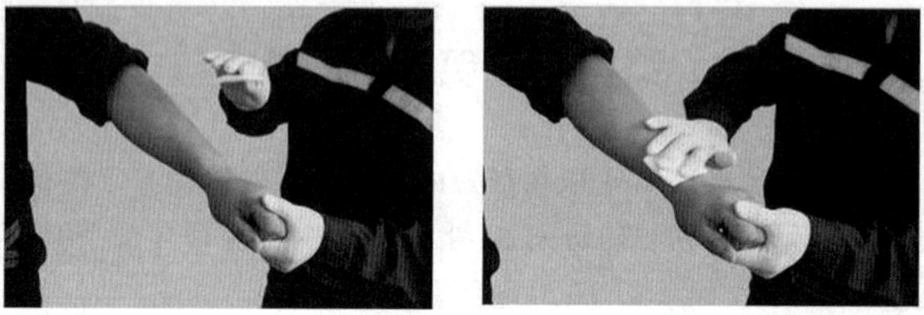

图 5-2　直接压迫止血示意图

（2）加压包扎止血，如图 5-3 所示。

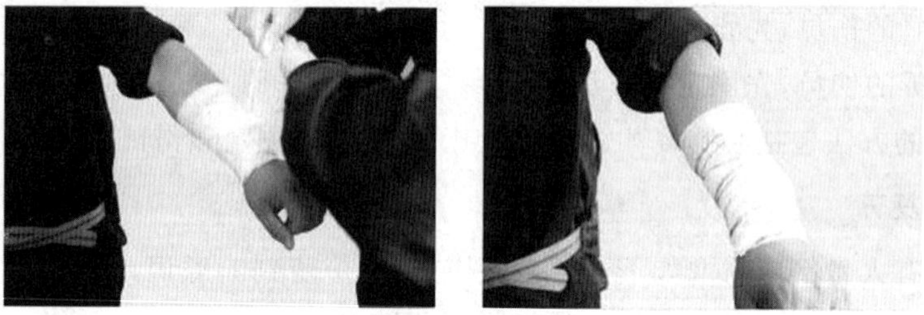

图 5-3　加压包扎止血示意图

（3）动脉行径止血法。

动脉行径止血法操作步骤

（4）止血带止血。有以下几种方法：

① 表带式止血带止血，如图 5-4 所示。

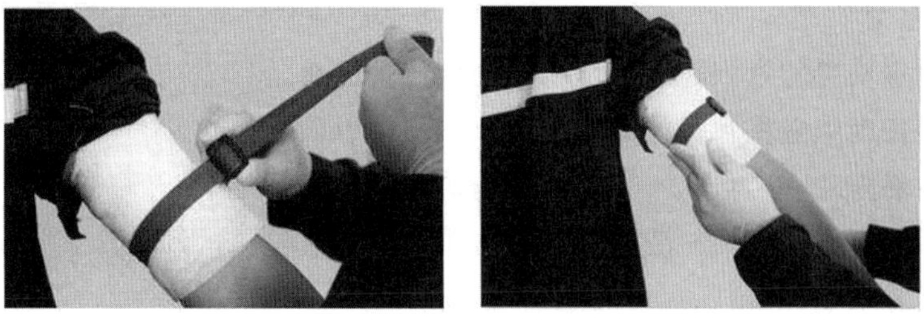

图 5-4 表带式止血带止血示意图

② 橡胶管止血带止血。

③ 布带绞紧止血。

橡胶管止血带 止血法操作步骤	布带绞紧止血法 操作步骤

三、包扎

1. 包扎的目的

止血、保护伤口、防止感染、固定夹板和敷料。

2. 包扎的要求

轻、快、准、牢;先盖后包。

3. 包扎材料

绷带、三角巾、四头带、多头带或者就地取材。

4. 绷带包扎法

绷带包扎法分为环形包扎法、螺旋形包扎法、螺旋反折包扎法、“8”字形包扎法、回返式包扎法等,主要适用于四肢、头部和肢体端部的包扎。

5. 三角带包扎法

三角带包扎法主要适用于头部、胸部、背部、腹部的包扎。

绷带包扎 操作步骤	三角巾包扎 操作步骤

四、骨折临时固定

(1) 骨折原因:外力作用。

(2) 骨折判定:肿胀、疼痛、畸形、功能障碍。

(3) 固定目的:制动、避免再次损伤、利于搬运。

(4) 固定材料:夹板、充气夹板、固定架、健侧肢体或者就地取材。

（5）固定原则：

① 首先检查伤者的意识、呼吸、脉搏并处理严重出血。

② 夹板的长度应能将骨折处的上下关节一同加以固定。

③ 骨断端暴露时，不要拉动，不要送回伤口内。

④ 开放性骨折现场不要冲洗、不要涂药，应该先止血包扎，再固定。

⑤ 暴露肢体末端，以便观察血液循环情况。

（6）固定方法见视频。

上肢骨折固定操作步骤	小腿骨折固定操作步骤	大腿骨折固定操作步骤

五、伤员的搬运护送

搬运时应尽量不增加伤员的痛苦，避免造成新的损伤及并发症。

单人搬运法	双人搬运法	三人搬运法

四人徒手搬运法如图 5-5 所示。

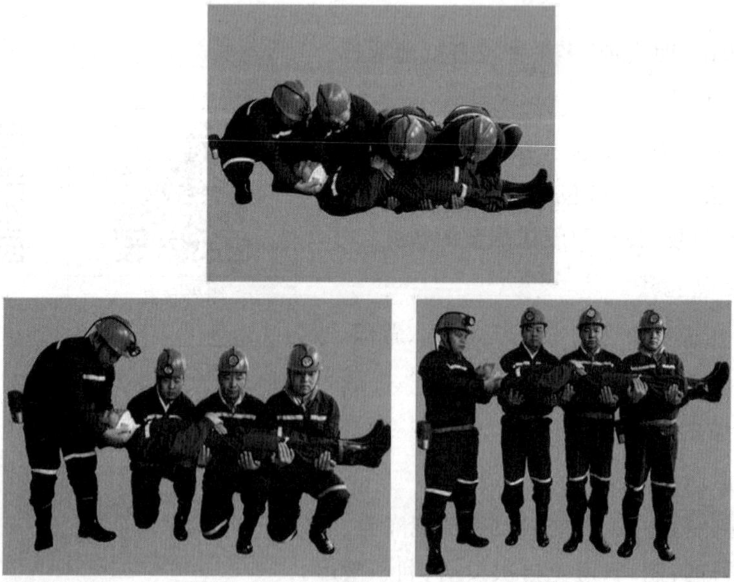

图 5-5　四人徒手搬运法

担架搬运如图 5-6 所示。

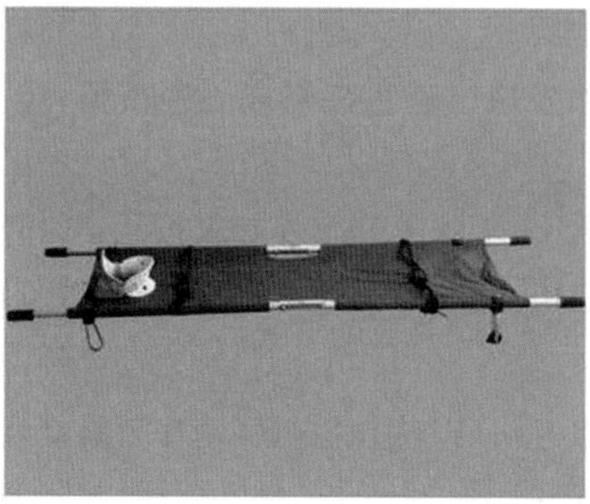

图 5-6 担架搬运

六、对不同伤员的现场急救

1. 对中毒或窒息人员的急救

(1) 立即将伤员从危险区抢运到新鲜风流中，取平卧位。

(2) 立即将伤员口、鼻内的黏液、血块、泥土、碎煤等除去，解开上衣和腰带，脱掉胶鞋。

(3) 用衣服覆盖在伤员身上保暖。

(4) 根据心跳、呼吸、瞳孔等特征和伤员的神智情况，初步判定伤情的轻重。

(5) 当伤员出现眼红肿、流泪、畏光、喉痛、咳嗽、胸闷现象时，说明是二氧化硫中毒。当出现眼红肿、流泪、喉痛及手指、头发呈黄褐色现象时，说明是二氧化氮中毒。一氧化碳中毒的显著特征是嘴唇呈桃红色，两颊有红斑点。对二氧化硫、二氧化氮的中毒者只能进行口对口的人工呼吸，不能进行压胸或压背法的人工呼吸。

(6) 人工呼吸持续的时间以恢复自主性呼吸或到伤员真正死亡时为止。当救护队来到后，转由救护人员用苏生器苏生。

2. 对外伤人员的急救

对烧伤人员、出血人员和骨折人员，分别采用包扎创面、止血和骨折临时固定等急救措施，然后迅速送到地面，送往医院救治。

3. 对溺水者的急救

突水中，人员溺水时，可能造成呼吸困难而窒息死亡。应采取如下措施急救：

(1) 转送：把溺水者从水中救出后，立即送到比较温暖和空气流动的地方，松开腰带，脱掉湿衣服，盖上干衣服保暖。

(2) 检查：检查溺水者的口鼻，如果有泥水和污物堵塞，应迅速清除，擦洗干净，以保持呼吸道通畅。

(3) 控水：将溺水者取俯卧位，用木料、衣服等垫在其肚子下面；施救者左腿跪下，把溺水者的腹部放在右侧大腿上，使其头朝下；按压其背部，迫使水从体内流出。

(4) 上述控水效果不理想时，应立即做俯卧压背法人工呼吸或口对口吹气，或胸外心脏按压。

4. 对触电者的急救

（1）立即切断电源，或使触电者脱离电源。

（2）迅速观察伤员有无呼吸和心跳。如发现已停止呼吸或心音微弱，应立即进行人工呼吸或胸外心脏按压。

（3）若呼吸和心跳都已停止，应同时进行人工呼吸和胸外心脏按压。

（4）对遭受电击者，若有其他损伤，如跌伤、出血等，应做相应的急救处理。

5. 对冒顶埋压人员的现场急救

（1）扒伤员时须注意不要损伤人体。靠近伤员身边时，扒掘动作要轻巧稳重，以免对伤员造成伤害。

（2）如果确知伤员头部位置，应先扒去其头部煤岩块，以使头部尽早露出来。头部扒出后，要立即清除口腔、鼻腔的污物。与此同时扒身体其他部位。

（3）此类伤员常常发生骨折，因此在扒掘与抬离时必须十分小心。严禁用手去拖拉伤员双脚或用其他粗鲁动作，以免增加伤势。

（4）当伤员呼吸困难或停止呼吸时，可进行口对口人工呼吸。

（5）有大出血者，应立即止血。

（6）有骨折者，应用夹板固定。如怀疑有脊柱骨折的，应该用硬板担架转运，千万不能由人扶持或抬运。

（7）转运时须有医务人员护送，以便对发生的危险情况给予急救。

6. 对长期被困井下人员的急救

（1）严禁用矿灯照射遇险者的眼睛，应用毛巾、衣服片、纸张等蒙住其眼睛。

（2）用棉花或纸张堵住双耳。

（3）注意保暖。

（4）不能立即升井，应将其放在安全地点逐渐适应环境和稳定情绪。待情绪稳定，体温、脉搏、呼吸及血压等稍有好转后，方可升井送医院。

（5）搬运时要轻抬轻放、缓慢行走，注意伤情变化。

（6）升井后和治疗初期，劝阻亲属探视，以免伤员过度兴奋发生意外。

（7）不能让其吃过量或硬的食物，限量吃一些稀软、易消化的食物，使肠胃功能逐渐恢复。

第六章 安全培训与岗位准入应知应会知识

第一节 煤矿安全培训与岗位准入十问

安全提示：煤矿职工井下工作非常辛苦，而下井前或者上井后又得参加煤矿企业组织的各种培训，因此很多职工对此不理解甚至抵触。煤矿井下工作环境复杂，水、火、瓦斯等各种灾害多，如果职工不通过培训掌握必备的安全技能，就很容易导致事故或受到伤害。此外，矿井发生事故，轻则职工会被扣安全奖金，重则所在矿井会被停产整顿，严重影响了职工的收入。因此，为了切实保障煤矿职工的健康和安全，国家相关的法律法规规定，煤矿职工不仅要参加上岗前的培训，取得相应的安全操作证书或安全培训合格证(明)后方能持证上岗，而且每年还要参加再培训。

第一问：煤矿职工为什么一定要参加安全培训？

答：一是因为参加安全培训是法律赋予每一名职工的权利和义务，不按规定参加安全培训就是违法，需要承担相应的法律责任，甚至可能会受到法律的惩处。

二是因为工作的煤矿井下现场存在着各种各样的自然灾害、事故隐患和安全风险等，只有参加培训才能系统、全面地学习和掌握相关安全知识和技能，促进事故防范和学会避灾逃生。

三是因为只有按规定参加培训，经考核合格，并取得相应的安全操作证书或安全培训合格证(明)后，才能具备相应的上岗作业资格。

四是因为安全培训是广大职工一项特殊的福利和待遇，常说“一人培训、三代受益”“一次培训、终身受益”。所以，安全培训既事关职工的生命安全，又和职业安全发展息息相关，任何人都没有理由不参加培训。

五是因为通过参加安全培训，职工可以及时了解安全生产新知识、企业安全文化动态和规章制度更新变化，以及职业道德和企业安全发展新目标、新任务等内容，有助于更好、更安全地做好本职工作。

第二问：煤矿安全培训的主要法律依据是什么？

答：对煤矿企业来说，安全培训相关的法律依据主要有以下两个：

一是《安全生产法》第二十八条第一款规定：生产经营单位应当对从业人员进行安全生产教育和培训，保证从业人员具备必要的安全生产知识，熟悉有关的安全生产规章制度和安全操作规程，掌握本岗位的安全操作技能，了解事故应急处理措施，知悉自身在安全生产方面的权利和义务。未经安全生产教育和培训合格的从业人员，不得上岗作业。

二是《煤矿安全培训规定》(国家安全生产监督管理总局令第 92 号)第四条第一款规定：

煤矿企业是安全培训的责任主体，应当依法对从业人员进行安全生产教育和培训，提高从业人员的安全生产意识和能力。

除了以上两方面的依据外，《矿山安全法》、《劳动法》、职业健康安全法规以及国务院部门规章等，对安全培训也有相关的具体规定和要求。

第三问：职工日常安全教育培训有什么特点？一般要学习哪些内容？

答：职工日常安全教育培训是职工所在区队利用业余时间（班前、班后会）开展的短期自主培训，一般是全员参加，是职工全脱产培训的补充。讲课人员主要是区队主要领导和技术人员等。实践中，很多煤矿企业是通过"三个一"活动（一日一题、一周一案、一月一考）来开展的。按照"按需施教、学以致用"的原则，其学习内容大概有以下五个方面：

① 本单位安全生产规章制度和劳动纪律。

② 本单位生产工作面作业规程和技术措施。

③ 本单位生产设备、设施和作业环境基本情况。

④ 本单位生产现场避灾路线和避灾设施。

⑤ 企业安全文化、职业道德宣传、事故通报和形势任务教育等。

第四问：怎样理解"持证上岗"规定？落实这项规定时要注意什么？

答："持证上岗"是安全培训的一项重要制度。在安全生产实践中，主要指煤矿特种作业人员和其他从业人员经专门的安全培训和考核合格后，取得特种作业操作证书或其他从业人员培训合格证明，上岗作业时，要求做到随身携带，并配合对其证书的检查。

落实上述规定时，相关人员应注意以下几点：

第一，证书应载明持证人姓名、证书编号、持证人近期照片、操作工种、证书有效时间等。

第二，如果携过期证书上岗，一般会按照无证上岗处罚。

第三，持证上岗制度要求现场做到"人证相符"和"岗证相符"（有的省、市要求每位特种作业人员持证不能超过两个）。

第四，相关持证人员一定要在证书有效期内，至少提前 60 日主动参加证书复审培训或向单位申请去参加证书复审培训。另外，连续离开岗位 6 个月以上的特种作业人员需要重新进行专门的考核方可持证上岗。

最后要切记：证书不能转借、不能涂改，更不能持假证或别人的证书上岗。

第五问：企业应用新工艺、新技术、新材料、新设备前为什么必须对相关从业人员进行安全培训？

答：首先，企业应用新工艺、新技术、新材料、新设备（简称"四新"）前对相关从业人员进行安全培训是相关法规要求的，必须规范组织。

其次，"四新"项目的推广应用本身都有相关培训安排，使用单位应对照要求及时组织人员参加，这样才能有效保证"四新"项目的有效实施。

最后，在煤矿井下这个特殊的作业环境中，"四新"的应用必然会产生很多新的安全知识点，包括设备、设施和工具等，作为具体应用人员必须了解和掌握。

综上所述，企业应用新工艺、新技术、新材料、新设备前对相关从业人员进行安全培训既重要又必要。

第六问：职工参加安全资格培训，一般需要多长时间？

答：如果是特种作业人员，参加初次安全培训的时间不得少于90学时，实践中一般是脱产培训12天；参加延期换证专门培训不少于24学时，实践中一般是脱产培训3天。如果是其他从业人员（包括新入职职工），参加初次安全培训的时间不得少于72学时，实践中一般是脱产培训9天，每年再培训的时间不得少于20学时，实践中一般是脱产培训3天。

第七问：煤矿职工安全培训的权利具体体现在哪些方面？

答：参加安全培训既是煤矿职工的权利，也是一项义务。这项权利具体体现在：

① 单位没有安排参加相关培训，有权拒绝入井工作；

② 只要按照规定完成培训任务，有权取得培训期间的正常工资和其他待遇；

③ 有权报销培训期间发生的各种费用；

④ 有权拒绝配合单位或培训机构在各种假培训记录上签字；

⑤ 有权查询和取得自己相关培训信息及证书；

⑥ 有权向有关部门反映乱培训、假培训等违规培训情况等。

第八问：煤矿职工安全培训的义务具体体现在哪些方面？

答：参加安全培训既是煤矿职工的权利，也是一项义务。这项义务具体体现在：

① 有义务按照单位通知要求，准时报到参加培训；

② 有义务遵守各项培训及考试管理制度；

③ 有义务在规定时间内提交符合要求的各种办证资料；

④ 有义务配合企业和培训部门建立相关培训档案；

⑤ 有义务做到先培训、后上岗和持证上岗；

⑥ 有义务妥善保管各种安全培训证书等。

第九问：上级部门到井下现场检查安全培训，一般会怎样检查？职工应该注意什么？

答：上级部门到现场检查安全培训情况，通常会采取查证和抽考两种形式。查证要求现场（岗位）人员全部做到持证上岗，并且是岗证相符、人证相符，同时，还要上井对照相关人员培训档案核验其证书信息是否造假等；抽考则安排被抽考人员对照相关安全培训题库或基本安全知识和机器、设备操作技能进行现场测试，以查验相关人员持续掌握安全生产知识和能力是否达标。

职工对于这样的检查一定要有一个正确的态度，要积极配合，不能故意躲避，更不能逃跑。另外，要保持平静的心态应对现场抽考，平时要注意经常复习，不断巩固岗位基本安全知识，包括规程、措施等与自身工作相关的内容。相关题库也要经常复习记忆，做到常态化备考、应考。本人证书要妥善保管，基本信息要掌握。丢失或损坏的证书要及时申请补办，该复审的一定要提前60日申请复审，不能将自己的证书借给他人，有问题要做到及时向区队报告等。

第十问：煤矿从业人员无证上岗作业会受到什么样的处罚？

答：煤矿从业人员无证上岗是典型的“三违”行为。依照《安全生产法》第一百零七条的规定，生产经营单位的从业人员不落实岗位安全责任，不服从管理，违反安全生产规章制度或者操作规程的，由生产经营单位给予批评教育，依照有关规章制度给予处分；构成犯罪的，依照刑法有关规定追究刑事责任。

第二节 安全培训检查的类别

一、国家组织的安全培训专项督查、监察、检查

(1) 国务院安全生产委员会组织的安全培训专项督查、检查。

(2) 应急管理部组织的安全培训专项督查、检查。

(3) 国家矿山安全监察局(含派驻地方的国家矿山安全监察局)组织的安全培训专项监察、检查。

(4) 国家卫生健康委员会组织的职业健康培训专项督查、检查。

(5) 国务院其他行政部门组织的安全培训专项督查、检查。

二、省组织的安全培训专项督查、检查

(1) 省、自治区、直辖市安全生产委员会组织的安全培训专项督查、检查。

(2) 省、自治区、直辖市应急管理局组织的安全培训专项督查、检查。

(3) 省、自治区、直辖市煤矿安全培训的主管部门组织的安全培训专项督查、检查。

三、市、县及以下机构组织的安全培训专项检查

(1) 市、县应急管理局组织的安全培训专项检查。

(2) 市、县安全培训监督管理部门组织的安全培训专项检查。

(3) 区、镇、乡安全培训监督管理部门组织的安全培训专项检查。

四、煤矿企业组织的安全培训检查

(1) 集团公司、分公司组织的安全培训检查。

(2) 煤矿组织的安全培训检查。

第三节 安全培训相关规定及检查内容

一、《安全生产法》对从业人员安全生产教育和培训的相关规定

(1) 生产经营单位的主要负责人和安全生产管理人员必须具备与本单位所从事的生产经营活动相应的安全生产知识和管理能力。

(2) 生产经营单位应当对从业人员进行安全生产教育和培训，保证从业人员具备必要的安全生产知识，熟悉有关的安全生产规章制度和安全操作规程，掌握本岗位的安全操作技能，了解事故应急处理措施，知悉自身在安全生产方面的权利和义务。未经安全生产教

育和培训合格的从业人员，不得上岗作业。

生产经营单位使用被派遣劳动者的，应当将被派遣劳动者纳入本单位从业人员统一管理，对被派遣劳动者进行岗位安全操作规程和安全操作技能的教育和培训。劳务派遣单位应当对被派遣劳动者进行必要的安全生产教育和培训。

生产经营单位接收中等职业学校、高等学校学生实习的，应当对实习学生进行相应的安全生产教育和培训，提供必要的劳动防护用品。学校应当协助生产经营单位对实习学生进行安全生产教育和培训。

生产经营单位应当建立安全生产教育和培训档案，如实记录安全生产教育和培训的时间、内容、参加人员以及考核结果等情况。

（3）生产经营单位采用新工艺、新技术、新材料或者使用新设备，必须了解、掌握其安全技术特性，采取有效的安全防护措施，并对从业人员进行专门的安全生产教育和培训。

（4）生产经营单位的特种作业人员必须按照国家有关规定经专门的安全作业培训，取得相应资格，方可上岗作业。

二、《煤矿安全规程》对安全培训的相关规定

（1）煤矿企业必须对从业人员进行安全教育和培训。培训不合格的，不得上岗作业。主要负责人和安全生产管理人员必须具备煤矿安全生产知识和管理能力，并经考核合格。特种作业人员必须按国家有关规定培训合格，取得资格证书，方可上岗作业。矿长必须具备安全专业知识，具有组织、领导安全生产和处理煤矿事故的能力。

（2）煤矿必须建立矿井安全避险系统，对井下人员进行安全避险和应急救援培训，每年至少组织1次应急演练。

（3）煤矿企业必须对从业人员进行安全教育和培训。培训不合格的，不得上岗作业。主要负责人和安全生产管理人员必须具备煤矿安全生产知识和管理能力，并经考核合格。特种作业人员必须按国家有关规定培训合格，取得资格证书，方可上岗作业。矿长必须具备安全专业知识，具有组织、领导安全生产和处理煤矿事故的能力。

（4）单项工程、单位工程开工前，必须编制施工组织设计和作业规程，并组织相关人员学习。

（5）建立防突管理制度和各级岗位责任制，健全防突技术管理和培训制度。突出矿井的管理人员和井下作业人员必须接受防突知识培训，经培训合格后方可上岗作业。

（6）必须建立防冲培训制度。

（7）煤矿作业人员必须熟悉应急救援预案和避灾路线，具有自救互救和安全避险知识。井下作业人员必须熟练掌握自救器和紧急避险设施的使用方法。

班组长应当具备兼职救护队员的知识和能力，能够在发生险情后第一时间组织作业人员自救互救和安全避险。

外来人员必须经过安全和应急基本知识培训，掌握自救器使用方法，并签字确认后方可入井。

三、《防治煤与瓦斯突出细则》对安全培训的相关规定

突出矿井的管理人员和井下工作人员必须接受防突知识的培训，经考试合格后方可上

岗作业。各类人员的培训应达到下列要求：

(1) 突出矿井的井下工作人员的培训包括防突基本知识以及与本岗位相关的防突规章制度。

(2) 突出矿井的区(队)长、班组长和有关职能部门的工作人员应当全面熟悉两个“四位一体”综合防突措施、防突的规章制度等内容。

(3) 突出矿井的防突工属于特种作业人员，必须接受防突知识、操作技能的专门培训，并取得特种作业操作证。

(4) 有突出矿井的煤矿企业技术负责人和突出矿井的矿长、总工程师应当接受防突专项培训，具备突出矿井的安全生产知识和管理能力。

四、《防治煤矿冲击地压细则》对安全培训的相关规定

冲击地压矿井必须依据冲击地压防治培训制度，定期对井下相关的作业人员、班组长、技术员、区队长、防冲专业人员与管理人员进行冲击地压防治的教育和培训，保证防冲相关人员具备必要的岗位防冲知识和技能。

五、《煤矿防治水细则》对安全培训的相关规定

(1) 煤炭企业、煤矿应当对井下职工进行防治水知识的教育和培训，对防治水专业人员进行新技术、新方法的再教育，提高防治水工作技能和有效处置水灾的应急能力。

(2) 煤炭企业、煤矿应当组织开展水害应急预案、应急知识、自救互救和避险逃生技能的培训，使矿井管理人员、调度室人员和其他相关作业人员熟悉预案内容、应急职责、应急处置程序和措施。

六、《煤矿防灭火细则》对安全培训的相关规定

煤矿企业、煤矿必须对从业人员进行防灭火教育和培训，定期对防灭火专业技术人员进行培训，提高其防灭火工作技能和有效处置火灾的应急能力。

七、《煤矿安全培训规定》对安全培训的相关规定

(1) 煤矿企业应当建立完善安全培训管理制度，制定年度安全培训计划，明确负责安全培训工作的机构，配备专职或者兼职安全培训管理人员，按照国家规定的比例提取教育培训经费。其中，用于安全培训的资金不得低于教育培训经费总额的百分之四十。

(2) 煤矿企业应当建立健全从业人员安全培训档案，实行一人一档。煤矿企业从业人员安全培训档案的内容包括：

① 学员登记表，包括学员的文化程度、职务、职称、工作经历、技能等级晋升等情况；

② 身份证复印件、学历证书复印件；

③ 历次接受安全培训、考核的情况；

④ 安全生产违规违章行为记录，以及被追究责任，受到处分、处理的情况；

⑤ 其他有关情况。

煤矿企业从业人员安全培训档案应当按照《企业文件材料归档范围和档案保管期限规定》(国家档案局令第10号)保存。

(3) 煤矿企业除建立从业人员安全培训档案外，还应当建立企业安全培训档案，实行一期一档。煤矿企业安全培训档案的内容包括：

① 培训计划；

② 培训时间、地点；

③ 培训课时及授课教师；

④ 课程讲义；

⑤ 学员名册、考勤、考核情况；

⑥ 综合考评报告等；

⑦ 其他有关情况。

对煤矿企业主要负责人和安全生产管理人员的煤矿企业安全培训档案应当保存 3 年以上，对特种作业人员的煤矿企业安全培训档案应当保存 6 年以上，其他从业人员的煤矿企业安全培训档案应当保存 3 年以上。

(4) 煤矿企业新上岗的井下作业人员安全培训合格后，应当在有经验的工人师傅带领下，实习满 4 个月，并取得工人师傅签名的实习合格证明后，方可独立工作。

工人师傅一般应当具备中级工以上技能等级、3 年以上相应工作经历和没有发生过违章指挥、违章作业、违反劳动纪律等条件。

(5) 企业井下作业人员调整工作岗位或者离开本岗位 1 年以上重新上岗前，以及煤矿企业采用新工艺、新技术、新材料或者使用新设备的，应当对其进行相应的安全培训，经培训合格后，方可上岗作业。

八、《煤矿安全生产标准化管理体系基本要求及评分方法(试行)》对安全培训的相关规定

(一) 人员配备及准入

1. 矿长及安全生产管理人员

(1) 矿长、副矿长、总工程师、副总工程师具备煤矿相关专业大专及以上学历，具有 3 年以上煤矿相关工作经历，且不得在其他煤矿兼职。

(2) 安全生产管理人员经考核合格；安全生产管理机构负责人具备煤矿相关专业中专及以上学历，具有 2 年以上煤矿安全生产相关工作经历。

(3) 明确总工程师为矿井防突和冲击地压防治工作技术负责人，对防治技术工作负责。

(4) 配备满足安全生产工作需要的副总工程师；水文地质类型复杂、极复杂矿井配备防治水副总工程师，地质类型复杂、极复杂的煤矿配备地质副总工程师。

2. 专业技术人员

(1) 冲击地压矿井配备满足工作需要的防冲专业技术人员；水文地质类型复杂、极复杂矿井配备满足工作需要的防治水专业技术人员；突出矿井的防突机构专业技术人员不少于 2 人。

(2) 专业技术人员具备煤矿相关专业中专以上学历或注册安全工程师资格。

3. 特种作业人员

(1) 特种作业人员应当具备高中及以上文化程度(2018 年 6 月 1 日前上岗的煤矿特种

作业人员可具备初中及以上文化程度)，具有煤矿相关工作经历，或者职业高中、技工学校及中专以上相关专业学历，并取得省级煤矿安全培训主管部门颁发的《中华人民共和国特种作业操作证》。

4. 其他从业人员

煤矿其他人员经培训取得培训合格证明上岗；新上岗的井下作业人员安全培训合格后，在有经验的工人师傅带领下，实习满4个月，并取得工人师傅签名的实习合格证明后，方可独立工作。井下不使用劳务派遣工。

(二) 安全培训

1. 基础保障

(1) 建立并执行安全培训管理制度，对培训需求调研、培训策划设计、教学管理组织、学员考核、培训登记、档案管理、过程控制、经费管理、后勤保障、质量评估、教师管理等工作进行规定。

(2) 具备安全培训条件(符合AQ/T 8011—2016要求)的煤矿，按规定配备同安全培训范围及规模相适应、相对稳定的师资队伍和装备、设施；不具备培训条件的煤矿，应委托具备安全培训条件的机构进行安全培训。

(3) 按照规定比例提取和使用安全培训经费，做到专款专用。

2. 组织实施

(1) 矿长组织制定并实施安全生产教育和培训计划，组织制定并推动实施安全技能提升培训计划。

(2) 培训对象覆盖所有从业人员。

(3) 安全培训学时符合规定。

(4) 针对不同专业的培训对象和培训类别，开展有针对性的培训；对新法律法规、新标准、新规程及使用新工艺、新技术、新设备、新材料时，对有关从业人员实施针对性安全再培训。

(5) 矿长和职业病危害防治管理人员接受职业病危害防治培训；接触职业病危害因素的从业人员上岗前接受职业病危害防治培训和在岗期间的定期职业病危害防治培训。

(6) 井工煤矿从事采煤、掘进、机电、运输、通风、地测、防治水等工作的班组长任职前接受专门的安全培训并经考核合格，按计划接受安全技能提升专项培训；班组长的安全培训，应当由所在煤矿上一级企业组织实施，没有上一级煤矿企业的，由本单位组织实施。

(7) 制定应急救援预案培训计划，组织有关人员开展应急救援预案、应急知识、自救互救和避险逃生技能的培训活动，使有关人员熟练掌握应急救援预案相关内容。

(8) 组织开展安全生产事故案例警示教育。

3. 培训档案

(1) 建立健全从业人员安全培训档案和企业安全培训档案，实行一人一档、一期一档。

(2) 档案管理制度完善、人员明确、职责清晰，保存期限符合规定；档案可为纸质档案或电子档案。

九、国家卫生健康委办公厅《关于进一步加强用人单位职业健康培训工作的通知》(国卫办职健函〔2022〕441号)对职业健康培训的相关规定

(1) 建立健全职业健康培训管理制度。用人单位要建立健全职业病防治宣传教育培训制度,明确职业健康培训工作的管理部门和管理人员,制定职业健康培训年度计划,做好职业健康培训保障,规范职业健康培训档案资料管理。职业健康培训档案应包括年度培训计划,主要负责人、职业健康管理人员和劳动者培训相关记录材料等。记录材料应包括培训时间、培训签到表、培训内容、培训合格材料,以及培训照片与视频材料等。

(2) 按时接受职业健康培训。用人单位主要负责人、职业健康管理人员和劳动者应按时接受职业健康培训。主要负责人和职业健康管理人员应当在任职后3个月内接受职业健康培训,初次培训不得少于16学时,之后每年接受一次继续教育,继续教育不得少于8学时。劳动者上岗前应接受职业健康培训,上岗前培训不得少于8学时,之后每年接受一次在岗培训,在岗培训不得少于4学时。

(3) 加强职业健康培训组织管理。用人单位应当按照本单位的培训制度以及年度培训计划组织开展劳动者上岗前和在岗期间职业健康培训,提高劳动者职业健康素养和技能。因变更工艺、技术、设备、材料,或者岗位调整导致劳动者接触的职业病危害因素发生变化的,用人单位应当重新对劳动者进行上岗前职业健康培训。用人单位可以自行组织开展劳动者职业健康培训,无培训能力的用人单位也可委托职业健康培训机构组织开展。放射工作人员培训内容及学时根据《放射工作人员职业健康管理办法》等相关规定执行。对主要负责人、职业健康管理人员的培训,用人单位可以根据本单位情况及卫生健康行政部门的要求,聘请相关专家进行培训,或参加职业健康培训机构开展的培训。用人单位应当加强对存在矽尘、石棉粉尘、高毒物品等严重职业病危害因素岗位劳动者的职业健康培训,经培训考核合格后方可安排劳动者上岗作业。

(4) 提高职业健康培训实效。用人单位要根据所属行业特点和劳动者接触职业病危害因素情况,合理确定培训内容和培训时间,明确培训方式、培训考核办法和合格标准,满足不同岗位劳动者的培训需求。确保用人单位主要负责人和职业健康管理人员具备与所从事的生产经营活动相适应的职业健康知识和管理能力,劳动者具备职业病防护意识,了解职业病防治法律法规,熟悉相关职业健康知识和职业卫生权利义务,掌握岗位操作规程,能够正确使用职业病防护设施和职业病防护用品。

(5) 规范劳务派遣劳动者等人员的职业健康培训工作。使用劳务派遣劳动者的用人单位应当将被派遣劳动者纳入本单位职业健康培训对象统一管理。外包单位应当对劳动者进行必要的职业健康教育和培训。接收在校学生实习的用人单位应当对实习学生进行上岗前职业健康培训,提供必要的职业病防护用品;对实习期超过一年的实习学生进行在岗期间职业健康培训。

第二篇　专业知识篇

第七章 管理岗位应知应会知识

第一节 主要负责人

矿长(董事长、总经理)岗位责任制

矿长(董事长、总经理)是公司安全生产的主要负责人,全面负责公司安全生产工作。

(1) 贯彻党和国家安全生产方针政策、法律法规和标准规定,依法办企,依法管企。

(2) 执行落实安全生产和职业病防治的法律、法规、规章、标准和有关规定;建立公司安全生产工作例会制度,组织制定党委班子成员、分管部门负责人的安全生产责任制。

(3) 定期召开安全生产工作会议,听取本单位安全生产工作汇报,研究解决安全生产工作中存在的问题,安排部署安全生产有关工作。

(4) 建立健全和落实本单位安全生产责任制度,依法建立健全适应安全生产工作需要的安全生产管理机构,配备安全生产管理人员。

(5) 按照规定足额提取和使用安全生产费用,投保安全生产责任保险,保证本单位安全生产投入的有效实施。

(6) 参与排查各类不安全因素、安全风险和事故隐患,督促建立安全风险自评、自控和事故隐患自查、自改、自报信息系统,完善事故隐患排查治理体系,有效防范生产安全风险,及时消除事故隐患。

(7) 组织对下级单位安全生产目标、安全生产责任制落实情况进行监督考核,将安全生产工作纳入党委工作考核内容,实行安全生产"一票否决",落实对生产安全事故责任人及责任单位的处理意见。

(8) 组织制定本单位的生产安全事故应急救援预案,并按规定报相关部门备案;建立应急救援组织,完善应急救援条件,并开展应急救援演练。

(9) 研究企业安全生产管理人员的选聘、任免等干部任免事项;监督公司依法设置安全生产管理机构、配备安全生产管理人员。

(10) 及时、如实报告生产安全事故,组织事故抢救,配合事故调查。

(11) 定期向职工代表大会报告安全生产情况,认真听取和积极采纳工会、职工关于安全生产的合理化建议和要求。

第二节 副矿长(副总经理)级安全生产管理人员

一、安全副矿长(安全副总经理)岗位责任制

(1) 贯彻落实党和国家安全生产方针政策、法律法规、标准规定。组织制定分管部门负

责人安全生产责任制，明确分管部门各岗位的责任人员、责任范围和考核标准。参与审定公司安全生产责任制和规章制度，监督检查执行情况，负责安全目标考核工作。组织制定公司安全生产规章制度，参与制定生产安全事故应急救援预案。

(2) 协助总经理组织开展职工安全教育培训工作，组织制定安全培训计划，组织实施安全生产管理人员、特种作业人员及全员培训工作，负责安全培训、考核工作；参与制定安全文化建设、宣传教育计划。

(3) 完善安全生产监督检查管理体系，组织开展公司安全生产大检查和安全动态检查，监督检查公司安全生产责任制、作业规程、安全技术措施的落实情况，监督矿井重大灾害预防和治理措施的落实，监督检查公司领导带班下井和岗位人员按章操作情况。

(4) 建立事故隐患排查治理台账，参加公司安全生产会议，通报安全大检查、事故隐患排查情况，督促相关部门或单位按照"五定"原则消除事故隐患。

(5) 参与制定安全生产规划、年度灾害预防和处理计划、月度安全生产计划，参与开展矿井应急救援演练；总结分析生产安全事故原因，制定并监督落实防范措施。

(6) 负责煤矿经营方面的安全管理工作，监督落实安全费用提取和使用，监督检查公司职业病危害防治及依法为职工办理工伤保险工作。

(7) 参与事故抢险救援，配合事故调查，督促事故责任人及事故责任单位落实处理和防范措施，组织对本公司涉险事故、非人身事故调查处理。

(8) 负责公司安全管理体系的建设和运行，审查、监督安全技术措施的落实，监督落实事故隐患排查和治理。落实安全生产监管监察指令，落实重大隐患督办事项，并及时反馈。

(9) 监督全公司安全生产标准化建设工作，定期组织专项检查；负责分管范围内安全生产标准化建设工作。

(10) 监督公司安全风险分级管控工作的开展，对实施情况进行管理、监督考核，建立公司安全风险分级管控工作机制。

(11) 协助总经理组织召开公司安委会会议及安全例会，听取有关单位、部门安全管理工作汇报，协调解决存在问题，安排部署阶段性安全管理工作。

二、机电副矿长(机电副总经理)岗位责任制

(1) 组织制定符合本公司实际的机电信息规章制度、操作规程和相关安全措施，并督促检查执行情况；参与制定公司安全生产责任制、规章制度和安全培训计划，监督检查分管业务范围内从业人员安全培训及持证上岗情况。

(2) 参与制定大型设备安装、拆除安全技术措施。组织制定并实施全公司机电年度计划、长远规划、设备更新、大修计划，在保证安全前提条件下完成机电管理的各项工作任务。

(3) 按照规程要求监督机电通信设备日常维护、保养工作。开展事故隐患排查，组织机电通信安全专项检查，参加安全检查活动，负责督促落实机电通信系统事故隐患排查治理工作，监督矿井对国家相关安全规定的执行情况。

(4) 组织召开机电运输专业例会，研究、分析、解决机电、运输管理中存在的安全问题，及时采取处理措施，消除事故隐患。

(5) 参与年度安全费用提取和使用计划的实施,组织机电通信安全相关工程的施工检查验收工作。

(6) 负责对购置、租赁的机电设备、配件、材料的管理工作,针对出现的问题及时提出处理意见。

(7) 参与生产安全事故应急救援预案的编制及演练,参与事故抢险救援,按职责权限落实事故防范措施,做好事故调查、分析、处理工作。

(8) 定期参加安委会或月度安全例会,汇报机电通信安全工作情况,提出机电通信管理相关的意见和建议。

(9) 监督检查分管范围内安全生产责任制和安全管理制度的落实执行情况,落实分管业务范围内生产安全事故责任人及责任单位的处理;督促落实事故防范措施。

(10) 督促落实职责范围内安全生产监管监察指令和重大隐患督办事项。负责监督全公司机电通信设备存在的重大危险源辨识及管控措施的落实。

(11) 负责全公司信息安全管理工作,确保全公司通信信息系统安全稳定运行。

(12) 负责分管范围内的安全生产标准化建设工作,参与检查,推进公司安全生产标准化工作。定期组织安全风险辨识,每旬对实施情况进行一次检查分析,制定相应管控措施,监督检查措施落实情况,分析安全风险控制效果,并提出持续改进意见。

三、生产副矿长(生产副总经理)岗位责任制

(1) 组织编制、实施安全生产年、季、月度规划和计划,并抓好生产过程中的安全管理工作,负责公司劳动组织管理工作,并组织实施从业人员安全培训计划。

(2) 参与公司年度安全费用提取和使用计划,组织安全相关工程的施工检查、竣工验收工作。

(3) 组织安全生产调度工作,协调采、掘、机、运、通等生产环节,合理优化劳动组织,及时了解生产系统的安全状况,处理存在的事故隐患。抓好管埋人员入井、跟班工作。

(4) 组织协调公司安全生产管理工作,研究解决安全生产中存在的问题,并监督检查落实情况。

(5) 负责按照确定的采煤方法、采煤工艺、生产接续组织生产,淘汰落后的生产工艺。负责采煤工作面投产验收,采煤工作面安装、初次放顶、收尾和过地质构造带等安全生产工作的组织。

(6) 监督全公司安全生产状况,组织矿井事故隐患排查,督促落实重大危险源安全管理措施及重大隐患治理措施,消除事故隐患。督促落实职责范围内安全生产监管监察指令和重大隐患督办事项。

(7) 负责分管范围安全生产业务指导工作,开展职责范围内事故隐患的排查、治理,制止不满足安全生产条件组织生产行为。

(8) 负责采煤、掘进系统的安全管理工作,检查采掘工作面的顶板管理,职业病防护和岗位人员按章操作情况,及时制止"三违"。

(9) 负责分管范围内的安全生产标准化建设工作,定期组织安全风险辨识,每旬对实施

情况进行一次检查分析，制定相应管控措施，监督检查措施落实情况，分析安全风险控制效果，并提出持续改进意见。

（10）参与制定公司安全培训计划，指导采煤系统安全培训工作，检查采煤系统安全培训、考核工作情况。

（11）参与制定公司生产安全事故应急救援预案，参与生产安全事故应急救援演练。

（12）定期参加安委会或月度安全例会，汇报安全生产情况，向会议提出安全生产方面的建议和意见，领导分管部门落实会议确定的各项工作。

四、总工程师岗位责任制

（1）组织编制安全生产规划、年度生产建设计划、矿井生产接替计划。负责审批瓦斯治理、水害防治中长期规划，审查公司年度灾害预防和处理计划、矿井避灾措施，审定全公司安全技术措施，制定安全技术培训计划，协助总经理编制科技进步规划和年度计划，并组织实施，督促全公司职工贯彻学习，并保证预案、措施、计划、制度等落实到位。领导科技创新和技术革新工作。

（2）组织编制、审查安全生产技术设计、方案、报告、技术标准及安全技术措施，并监督实施情况。

（3）定期组织召开安全技术会议及“一通三防”、地测防治水安全会议，研究解决安全技术方面及“一通三防”、地测防治水方面的重大问题。

（4）参与制定并落实矿井年度安全费用提取和使用计划。

（5）开展事故隐患排查，组织开展矿井“一通三防”、地测防治水专项检查，督促落实重大危险源安全管控措施及重大隐患治理措施，按职责权限落实安全生产监管监察指令和重大隐患督办事项。

（6）组织编制生产安全事故应急预案，参与应急救援演练和事故抢险救援，总经理不在时，组织指挥矿井抢险救灾工作；按照预案要求履行救援职责，并按职责权限落实事故防范措施。负责监督管理应急救援队伍人员和救护装备。

（7）组织或参加分管业务范围生产安全事故及技术责任事故的调查处理工作，制定、落实防范措施。定期参加安委会或月度安全例会，汇报安全生产技术管理工作开展情况，提出安全技术管理相关意见和建议。

（8）审批采掘工作面水文地质报告、各类防治水工程设计、掘进工作面探放水设计等，并监督实施。组织开展公司隐蔽致灾地质因素普查和地质补充勘探工作。

（9）参与制定公司安全培训计划，负责监督分管业务范围内安全生产教育和培训工作，确保安全培训到位。

（10）负责分管范围内的安全生产标准化建设工作，参与检查，推进公司安全生产标准化工作。定期组织安全风险辨识，每旬对实施情况进行一次检查分析，制定相应管控措施，监督检查措施落实情况，分析安全风险控制效果，并提出持续改进意见。

（11）负责分管业务范围内的安全管理工作，检查分管业务范围内的职业病防护和岗位人员按章操作情况，及时制止和纠正违章指挥、强令冒险作业、违反操作规程的行为。

(12) 积极组织科技交流和技术攻关，推广应用新技术、新工艺、新材料，着力提高安全生产技术含量，增强企业抗灾、防灾能力。

第三节 副总工程师级安全生产管理人员

一、机电副总工程师岗位责任制

(1) 在机电副矿长的领导下，主抓全矿物资管理、车辆维修、废旧物资处置的安全管理工作，监督维修车辆的安全运行。

(2) 协助总工程师组织技术人员对分管系统的技术方案、安全技术措施的编制、审批，按规定进行规程复审。

(3) 负责分管范围内的安全生产标准化建设工作，参与安全大检查、安全生产标准化检查。定期组织安全风险辨识，每旬对实施情况进行一次检查分析，制定相应管控措施，监督检查措施落实情况，分析安全风险控制效果，并提出持续改进意见。

(4) 监督新进物资的验收工作；监督物资定置摆放，确保易燃易爆、有毒有害及放射性物资分类存放、分类管理、分类装运；参与规定库区人员、车辆行走路线制定；监督物资库房安全防范工作，做好防盗、防水、防火，确保库存物资安全。

(5) 监督做好库房消防设施、特种车辆、起吊设备等检查工作；监督叉车、起吊等特种作业人员管理，确保持证上岗。

(6) 监督做好应急物资的储备工作，保障安全库存；监督做好库存材料的定期清查盘点工作，保证账物相符。

(7) 负责分管范围安全生产业务指导工作，开展职责范围内事故隐患的排查、治理，制止不满足安全生产条件组织生产行为。

(8) 检查分管范围内的机电设备完好情况，职业病防护和岗位人员按章操作情况，及时制止“三违”。

(9) 定期参加安委会或月度安全例会，汇报安全生产情况，向会议提出安全生产方面的建议和意见，领导分管部门落实会议确定的各项工作。

(10) 定期组织召开分管范围内安全例会，协调解决安全生产中存在的问题。

(11) 参与制定公司生产安全事故应急救援预案，参与生产安全事故应急救援演练。

二、安全副总工程师岗位责任制

(1) 参与制定、修订(编)矿井安全生产、职业病防治责任制。

(2) 参与制定矿井安全规划、安全目标计划、职业危害防治和安全管理相关制度。

(3) 参与审查矿井设置安全生产管理机构、配备安全生产管理人员的方案。

(4) 参与矿井安全风险分级管控工作，参与制定重大隐患的排查治理方案并监督落实。

(5) 参与制定矿井安全生产投入计划。

(6) 参与审查矿井各岗位安全操作规程、职业卫生安全操作规程，参与编制各专业的作业规程、安全技术措施，协助总工程师对各专业作业规程进行审批。

(7) 参与审查矿井重大安全技术改造项目的可行性调研论证，参与制定各专业的系统改造方案、装备的选型及优化配置。

(8) 协助总工程师推广成熟适用的新技术、新工艺、新设备、新材料。

(9) 协助总工程师负责分管业务范围技术管理、职业病危害防治工作及参与工程技术人员的绩效考核。参与分管专业技术人员的安全教育和培训。

(10) 负责监督检查规程、措施在现场的执行落实情况。

(11) 参与事故隐患排查活动，监督隐患整改落实情况。

(12) 参与矿井安全生产标准化检查、职业病危害检查和安全专项检查。

(13) 支持配合上级煤矿安全监察部门开展安全检查，督促整改落实检查存在的问题。

三、生产副总工程师岗位责任制

(1) 协助总工程师(技术负责人)具体负责煤矿安全生产过程中采煤掘进技术工作。

(2) 在总工程师(技术负责人)的领导下，抓好矿井安全生产及标准化工作。

(3) 组织并审批矿井采掘安全生产技术措施，并监督、检查其执行情况。

(4) 组织实施采煤、掘进等方面安全生产教育和培训，如实记录安全生产教育和培训情况。

(5) 结合生产实际，组织开展技术攻关，并将合理化建议付诸实施。

(6) 针对矿井现场出现的重大事故隐患，组织制定处理方案及安全技术措施，并组织实施。

(7) 采取有效措施，防止顶板事故发生。

(8) 合理部署采掘，确保采、掘接替正常化，抓好“抽、掘、采”的平衡。

(9) 经常深入生产现场，及时排查安全生产事故隐患，制定并落实安全生产整改措施，提出改进安全生产管理的建议。

(10) 贯彻执行矿领导下井带班制度，制止和纠正违章指挥、强令冒险作业、违反操作规程。

(11) 参与煤矿隐蔽致灾因素普查，查明井田范围内的水、火、瓦斯等隐蔽致灾因素，并采取相应治理措施。

四、地测防治水副总工程师岗位责任制

(1) 参与制定、修订(编)分管单位安全供货责任制，协助总工程师审查分管单位的安全生产责任制。

(2) 协助总工程师负责防治水及地质测量安全技术管理工作并负领导责任。

(3) 参与制定矿安全生产大批量生产技术管理制度、安全生产相关规章制度。

(4) 参与制定矿井安全生产规划和年度实施计划、月度生产计划及防治水规划和年度实施计划。

(5) 协助总工程师负责制定水害防治、矿年度防治水“一矿一策、一面一策”方案和水害排查治理技术方案。

(6) 参与制定矿井生产布局、生产系统、开拓硐口调整方案和灾后恢复生产等重大

方案。

(7) 参与组织制定重大安全隐患排查治理方案。

(8) 负责组织地测防治水隐患排查,并负责督促隐患的落实。

(9) 审查征用土地补勘、水害防治工程设计、措施的编制,排查水文地质隐蔽致灾因素,并负责组织落实。

(10) 检查考核矿井各项水害防治制度的认真落实情况。

(11) 严格落实领导带班下井制度,监督检查安全生产措施及规定的贯彻落实情况。

(12) 参加安全生产会、安全办公会,落实会议安排的工作及监督分管部门的安全工作落实情况。

(13) 协助总工程师参与考核分管单位的安全生产责任制落实情况。

(14) 协助总工程师负责组织推广分管专业的煤矿安全科技,专业领域内的先进经验,安全生产新技术、新工艺、新设备、新材料的应用。

五、通风副总工程师岗位责任制

(1) 协助总工程师(技术负责人)具体负责煤矿"一通三防"和瓦斯治理工作。

(2) 落实国家有关煤矿安全的法律、法规、技术规范、标准、要求。

(3) 协助总工程师(技术负责人)组织制定煤矿"一通三防"和瓦斯治理管理制度。加强对分管业务的技术指导,协调落实好相关工作。

(4) 协助总工程师(技术负责人)组织编制煤矿的安全技术发展规划和年度计划,参与对煤矿的生产部署、开拓方案及接替计划审查把关,确保矿井抽、掘、采平衡。

(5) 协助总工程师(技术负责人)进行"一通三防"、瓦斯治理隐患排查和治理措施的制定,组织有关人员编制"一通三防"和瓦斯治理专项安全技术措施。

(6) 负责组织"一通三防"和瓦斯治理专项工程、设施的竣工验收,对存在的问题及时组织整改。

(7) 根据采、掘、抽工作地点的变动情况,及时组织有关人员编制"一通三防"和瓦斯治理安全技术措施。

(8) 组织实施"一通三防"和瓦斯治理等方面的安全生产教育和培训,如实记录安全生产教育和培训情况。

(9) 组织开展矿井瓦斯灾害的预测、预警、预报工作,及时排查生产安全事故隐患,督促落实整改措施。

(10) 经常深入生产现场,及时排查安全生产事故隐患,制定并落实安全生产整改措施,提出改进安全生产管理的建议。

(11) 贯彻执行矿领导下井带班制度,制止和纠正违章指挥、强令冒险作业、违反操作规程行为。

(12) 参与煤矿隐蔽致灾因素普查,查明井田范围内的水、火、瓦斯等隐蔽致灾因素,并采取相应治理措施。

第四节　部室(科)级安全生产管理人员

一、部长(科长)岗位责任制

(1) 认真贯彻执行党和国家安全生产方针、政策、国家安全生产法规、“党政同责、一岗双责、齐抓共管”、矿及上级部门有关安全生产文件的规定,坚决做到管行业必须管安全、管业务必须管安全、管生产经营必须管安全。

(2) 积极组织工程技术人员学习安全生产法律、法规和安全生产管理制度。

(3) 依照国家法规、规范做好工程设计、工程管理、采掘接续、技术业务保安、生产管理、科技创新等。

(4) 认真负责相关工程的质量检查、验收和业务管理,以及煤质管理工作。

(5) 审批和检查各施工工程的作业规程及安全技术措施,并安排跟踪规程和措施的执行落实。

(6) 入井掌握井下各处生产情况,及时处理出现的问题,组织好安全生产。

(7) 配合抓好安全生产排查工作,严格安全规程及文明生产规定要求,对违章行为有权停止作业。

(8) 发现事故隐患和重大险情时,迅速通知调度室和分管领导,并积极协助事故的抢救工作。

(9) 发生事故后,及时参加事故的调查,找出其生产过程中存在的问题,提出改进措施,并监督执行。

(10) 组织业务相关的各项业务保安工作,积极参加矿内旬检、月检以及各类安全检查工作。

二、副部长(副科长)岗位责任制

(1) 协助部长做好本部门各项技术管理工作,落实上级领导及本部门的安全决策。

(2) 督促落实本部门工作计划的实施、检查与总结。

(3) 负责部门管理制度的起草、修正与编制工作;负责操作规程的汇编与会审工作;负责相关安全技术措施和应急预案的编制与会审工作。

(4) 参加煤矿安全大检查,及时消除设备安全隐患。

(5) 参加重大事故的追查工作,分析查找原因,并提出防范措施。

(6) 负责及时处理设备使用过程中出现的质量问题与索赔问题。

(7) 负责新技术、新材料、新工艺的应用和推广。

(8) 负责组织本部门员工完成矿领导及部门部长交办的其他工作。

第五节　区队级安全生产管理人员

一、队长岗位责任制

(1) 队长是本队安全生产第一责任人,对本队安全生产管理全面负责。

(2) 贯彻执行党的安全生产方针和上级有关安全生产的规定、指示以及防止事故的安全措施。

(3) 组织职工认真贯彻执行《煤矿安全规程》、"作业规程"、"操作规程"和安全措施,经常检查作业现场安全情况、工程质量和设备运转情况,制止违章指挥、违章作业,及时处理隐患,保证安全生产。

(4) 督促、检查、落实作业规程的执行情况,积极为安全生产创造有利条件。

(5) 对检查发现生产存在不安全问题和发生事故时,要认真采取措施,亲临现场指挥处理和抢救。

(6) 对职工进行遵章守纪教育,组织主持安全活动会议和事故追查会议,参加安全检查活动。

(7) 认真落实下井跟班制度。

(8) 负责现场安全生产标准化建设工作,参与检查,推进煤矿安全生产标准化工作。

(9) 组织队里的队委会、班务会,总结分析生产、经营情况,研究部署生产任务,开展好劳动竞赛,开展好文明区队、职工的创建活动。

(10) 履行法律法规规定的其他安全生产职责。

二、副队长岗位责任制

(1) 协助队长搞好安全、人员管理、生产组织等方面的工作,认真贯彻执行"三大规程",认真贯彻执行各项方针、政策、规定,认真执行岗位责任制以及本队和上级有关规定、指示,对队长负责。队长不在时,代理队长职权。

(2) 负责本队安全生产标准化和文明生产工作,参加上级组织的安全检查。

(3) 加强业务学习,搞好职工业务培训工作。贯彻落实本队操作规程和安全技术措施,业余学习和岗位培训相结合,不断提高员工的操作技能和安全技术知识,达到"三好、四会"。

(4) 经常深入井下和参加生产班班前会、班后会,掌握井下生产情况,组织解决生产上的关键问题。

(5) 凡重大事故,必须到现场组织抢救和处理,并参加事故追查活动,做到"三不放过"。

(6) 根据生产需要,负责召开有班(组)长等参加的会议,分析研究生产任务完成情况,总结经验教训,及时向队长报告工作,主动提出改进工作的建议。

(7) 按时完成上级安排的各项任务。

(8) 因指挥失误及监督不力,造成事故及损失,应负领导责任。

第六节 班 组 长

一、生产班班组长岗位责任制

(1) 掌握本班职工的工作范围及作业标准。

(2) 监督检查本班职工的工作质量、任务完成情况以及"三大规程"的遵守情况。

(3) 协调解决生产过程中出现的问题,处理生产中出现的问题,确保安全生产,保质保量完成当班的生产任务。

(4) 及时向调度室和队里汇报当班出勤、生产及工作面的其他情况,以便合理地组织生产。

(5) 根据当班职工的工作情况,合理分配工分,做到公平合理,有奖有罚。

(6) 抓好工作地点安全工作,掌握工作面顶底板的变化情况,保证安全生产。

(7) 每班两次向队里和调度室汇报工作面的安全生产情况和设备的运行情况。

(8) 组织职工搞好工作面及设备运行环境的清洁工作,做到文明生产。

二、检修班班组长岗位责任制

(1) 班组长是本班组安全生产第一责任人,对本班组人员在生产劳动过程中的安全和健康、使用设备的安全运行全面负责。协调解决检修过程中出现的问题,处理生产中出现的问题,确保安全生产,保质保量完成当班的检修任务。

(2) 带领本班组人员认真执行安全规章制度,严格遵守"三大规程"和安全技术措施,指挥本班安全生产,不违章指挥、不违章作业,发现违章及时制止和教育。

(3) 对本班职工进行安全教育和遵章守纪教育,积极组织班组人员学习岗位应急处置措施和方法;搞好本班的安全质量和文明生产,参加本班各类事故追查会议,落实责任,吸取教训。

(4) 组织开展班前会议、班后总结、安全检查、安全日等活动,认真落实班前有提醒、班中有警醒、班后有反醒的"三醒"制度。

(5) 在生产现场对生产区域范围安全质量进行全面检查,发现不安全因素,应及时组织人员进行处理,确保当班安全生产;发现威胁安全生产、可能造成事故的重大隐患时,应立即停止作业,组织人员撤离危险区域。

(6) 拒绝违章的生产指令,听从专职安监人员和现场监理的指导,做好上下班交接工作;对本班无法处理的安全隐患和问题及时向区队值班汇报。组织职工搞好工作面及设备运行环境的清洁工作,做到文明生产。

(7) 必须熟悉掌握本岗位危险源辨识及不安全行为标准,每月及时联系安全部管理人员考核签字。

第八章 采煤作业岗位应知应会知识

第一节 采煤机司机

一、岗位责任制

(1) 采煤机司机必须经过专业技术培训,考试合格后,方可持证上岗作业。

(2) 在交接班前检查采煤机机身浮煤、浮矸是否清理干净,检查各连接部位螺丝是否紧固齐全。

(3) 检查液压系统管路、油路是否完好。

(4) 检查采煤机内外喷雾是否保持畅通,有无损坏情况。

(5) 在开机前,必须观察滚筒附近是否有人作业,确定无人时,然后放开采煤机内外喷雾后,方可启动采煤机。

(6) 在作业过程中,司机必须集中精力,时刻观察顶板、煤帮变动情况,并按作业规程规定进行作业,在割煤过程中要跟顶跟底,严禁上漂、下挖和出现凹凸,保证工作面三直两平。

(7) 负责观察电缆履带是否有磨损或损坏。

(8) 在交接班时,必须将滚筒放在底板上,关闭内外喷雾,采煤机机身上的浮煤要清理干净。

(9) 割煤时,应在支架通道中操作,片帮塌矸严重时必须放慢速度,时刻注意片帮塌矸情况,随时调整滚筒高度和牵引速度。

(10) 在割煤时,负责通知其他人员不得靠近采煤机前后 5 m 范围内,以防滚筒甩煤伤人,人员通过或在附近作业时,必须停机。

(11) 采煤机在运行过程中,非紧急情况下不得使用急停按钮。

(12) 严禁随意开、停采煤机。

二、岗位作业流程标准

(一) 双向割煤作业

1. 作业流程

进刀→割三角煤→正常割煤→移液压支架→推前刮板输送机→放顶煤→拉后刮板输送机→调架→割通机尾→斜切进刀、割机尾三角煤→退采煤机向机头正常割煤。

2. 作业标准

(1) 进刀

端部斜切进刀(以机头进刀为例):

① 采煤机机身完全进入刮板输送机直线段，刮板输送机弯曲段的长度不得小于 15 m。

② 采煤机司机斜切进刀时割煤速度不得超过每分钟 3 m。

③ 在斜切进刀时采煤机速度过快，刮板输送机弯曲过渡段长度不够，损伤机器设备。

（2）割三角煤

① 推机头。依次顺序推刮板输送机；满行程推出，推移杆行程与循环进度相符。

② 移端头液压支架及过渡液压支架。端头液压支架行程按要求拉足，过渡液压支架错距满足要求。

③ 倒换采煤机滚筒，向机头方向割三角煤。前滚筒割顶煤，后滚筒割底煤，煤壁割通、割透，工作面顶底板与顺槽顶、底板过渡平缓（采煤机前进方向滚筒为前滚筒）；采煤机司机端头割煤时速度不得超过每分钟 3 m。

④ 退采煤机。调整好采煤机前滚筒位置，后滚筒割底煤，底板割平；采煤机前滚筒上刀割顶煤，后滚筒割底煤，向机尾方向割煤，采煤机退机时速度不得超过每分钟 6 m，底板割平；采煤机机身完全进入刮板输送机直线段。

⑤ 推机头。依次顺序推刮板输送机。满行程推出，推移杆行程与循环进度相符。

（3）正常割煤

① 检查作业环境。采煤机附近无人员及障碍物；液压支架端面距足够；刮板输送机齐、直。

② 收护帮板。护帮板完全收到位，收回护帮板的架数不得超出采煤机前滚筒 5 架。

③ 向机尾方向割煤。采煤机前滚筒割顶煤，后滚筒割底煤，落煤均匀，顶、底板平，煤壁直，不留伞檐，采高在规定值的±100 mm 范围内。

④ 观察采煤机运行状态。煤机内喷雾压力不低于 2 兆帕，外喷雾压力不低于 4 兆帕，拖拽电缆、水管不受力，电缆夹不落在槽外或受挤压，电机电流、电压、温度、液压油温不超过规定值，截割部、牵引链轮等采煤机组件无异响。

（4）移液压支架

从刮板输送机机头向机尾方向跟机移架。降液压支架高度不超过 200 mm，以能够移动液压支架为标准，移架及时，滞后采煤机后滚筒距离 3～5 架；移液压支架必须移满行程；支架初撑力不得低于 24 兆帕。

（5）推前刮板输送机

从机头向刮板输送机机尾方向依次顺序推刮板输送机。刮板输送机弯曲段长度不小于 18 m；刮板输送机水平弯曲度不超过 1°，垂直弯曲度不超过 3°；推拉杆行程全部推完。

（6）放顶煤

放煤时，后部刮板输送机要正常运转。开启架间喷雾，确认放煤步距是否符合要求。放煤时提起插板，开始放煤，见矸或达到规定要求时，伸出插板关门，保证插板位置合适。

（7）拉后刮板输送机

从机头向刮板输送机机尾方向依次顺序推刮板输送机。刮板输送机弯曲段长度不小于 18 m；刮板输送机水平弯曲度不超过 1°，垂直弯曲度不超过 3°；推拉杆行程全部推完。

(8) 调架

① 调整液压支架。液压支架排成直线,偏差不超过±50 mm,液压支架顶梁与顶板平行支设且接触严密,最大仰俯角不超过 7°,相邻液压支架错茬不超过侧护板高度的 2/3,架间间隙不超过 200 mm,中心距偏差不超过±100 mm,不挤架、不咬架,液压支架垂直于顶底板。

② 打出护帮板。护帮板紧贴煤壁,伸护帮板不得滞后于采煤机后滚筒 10 架。

(9) 割通机尾

① 割通煤壁。前滚筒割顶煤,后滚筒割底煤,煤壁割通、割透,工作面顶、底板与顺槽顶、底板过渡平缓;采煤机司机端头割煤时速度不得超过每分钟 3 m,煤壁割通、割透,与顺槽顶、底板平缓过渡。

② 退采煤机。采煤机机身完全进入刮板输送机直线段,刮板输送机弯曲段的长度不得小于 18 m;采煤机司机斜切进刀时割煤速度不得超过每分钟 3 m。

③ 依次顺序推刮板输送机机尾。满行程推出,推移杆行程与循环进度相符。

④ 移端头液压支架及过渡液压支架。端头液压支架行程按要求拉足,过渡液压支架错距满足要求。

(10) 斜切进刀、割机尾三角煤

斜切进刀,倒换采煤机滚筒返刀割机尾三角煤。前滚筒割顶煤,后滚筒割底煤,煤壁割通、割透,工作面顶、底板与顺槽顶、底板过渡平缓。

(11) 退采煤机向机头正常割煤

采煤机沿刮板输送机机头方向正常割煤。调整好采煤机前滚筒位置,后滚筒割底煤,底板割平,采煤机退机时速度不得超过每分钟 6 m。采煤机前滚筒上刀割顶煤,后滚筒割底煤,向机头方向正常割煤,上刀时采煤机速度不得超过每分钟 3 m,护帮板及时收回、收到位。

(二) 过断层作业

1. 作业流程

准备作业→检修设备→截割过断层。

2. 作业标准

(1) 准备作业

① 编制过断层措施。截割方式、防护措施、设备维护及备件准备、组织方式合理。

② 调整工作面。工作面采高,工作面与顺槽间夹角符合措施要求。

(2) 检修设备

① 检查滚筒,更换截齿。齿座齐全,更换截割岩石的截齿。

② 检查滚筒喷雾。喷雾效果良好,内喷雾压力不低于 2 兆帕,外喷雾压力不低于 4 兆帕。

③ 检查采煤机截割部、牵引部、电控单元,各部位完好。

④ 检查电缆、水管、电缆夹。电缆夹完好、电缆无损坏、水管无破损。

(3) 截割过断层

控制采煤机牵引速度和采高,按措施截割过断层。控制好采高,放慢采煤机速度。

(三) 过老巷作业

1. 作业流程

准备作业→检修设备→加强老巷支护→截割过老巷。

2. 作业标准

(1) 准备作业

① 编制过老巷措施。截割方式、防护措施、设备维护及备件准备、组织方式合理。

② 调整工作面。工作面采高,工作面与顺槽间夹角符合措施要求。

(2) 检修设备

① 检查滚筒,更换截齿。齿座齐全,更换截割岩石的截齿。

② 检查滚筒喷雾。喷雾效果良好,内喷雾压力不低于 2 兆帕,外喷雾压力不低于 4 兆帕。

③ 检查采煤机截割部、牵引部、电控单元,各部位完好。

④ 检查电缆、水管、电缆夹。电缆夹完好、电缆无损坏、水管无破损。

(3) 加强老巷支护

工作面过老巷前,必须将老巷内的杂物清理干净,加强老巷支护,以确保采煤机正常通过。

(4) 截割过老巷

控制采煤机牵引速度和采高,截割过老巷。控制好采高,放慢采煤机速度,采煤机不抖动。当锚杆、锚索进入工作面或缠绕在采煤机滚筒上时,要及时采取措施将锚杆、锚索捡出,防止混入煤流中影响煤质。

(四) 处理电缆槽中大块煤、矸作业

1. 作业流程

停机闭锁→准备工具→支护顶、帮→处理煤矸→清理现场→恢复开机。

2. 作业标准

(1) 停机闭锁

① 生产中发现电缆槽中有大块煤、矸,立即停采煤机,停电、闭锁,关闭喷雾。

② 停刮板输送机,闭锁。

(2) 准备工具

准备钎子、撬棍、手锤,工具齐全完好。

(3) 支护顶、帮

升紧液压支架,打出大块煤、矸附近的护帮板,液压支架接顶严实,初撑力达到 24 兆帕以上,护帮板紧贴煤壁,打出护帮板的范围应确保作业人员安全;闭锁液压支架,闭锁作业范围内液压支架,关闭本架进液截止阀。

(4) 处理煤矸

破碎煤矸,用工具破碎电缆槽内大块煤、矸,大块煤、矸破碎至能从电缆槽中清出。清理煤、矸。电缆槽清理干净。

(5) 清理现场

清点、回收工具。工具全部回收,放回原处,码放整齐。

(6) 恢复开机

恢复刮板输送机、液压支架、采煤机。恢复正常。

(五) 处理采煤机拖拽电缆掉道作业

1. 作业流程

停机闭锁→准备作业→采用人力处理→采用手拉葫芦处理→检查拖拽电缆→清理现场→恢复开机。

2. 作业标准

(1) 停机闭锁

生产过程中拖曳电缆掉道,立即停采煤机,停电、闭锁,关闭喷雾。停刮板输送机,闭锁。

(2) 准备作业

检查作业范围内支护状况,液压支架升紧初撑力达到 24 兆帕以上,护帮板打出并紧贴煤壁,闭锁作业范围内液压支架并关闭本架进液截止阀。根据掉道电缆夹长度确定处理电缆夹掉道的方法,确定采用人力或手拉葫芦。清理电缆槽中的煤块、矸石及其他杂物,电缆槽干净,无杂物。准备手拉葫芦、扳手、钳子、螺丝刀、撬杠等工具。工具齐全、完好。

(3) 采用人力处理

多人配合将拖曳电缆放回电缆槽。拖曳电缆全部入槽。

(4) 采用手拉葫芦处理

吊挂手拉葫芦,吊挂牢固;起吊拖曳电缆,起吊高度够;放下拖曳电缆,拖曳电缆全部入槽。

(5) 检查拖拽电缆

检查电缆、水管、电缆夹。电缆、水管、电缆夹完好。

(6) 清理现场

清点、回收工具。工具全部回收,放回原处,码放整齐。

(7) 恢复开机

恢复刮板输送机、液压支架、采煤机。恢复正常。

三、风险隐患

(1) 人为破顶、超高割煤。

(2) 采煤机各种保护不齐全或不完好强行开机。

(3) 割煤速度过快,操作不当损坏设备。

(4) 处理锚杆、钢带未停电闭锁采煤机并拔出离合器。

(5) 未及时发现采煤机电缆被挤压,电缆发生漏电。

(6) 未发出开机信号,未观察机组活动范围情况就开机。

四、防范或应急处置措施

(1) 工作面割煤期间,严禁人为破顶和超高割煤;

(2) 采煤机开机运行前必须确保状况良好;

(3) 采煤机司机必须与支架工配合好,并根据刮板输送机煤量控制好割煤速度,必须严格按照操作规程作业;

(4) 处理锚杆钢带时必须停机停电,打开离合,拔出离合器,闭锁刮板输送机,方可进行作业;

(5) 及时检查采煤机电缆及各种管线;

(6) 开机前观察周边情况。

第二节　液压支架操作工

一、岗位责任制

(1) 液压支架操作工必须经过培训,考试合格后持证上岗。

(2) 认真学习业务技术知识,熟练掌握液压支架的结构、性能、基本原理,做到会使用、会维护、会保养、会处理一般性故障。

(3) 上岗前必须佩戴好安全帽、防尘口罩等劳动防护用品,做好个人防护。

(4) 了解工作面的顶、底板的完好状况及煤层变化情况,掌握液压支架的完好情况,熟悉现场作业环境。

(5) 认真执行《煤矿安全规程》、操作规程和作业规程,爱护设备、集中精力、谨慎操作。

(6) 对所操作的液压支架的安全、可靠动作全面负责,正确移架,不违章操作,有权制止任何违章作业行为。

(7) 检查巡视液压支架支护状况以及采煤机、运输机的运行情况,查看作业现场安全状况,发现隐患及时处理。

(8) 负责本班液压支架的维护和管理,及时维护支架,保持设备完好,杜绝跑、冒、滴、漏现象。

(9) 负责本班液压支架及周围环境的文明卫生,及时清理架间浮煤、浮矸及杂物,保证支架内整洁卫生。

(10) 严格执行交接班制度,认真填写交接班记录。

二、岗位作业流程标准

(一) 正常作业

1. 作业流程

两端头定线→正常移架→工作结束。

2. 作业标准

(1) 工作面两头定线

移架工必须 2 人一组，移架前，一人在溜头、一人在溜尾将机头、机尾处按工作面步距定线。

(2) 正常移架

移架前，检查待移支架前后 5 m 范围内有无人员工作、行走，再检查支架操纵阀及各种管路连接是否完好，架间是否漏矸，架前煤粉清扫是否干净，检查合格后再进行拉移。

移架时，移架工侧身蹲在待移支架两立柱后方，面向工作面前，身体朝向进风侧，右手操作支架操纵阀，左手悬空，防止架间漏矸砸伤。首先将支架护帮板收回，使护帮板离开煤帮处于垂直状态，开启架间喷雾，再进行降立柱操作，降柱行程在 200～500 mm 之间，操作移架手柄，左手靠在工作面支架线上，测量支架靠上风侧立柱与线的距离，当支架立柱靠线时，停止移架操作，升起立柱，观察支架压力表，达到 24 兆帕，停止立柱供液，升起护帮板，所有操作阀手柄恢复零位。检查支架接顶情况，当支架前梁、顶梁有不接顶现象时，必须进行调整，使支架接顶严密，检查无问题后再拉移下一架。

移动端头支架时，必须通知端头支架上、下方工作人员撤离到安全地点。

(3) 工作结束

及时向班长汇报，液压支架顶梁接顶严实、侧护板使用正常、护帮板紧贴煤壁。

(二) 处理倒架作业

1. 作业流程

制定扶倒架措施→处理顶板→扶倒架→调整液压支架状态。

2. 作业标准

(1) 制定扶倒架措施

制定处理倒架措施，措施图文清晰，操作性强，扶倒架措施班前会贯彻学习到位。

(2) 处理顶板

用专用工具，处理顶板危岩活石。

(3) 扶倒架

① 从侧护板有行程的液压支架开始调整，先将倾倒的液压支架降低，再降低相邻液压支架；

② 操作相邻液压支架侧护板，扶正倾倒的液压支架；

③ 升支架、打侧护板同步进行；

④ 安全监护。

(4) 调整液压支架状态

调整液压支架支护状态，液压支架垂直顶底板，歪斜小于±5°。

(三) 处理咬架作业

1. 作业流程

准备作业→处理咬架→检查。

2. 作业标准

(1) 准备作业

① 检查工作面液压支架咬架部位、咬架程度;

② 检查液压支架周围人员情况;

③ 检查现场作业环境。

(2) 处理咬架

① 收下方液压支架护帮板;

② 降下方液压支架;

③ 收侧护板;

④ 升液压支架。

(3) 检查

检查液压支架支护情况。不咬架,初撑力符合要求。

(四) 漏顶时拉超前架作业

1. 作业流程

检查顶板→移液压支架→调液压支架。

2. 作业标准

(1) 检查顶板

① 查看漏顶程度;

② 及时向班长汇报。

(2) 移液压支架

① 将液压支架降到合适高度;

② 收伸缩梁和护帮板,将液压支架移到合适位置;

③ 升架高度合适;

④ 伸出护帮板;

⑤ 安排监护人员。

(3) 调液压支架

① 调整顶梁仰俯角;

② 调整液压支架错茬;

③ 顶梁接顶;

④ 液压支架侧护板正常使用;

⑤ 液压支架护帮板正常使用。

(五) 铺网上绳作业

1. 作业流程

检查作业环境→铺网上绳→割煤、移架→进入下一循环。

2. 作业标准

(1) 检查作业环境

① 检查作业区域内瓦斯浓度、通风情况，通风良好，有毒有害气体不超标，符合规定；

② 检查作业地点支护情况，作业区域内支护良好，支架无漏顶；支架初撑力符合要求，支架护帮板及尾梁支护到位。

(2) 铺网上绳

① 将绞盘松开，使网片下垂，下垂高度不小于 1 m。

② 人工将钢丝绳展开，由机尾拉至机头，钢丝绳在两端头各长出 5 m。将钢丝绳由机尾开始，每隔 1 m 用双股铁丝绑在网片上，一直绑到机尾。钢丝绳吊挂时要平直。

③ 收紧绞盘，使网片吊挂到顶梁下端，以不影响割煤、刮板输送机运输为标准。

(3) 割煤、移架

① 采煤机正常割一刀煤，防止采煤机滚筒割破网片。

② 将绞盘松开，使网片下垂，下垂高度不小于 1 m，顺序降架、移架、升架，移架时注意防止支架将网片顶破。

③ 收紧绞盘，使网片吊挂到顶梁下端，以不影响割煤、刮板输送机运输为标准。

(4) 进入下一循环

按上述步骤重复进行操作。

三、风险隐患

(1) 支架跑冒滴漏，导致初撑力不够，接顶不严实，未及时移架。

(2) 生产期间不开启架间喷雾。

(3) 移架时有人员通过。

(4) 移架过程中没有保证支架的平直及架间空隙。

(5) 操作时未观察支架周边情况，挤压管线及设备。

四、防范或应急处置措施

(1) 支架初撑力确保不低于规定值，接顶必须严实，采煤机割煤后要及时移架。

(2) 生产期间保证架间喷雾正常，同时及时开启喷雾。

(3) 移架时保证所移支架前后 2 个支架范围内无其他人员，液压支架操作工要正确操作。

(4) 移架过程中保证支架的平直及架间空隙符合标准，移架后及时将控制器按钮界面恢复至初始状态。

(5) 操作支架时观察周围情况。

第三节 采煤机检修工

一、岗位责任制

(1) 负责采煤机的检查、维修和保养工作。

(2) 认真学习有关采煤机维修技术文件和安全技术操作规程，杜绝违章现象。熟悉采煤机检查维修机具、仪表使用方法，并能正确使用。

(3) 熟练掌握采煤机的结构性能原理及技术特征,及时掌握采煤机的运行状态,及时保养维护,做好采煤机的定期检查、维修工作,确保采煤机处于良好的状态。

(4) 对维修采煤机所用的工具、材料、配件做到心中有数,备用备品、备件要准备齐全,存放整齐。

(5) 维修采煤机时,必须集中精力,对采煤机的各部位都要认真检查发现的问题,必须当班处理完,不能维修的部件及时汇报单位。

(6) 正常检修、维修拆下来的液压元件、胶管等要及时封堵,防止污物进入,并妥善保存,不得乱扔、乱放和丢失,严格执行交旧领新制度。

(7) 检修好的采煤机各部分要运转正常,并对采煤机进行全面试转,确保正常后方可运行采煤机。

(8) 井下检修时,熟悉避灾路线和措施,妥善避灾。

二、岗位作业流程标准

(一) 更换采煤机截齿作业

1. 作业流程

将采煤机滚筒落地→拉开隔离开关手柄→更换采煤机截齿→整理工具。

2. 作业标准

(1) 将采煤机滚筒落地,采煤机和运输机停电闭锁,停水、摘掉采煤机离合手把,并挂牌管理。

(2) 将采煤机前后各 5 部支架进行二次补液,确保支架初撑力。

(3) 敲帮问顶,并打开支架护帮板,在作业地点前后 5 m 范围煤壁进行木板或单体支柱护帮。

(4) 用卡钳将旧滚筒截齿的卡簧摘掉,拆掉旧滚筒截齿,更换新滚筒截齿。

(5) 整理工具,打扫卫生。

(二) 更换采煤机电机作业

1. 作业流程

将采煤机滚筒落地→拉开隔离开关手柄→更换采煤机电机→整理工具。

2. 作业标准

(1) 将采煤机滚筒落地,采煤机和运输机停电闭锁,停水、摘掉采煤机离合手把,并挂牌管理。

(2) 将采煤机前后各 5 部支架进行二次补液,确保支架初撑力。

(3) 敲帮问顶,并打开支架护帮板,在作业地点前后 5 m 范围煤壁进行木板或单体支柱护帮。

(4) 使用倒链拆卸旧采煤机电机,更换新采煤机电机。

(5) 整理工具,打扫卫生。

（三）更换采煤机滑靴作业

1. 作业流程

将采煤机滚筒落地→拉开隔离开关手柄→更换采煤机滑靴→整理工具。

2. 作业标准

(1) 将采煤机滚筒落地，采煤机和运输机停电闭锁，停水、摘掉采煤机离合手把，并挂牌管理。

(2) 将采煤机前后各 5 部支架进行二次补液，确保支架初撑力。

(3) 敲帮问顶，并打开支架护帮板，在作业地点前后 5 m 范围煤壁进行木板或单体支柱护帮。

(4) 使用倒链将采煤机需更换的一侧起吊起来，用道木垫实，更换采煤机滑靴。

(5) 整理工具，打扫卫生。

（四）更换采煤机摇臂、滚筒、升降油缸作业

1. 作业流程

将采机滚筒落地→拉开隔离开关手柄→更换采机摇臂、滚筒、升降油缸→整理工具。

2. 作业标准

(1) 清理出拆卸设备的通道，将采煤机滚筒落地，采煤机和运输机停电闭锁，停水、摘掉采煤机离合手把，并挂牌管理。

(2) 将采煤机前后各 5 部支架进行二次补液，确保支架初撑力。

(3) 敲帮问顶，并打开支架护帮板，在作业地点前后 5 m 范围煤壁进行木板或单体支柱护帮。

(4) 拆除采煤机滚筒螺丝（用拉锤拆掉摇臂或升降油缸连接销），将旧滚筒（摇臂、升降油缸）运出拆卸通道，更换新采煤机摇臂、滚筒、升降油缸，上紧连接装置。

(5) 整理工具，打扫卫生。

（五）采煤机注润滑脂

1. 作业流程

准备工具、材料→检查作业环境→停机、停电→加注润滑脂→清理作业环境。

2. 作业标准

(1) 准备工具、材料

准备工具：螺丝刀、扳手、黄油枪等。准备材料：润滑油脂、棉布等。工具、材料齐全、可靠；配件规格、型号符合要求。

(2) 检查作业环境

检查顶板支护、煤帮及淋水情况。作业现场支护良好，无片帮、无漏顶、无淋水。

(3) 停机、停电

采煤机、刮板输送机、喷雾泵停机；采煤机、刮板输送机、喷雾泵开关闭锁、上锁、挂牌。把组合开关隔离开关打到断开位置并上锁，挂“有人工作，禁止合闸”牌。隔离开关断电、闭

锁、上锁、挂牌。

(4) 加注润滑脂

截割电机盲端轴承注油;摇臂、升降油缸销轴注油;破碎机销轴注油;破碎机电机盲端轴承注油;行走链轮、行走链轮轴注油。油嘴周围清洁、无污染;油脂规格正确、清洁;注油量合适,护套齐全;每天检修工检查润滑情况并加注油脂。

(5) 清理作业环境

清点工具,确认工具无缺失,清理作业现场,现场清理干净。

(六) 紧固采煤机滚筒螺栓作业

1. 作业流程

准备工具、材料→检查作业环境→停机、停电→紧固螺栓→清理作业环境。

2. 作业标准

(1) 准备工具、材料

准备工具:螺丝刀、扳手等。工具、材料齐全、可靠;配件规格、型号符合要求。

(2) 检查作业环境

检查顶板支护、煤帮及淋水情况。作业现场支护良好,无片帮、无漏顶、无淋水。

(3) 停机、停电

采煤机、刮板输送机、喷雾泵停机;采煤机、刮板输送机、喷雾泵开关闭锁、上锁、挂牌。把组合开关隔离开关打到断开位置并上锁,挂"有人工作,禁止合闸"牌。隔离开关断电、闭锁、上锁、挂牌。

(4) 紧固螺栓

将螺栓使用扳手套住,使用长柄工具与扳手连接,将长柄工具由上向下压,压下后将扳手取下,再次将扳手套住螺栓向下压,直至压不动为止。

(5) 清理作业环境

清点工具,确认工具无缺失,清理作业现场,现场清理干净。

(七) 更换采煤机变频器作业

1. 作业流程

准备工具、材料、配件→检查作业环境→停电→检测瓦斯浓度→打开电控箱盖→验电、放电、挂接地线→拆除变频器→安装变频器→拆除接地线→处理防爆面→安装盖板→检测瓦斯浓度→清理现场→试运转。

2. 作业标准

(1) 准备工具、材料、配件

准备工具、材料:1 t手拉葫芦、力矩扳手、螺丝刀、套筒扳手、验电器、万用表、放电绳、三相接地线等。准备配件:变频器等。

(2) 检查作业环境

检查顶板支护、煤帮及淋水情况。作业现场支护良好,无片帮、无漏顶、无淋水,护帮板紧靠煤壁。

(3) 停电

把采煤机机身及上级电源隔离开关打到断开位置并上锁,挂“有人工作,禁止合闸”牌。确认开关断开并上锁。就近按下刮板输送机闭锁按钮并上锁。确认刮板输送机已闭锁。

(4) 检测瓦斯浓度

检测瓦斯浓度。设备周围 20 m 范围内瓦斯浓度达 1%时,禁止送电。

(5) 打开电控箱盖

清理采煤机电控箱外部卫生,采煤机电控箱外部干净无杂物。拆除电控箱盖板压条螺栓,取下压条。拆卸部件妥善保存,避免损坏。拆除盖板螺栓,拉开电控箱盖,将盖板放到安全的位置。采煤机停电 10 min 后再开盖。

(6) 验电、放电、挂接地线

用验电器逐相对电源侧进行验电,验电器与电压等级相符且完好。使用放电绳对接线柱、储能元件等进行放电。验电时无指示、无报警,确认无电,放电时先接地后放电。

把接地线接地后分别连接在三根接线柱上。把接地线连接牢固可靠。

(7) 拆除变频器

拆除变频器通信线插头和变频器输入输出主电缆。电缆必须做好标记。拆除变频器限位块,拉出变频器放在安全位置,变频器接线柱螺栓拆除后随即连接到电缆。

(8) 安装变频器

清理变频器底座的散热硅胶,旧硅胶必须清理干净,新硅胶涂抹均匀,正确推入变频器,防止硅胶聚集。将新的散热硅胶涂抹于底座上。安装到位,限位块螺栓紧固到对应工具拧紧为标准。将变频器放置到安装位置;按标记准确接线,保证连接可靠紧固。连接输入、输出及通信电缆、主电缆。变频器接线端放置绝缘挡板,防止电缆磨损漏电。

(9) 拆除接地线

拆下三相短路接地线。接地线先拆与导体连接端,后拆接地端。

(10) 处理防爆面

清洁防爆面,涂抹防爆油。确保防爆面的粗糙度符合防爆标准。

(11) 安装盖板

清点工具,清理卫生,处理防爆面。核实工器具数量,防爆面达到完好。盖上电控箱盖,上紧螺栓。使用滑道或 1 t 手拉葫芦安装盖板。安装压条,拧紧电控箱盖板压条螺栓。紧固件齐全、紧固。

(12) 检测瓦斯浓度

检测瓦斯浓度。设备周围 20 m 范围内瓦斯浓度达 0.4%时,禁止送电。

(13) 清理现场

清点工具、清理现场。现场清理干净,确认工具无缺失。

(14) 试运转

解除闭锁,上级开关及采煤机送电。检查电气系统显示正常。启动采煤机。采煤机运转正常。

(八) 更换采煤机油泵及油泵电机作业

1. 作业流程

准备工具、材料、配件→检查作业环境→停电→检测瓦斯浓度→拆除齿轮泵→拆下泵电机→清洗检查→安装泵电机→安装齿轮泵→补加液压油→检测瓦斯浓度→清理现场→试运转。

2. 作业标准

(1) 准备工具、材料、配件

准备工具、材料:1 t 手拉葫芦、力矩扳手、螺丝刀、套筒扳手、验电器、万用表、放电绳、三相接地线等;工具、材料齐全完好、符合要求。准备配件:油泵、油泵电机等;配件规格型号符合要求。

(2) 检查作业环境

检查顶板支护、煤帮及淋水情况。作业现场支护良好,无片帮、无漏顶、无淋水,护帮板紧靠煤壁。

(3) 停电

把采煤机机身及上级电源隔离开关打到断开位置并上锁,挂"有人工作,禁止合闸"牌。确认开关断开并上锁。按下采煤机附近 10 台支架的闭锁按钮,关闭进液截止阀,确认进液截止阀处于关闭状态。就近按下刮板输送机闭锁按钮并上锁。确认刮板输送机已闭锁上锁。

(4) 检测瓦斯浓度

检测瓦斯浓度,设备周围 20 m 范围内瓦斯浓度达 0.5%时,禁止送电。

(5) 拆除齿轮泵

清理油泵及泵电机周围卫生。油泵及泵电机周围干净,无积尘、无杂物。释放系统压力。拆除管路时要确保管路无压,防止高压液体伤人。拆除齿轮泵前的管路。拆除齿轮泵的进、回油管,拆除齿轮泵。必须包扎好管头。

(6) 拆下泵电机

拆卸泵电机固定螺栓。将手拉葫芦吊挂在泵电机正对支架立柱的起吊环上,将泵电机移出。开盖、验电、放电、挂接地线。拆除电机电缆及冷却水管。将电机移走。手拉葫芦吊挂牢固,拆除电机电缆必须验电放电挂接地线;起吊作业人员站位正确。

(7) 清洗检查

清洗检查各部件的完好。确保各部件完好。

(8) 安装泵电机

将新泵电机起吊到安装位置。拆除接地线并连接电机电缆及冷却水管。安装喇叭嘴。将电机安装到位,紧固固定螺栓。手拉葫芦吊挂牢固,螺栓紧固到位,起吊时人员站位正确,电缆连接符合规范要求,水管密封无损坏。

(9) 安装齿轮泵

安装齿轮泵,齿轮泵连接到位。安装齿轮泵的进、回油管。齿轮泵连接处无渗漏。连接齿轮泵前的管路。进、回油管连接正确，U 形销安装到位。

(10) 补加液压油

检查油位，补加 68 号液压油。油位加到规定位置。

(11) 检测瓦斯浓度

检测瓦斯浓度。设备周围 20 m 范围内瓦斯浓度达 0.5%时，禁止送电。

(12) 清理现场

清点工具、清理现场。现场清理干净，确认工具无缺失。

(13) 试运转

解除闭锁，打开上级开关，采煤机送电。检查电气系统显示正常。启动采煤机。采煤机运转正常。

三、风险隐患

(1) 检修液压元件时，未及时对液压元件进行卸压。

(2) 采煤机外喷雾不齐全或未正常使用。

(3) 进入煤墙侧作业未执行敲帮问顶制度，未执行有效护帮护顶措施。

(4) 检修时未停电闭锁，未拔出滚筒离合器。

(5) 起吊用具不合格，人员站位不正确。

四、防范或应急处置措施

(1) 检修液压元件时必须对液压元件进行卸压。

(2) 采煤机割煤前，必须保证外喷雾完好。

(3) 进入煤墙侧作业必须严格执行“敲帮问顶”，并进行有效护帮护顶。

(4) 检修采煤机前必须对采煤机停电闭锁，打开隔离，拔出离合器，并停电闭锁刮板输送机。

(5) 检修期间所用起吊用具必须合格，严禁人员站立在起吊物下方和运动趋势方向。

第四节 刮板输送机司机

一、岗位责任制

(1) 信号系统必须畅通，信号不清不准开车，开车前应检查设备周围是否有人并发出警告。

(2) 各种保护装置动作可靠，不准任意甩掉。

(3) 严禁使用刮板输送机运输设备和杂物等，负责分管区段的文明生产。

(4) 严格执行刮板输送机司机操作规程。

(5) 坚持“敲帮问顶”制度。

(6) 坚守岗位，按信号准时开停，不准睡岗。

(7) 执行开刮板输送机开水、停刮板输送机停水。

(8) 负责清除工作范围内的煤尘及杂物。

二、岗位作业流程标准

（一）正常运转作业

1. 作业流程

安全检查→试运转→正式运转→停机。

2. 作业标准

（1）安全检查

在输送机运行前，输送机司机必须巡视作业范围内的环境，确认顶板完好、无片帮危险，确认人员无危险和机械转动范围内无障碍物。然后解除工作面输送机的闭锁，发出开动输送机的信号。

（2）试运转

发出开机信号，并喊话，确认人员离开机械运转部位后，再启动试运转，检查传动链松紧程度。对试运转中发现的问题要及时处理，处理时要先发出停机信号，并将输送机开关停电闭锁。

（3）正式运转

问题处理完后发出开机信号，待接到开机信号后，再正式启动、运转，然后打开喷雾装置喷雾降尘。

（4）停机

本班工作结束后，将机头、机尾附近的浮煤清扫干净，待刮板输送机内的煤全部运出后，向控制台发出停机信号进行停机，然后关闭喷雾阀门。

（二）控制刮板输送机上窜下滑作业

1. 作业流程

掌握倾角变化→制定措施→控制窜动。

2. 作业标准

（1）掌握倾角变化

依据煤层底板等高线，及时掌握工作面倾角变化。

（2）制定措施

根据工作面倾角变化及时调整工作面与顺槽夹角；调整割煤工艺，改变推移刮板输送机顺序；调整液压支架推移方向。

（3）控制窜动

调整工作面伪斜，及时在工作面端头加、减刀割煤；改变割煤工艺及推移刮板输送机顺序；调整液压支架推移方向。以上操作需在队组统一安排下，各工种配合完成。

三、风险隐患

（1）刮板输送机存在扳卡及跳链现象，强行启动。

（2）机道内有人员时，信号不明，发生误开机。

（3）司机精力不集中，未及时停机。

(4) 刮板输送机重载时，强行开机，造成设备损坏。

(5) 使用刮板输送机拉运其他设备。

四、防范或应急处置措施

(1) 输送机安装要平、直，链条松紧程度要适当才可以启动。

(2) 机道内有人员或刮板输送机检修时严禁开机。

(3) 开机时保证精力集中，严禁睡岗。

(4) 减轻刮板输送机负荷后，低速启动。

(5) 严禁使用刮板输送机拉运其他设备。

第五节 乳化液泵站司机

一、岗位责任制

(1) 持证上岗，严格执行操作规程，未经工作面人员许可，不得随意停泵、开泵。

(2) 坚守工作岗位，经常观察泵站运转情况和温度、主副油箱的油位及真空压力计读数，泵站压力必须达到作业规程的规定。

(3) 按规定及时注油，保证泵站各部件完整、齐全、紧固，使设备处于完好状态。

(4) 保持乳化液清洁、无杂物，乳化液浓度配比必须达到3%～5%，箱盖不准敞开，严禁使用静压水。

(5) 保证泵站周围清洁卫生，管路吊挂整齐。

二、岗位作业流程标准

1. 作业流程

发出信号试运转→检查处理问题→正式运转→结束停机。

2. 作业标准

(1) 发出信号试运转

发现乳化液泵和乳化液箱处于非水平稳固状态、乳化液箱位置高出泵体不足100 mm或无备用泵时，应立即汇报、调整、处理。检查完毕无问题后，拧松泵吸液腔的放气堵头，待把吸液腔内的空气放尽并出液后拧紧，打开手动卸载阀，合上控制开关，点动电机，检查泵的旋转方向是否与其外壳标记方向一致，如不一致，立即停机处理，待一切无误后再开机。

(2) 检查处理问题

检查并处理设备运转中的问题。

(3) 正式运转

经试运转检查无问题后，发出信号，确认安全后，启动电动机，慢慢关闭手动卸载阀，使泵压逐渐升到额定值。发现问题，及时处理，否则不准工作。

接到工作面用液开机信号后，要向工作面发出开泵的信号，得到回应后，启动电动机，慢慢打开向工作面供液管路上的截止阀，开始向工作面供液。信号不清不准开泵。

（4）结束停机

接到工作面用液停机信号后停机。

三、风险隐患

（1）更换液压元件时，未停泵，未释放系统压力。

（2）乳化液配比浓度不达标，造成液压元件损坏。

（3）接头使用单腿销或异形销。

（4）使用不匹配或不完好的液压元件。

（5）随意停泵或开泵。

四、防范或应急处置措施

（1）检修、更换液压元件前，必须停机、停电、闭锁开关，并进行卸压，卸压后方可作业。

（2）保证乳化液浓度在3%～5%之间。

（3）严禁使用单腿销或异形销，根据接头大小使用标准的U形销子。

（4）液压元件标准、完好，更换液压元件时选用标准配件并检查完好。

（5）不得随意停泵或开泵，停泵、送泵必须通过语音扩音电话进行通知、确认。

第六节　超前支护工

一、岗位责任制

（1）必须经过安全培训，经考试合格后持证上岗。

（2）负责工作面两端头及超前支护段的支护、维修，坑木及顶梁、托板等废旧材料的回收，保证巷道不冒落，发生冒顶要及时处理。

（3）出口及端头要按作业规定要求支护，保证长、宽、高符合规定尺寸，并要整洁无杂物。

（4）巷道作业要做到“先打后回，由外向里支，由里向外撤”。要站在安全点作业，危险处要专人观察。

（5）作业前要“敲帮问顶”，不得影响生产，与其他工种搞好配合，确保两巷及出口畅通。

（6）保证支护质量及数量，防倒、防坠安设齐全，保证单体三用阀朝向一致，并使用单体压力计检测。

二、岗位作业流程标准

1. 作业流程

打设单体→回撤单体→码放整齐。

2. 作业标准

（1）超前支护工两人或两人以上共同作业时，必须指定专人指挥，作业时集中精力、密切配合、互叫互应、行动一致。用力要均匀，不得用力过猛、幅度过大或盲目乱扔。

（2）超前支护工打设回撤单体前必须检查围岩顶板完好情况，提前敲帮问顶，将危岩找掉,然后认真检查单体的完好情况,失效、泄液的单体必须分开存放,标记清楚,及时升井,以免误用。打设前对巷道不平整段顶板用材料背实。

(3) 超前支护工回撤单体时,至少两人作业,一人负责对顶板、附近单体完好情况进行检查,发现问题立即整改。

(4) 超前支护工将单体泄液后,一人扶单体,另一人上梯子将柱帽取下,两人缓慢将单体放在顺槽的底板上。

(5) 超前支护工作业完毕后,将注液枪回收。

(6) 要及时安全地回收,拆除支架切顶线以外的支护。

三、风险隐患

(1) 高空作业跌落。

(2) 防坠装置安设不牢靠,单体放置不当。

(3) 单体支柱泄液或初撑力不够,单体支柱防倒、防坠装置安设不齐全。

(4) 撤柱过程中违规作业等造成倒柱、掉梁伤人。

四、防范或应急处置措施

(1) 高空作业必须系安全带。

(2) 两巷超前支护不得少于规定数量,防坠装置安设必须牢靠且支护质量符合措施要求。

(3) 两巷超前支护防倒装置要正常使用,卸打单体支柱必须按规程进行,必须升紧,达到初撑力。

(4) 撤柱过程中必须按章作业。

第七节 端头支护工

一、岗位责任制

(1) 学习作业规程,考试合格后方可上岗。

(2) 开工前准备好工具和本班所需的物料。

(3) 端头施工时必须两人配合作业,人员站在倾斜上方并使用好临时支护。

(4) 工作面上下安全出口严格按作业规程要求架设支架。

(5) 负责更换上下端头处失效的支柱和损坏的金属顶梁。

(6) 负责清理工作地点的活煤和杂物。

(7) 负责工作地点的电缆及管线的吊挂。

(8) 经质量验收员验收合格后才能收工。

二、岗位作业流程标准

1. 作业流程

操作准备→正常操作→收尾工作。

2. 作业标准

(1) 操作准备

① 备齐注液枪、卸荷手把、液压升柱器、支柱定位卡具、锨、镐、锤、斧子、锯等工具，并检查工具是否完好、牢固可靠。

② 检查液压管路是否完好。

③ 检查工作地点的顶板、煤帮和支护是否符合质量要求，发现问题及时处理。

(2) 正常操作

① 架设四对八架长钢（板）梁操作程序：清理切口柱位→支柱和背料→将移梁器挂在被移钢梁上卸载降柱→移动梁体→背顶→补柱升紧。

② 移动长钢(板)梁要符合下列规定：至少要有 3 人协同操作；正常情况下，必须保持一梁三柱，移输送机时可一架二梁柱，移完输送机后必须及时补齐；柱爪必须卡住梁牙，支柱升紧后，必须拴好防倒绳；支设工作完成后，必须对支柱进行二次注液。

③ 双楔调角定位顶梁操作程序应符合下列要求：机窝爆破后要及时铺网、挂梁；双楔必须齐全、打紧；要自下而上回撤输送机头(尾)前一排支柱，将输送机推移到位，对号及时支设好输送机头（尾)的正规支柱。

④ 十字铰接顶梁的操作程序按照铰接顶梁操作程序进行。

⑤ 端头与巷道接茬处采用 Π 型钢梁支护的，操作端头长钢梁。

(3) 收尾工作

① 将剩余的顶梁、背顶材料，失效和损坏的柱、梁等各种工具分别运送到指定地点。

② 按规定进行交班。

三、风险隐患

(1) 顶板是否掉渣，煤壁是否片帮。

(2) 使用设备、点柱、工具是否完好。

(3) 管路连接是否牢固。

(4) 施工人员站位是否正确。

(5) 支护是否完好，强度是否满足要求。

(6) 瓦斯、煤尘是否有爆炸危险。

四、防范或应急处置措施

(1) 严格执行“敲帮问顶”及围岩观测制度，严格控制控顶距，严禁空顶作业。

(2) 施工前认真检查设备、工具是否完好。

(3) 认真检查各管路连接是否正常，U 形卡使用安装到位。

(4) 处理顶帮掉渣、片帮危险前，将要处理的顶帮周围支护先加固，人员站在有掩护的安全地点，用长柄工具将顶上松动的煤或矸石找下，施工时必须打好护帮板。

(5) 端头支护主要是提高采煤工作面端头处的支护强度，减少顶板变形量，确保上下安全出口的高度、宽度符合规定，因此端头支护初撑力必须符合《煤矿安全规程》规定。

(6) 加大瓦斯、煤尘的检查力度，严禁瓦斯超限作业，做好综合防尘工作，搞好通风管理，把瓦斯、煤尘控制在规程规定的浓度以下，确保安全生产。

第八节 刮板输送机维修工

一、岗位责任制

(1) 持证上岗,严格执行现场交接班制度。

(2) 检查各部螺丝是否紧固齐全,刮板、分链器、销子有无变形和损坏,链轮托磨损是否严重,输送带头是否完好。

(3) 定期进行加油或更换变速箱、液压联轴器及盲轴油脂,定期更换刮煤器、分煤器,并检查易熔塞是否符合要求。

(4) 严格按照设备注油润滑,按规定定期对运转部位进行加油。

(5) 检查链条的松紧情况,及时更换变形及损坏的刮板并及时紧固刮板螺丝。

(6) 机头及变速箱保持卫生清洁。

二、岗位作业流程标准

(一) 更换分链器作业

1. 作业流程

刮板输送机闭锁→拆卸旧分链器→更换分链器→整理卫生。

2. 作业标准

(1) 将刮板输送机停电闭锁,并挂牌管理。

(2) 将作业地点前后 10 m 范围内支架进行二次补液,确保支架初撑力。作业期间作业地点前后 20 m 范围内严禁有人在架间通行或操作支架。

(3) “敲帮问顶”,并打开支架护帮板,在作业地点前后 5 m 范围煤壁进行木板或单体支柱护帮。

(4) 将刮板输送机链条用液压千斤顶顶开或专用工具(如手拉葫芦)拆开。

(5) 将刮板输送机舌板用工具拆下,更换旧分链器。

(6) 整理工具,打扫卫生。

(二) 更换哑铃销作业

1. 作业流程

刮板输送机闭锁→拆卸旧哑铃销→更换哑铃销→整理卫生。

2. 作业标准

(1) 将刮板输送机停电闭锁,并挂牌管理。

(2) 将作业地点前后 10 m 范围内支架进行二次补液,确保支架初撑力。作业期间作业地点前后 20 m 范围内严禁有人在架间通行或操作支架。

(3) “敲帮问顶”,并打开支架护帮板,在作业地点前后 5 m 范围煤壁进行木板或单体支柱护帮。

(4) 用专用工具在刮板输送机里、外侧配合更换哑铃销。

(5) 整理工具,打扫卫生。

(三) 更换链轮及溜槽作业

1. 作业流程

刮板输送机闭锁→拆卸链轮、溜槽→更换链轮、溜槽→整理卫生。

2. 作业标准

(1) 将刮板输送机停电闭锁,并挂牌管理。

(2) 将作业地点前后 10 m 范围内支架进行二次补液,确保支架初撑力。作业期间作业地点前后 20 m 范围内严禁有人在架间通行或操作支架。

(3) "敲帮问顶",并打开支架护帮板,在作业地点前后 5 m 范围煤壁进行木板或单体支柱护帮。

(4) 将刮板输送机链条用液压千斤顶顶开或专用工具(如手拉葫芦)拆开。

(5) 将刮板输送机链轮、溜槽用工具拆下,更换新链轮、溜槽。

(6) 恢复刮板输送机,将旧链轮、溜槽拉出。

(7) 整理工具,打扫卫生。

(四) 更换电机、减速器作业

1. 作业流程

刮板输送机闭锁→拆卸电机、减速器→更换电机、减速器→整理卫生。

2. 作业标准

(1) 将刮板输送机停电闭锁,并挂牌管理。

(2) 将作业地点前后 10 m 范围内支架进行二次补液,确保支架初撑力。作业期间作业地点前后 20 m 范围内严禁有人在架间通行或操作支架。

(3) "敲帮问顶",并打开支架护帮板,在作业地点前后 5 m 范围煤壁进行木板或单体支柱护帮。

(4) 使用倒链将刮板输送机电机、减速器拆卸下来,更换上新电机、减速器。

(5) 整理工具,打扫卫生。

(五) 处理刮板输送机压死作业

1. 作业流程

检查作业环境→查明原因→调整刮板输送机→启动刮板输送机→停刮板输送机→检查支护→清煤→解除闭锁→启动刮板输送机。

2. 作业标准

(1) 检查顶板支护、煤帮及淋水情况。

(2) 检查设备情况,检查刮板输送机压煤情况。

(3) 调整工作面刮板输送机。

(4) 启动刮板输送机;若刮板输送机不能运转,继续处理。

(5) 停刮板输送机,闭锁、挂停电牌。

(6) 检查人员正确站位,检查刮板输送机压煤段液压支架的支护情况。

(7) 清理出刮板输送机内的煤、矸;专人观察支护、片帮情况。

(8) 解除刮板输送机闭锁。

(9) 启动刮板输送机。

(六) 刮板输送机机头处理大块煤、矸作业

1. 作业流程

停机→观察现场→准备工作→检查作业环境→处理大块→解锁→开机。

2. 作业标准

(1) 闭锁刮板输送机、转载机、破碎机;闭锁处理区域液压支架,并关闭作业区域内支架进液截止阀;刮板输送机的组合开关隔离手柄打到零位。

(2) 检查大块煤矸在刮板输送机机头所处位置及影响程度。

(3) 向班长汇报;准备风镐、大锤、撬杠等。

(4) 检查煤壁及顶板支护。

(5) 选择合适器具处理大块。

(6) 检测瓦斯浓度。

(7) 刮板输送机组合开关隔离手柄打到送电位置。

(8) 解除闭锁。

(9) 依次开启破碎机、转载机、刮板输送机。

(七) 更换刮板输送机刮板、接链环、刮板螺栓作业

1. 作业流程

检查顶板→松刮板链→断刮板链→更换刮板输送机刮板、接链环、刮板螺栓→接链、紧链。

2. 作业标准

(1) 检查顶板

确保顶板支护完好;及时向班长汇报。

(2) 松刮板链

收回刮板输送机张紧油缸活塞,使链条处于松弛状态。

(3) 断刮板链

① 使用液压马达,并插入限位销。

② 安装阻链器:将阻链器放置在定位点至中部槽方向第二个和第三个刮板之间,操作液压马达控制阀组手柄,刮板链向定位点方向转动,适时制动马达以使阻链器装入阻链器固定孔内,伸出卡块。

③ 操作阀组手柄,使马达带动刮板链开始反转,使刮板链松弛。马达制动并锁死。

④ 拆除接链环。

(4) 更换刮板输送机刮板、接链环、刮板螺栓

① 卸下刮板螺栓,更换刮板。

② 卸下接链环，安装新接链环。

③ 卸下旧刮板螺栓，安装新刮板螺栓。

（5）接链、紧链

① 安装接链环。

② 拆除阻链器。

③ 解除液压马达，并插入限位销。

④ 伸出刮板输送机张紧油缸，使链条处于正常张紧状态。

（八）处理刮板输送机与转载机搭接作业

1. 作业流程

检查作业环境→查明原因→制定措施→进刀调整搭接→停刮板输送机→检查搭接情况。

2. 作业标准

（1）检查作业环境

① 检查作业区域内瓦斯浓度、通风情况。必须通风良好，有毒有害气体不超标，符合规定。

② 检查作业地点支护情况。必须作业区域内支护良好，支架无漏顶；支架初撑力符合要求，支架护帮板及尾梁支护到位。

（2）查明原因

查明刮板输送机机头与顺槽转载刮板输送机搭接存在的问题。

（3）制定措施

① 制定割煤工艺，明确割煤方向，截深计算准确。

② 制定拉移、推移刮板输送机工艺，明确拉移、推移刮板输送机顺序，工艺符合现场实际。

（4）进刀调整搭接

① 拉移、推移刮板输送机，搭接过多则先机头后机尾顺序拉移、推移，搭接过少则先机尾后机头顺序拉移、推移。

② 按措施要求割煤。

（5）停刮板输送机

① 闭锁刮板输送机。

② 闭锁处理区域液压支架并关闭支架截止阀。

③ 刮板输送机的组合开关隔离手柄打到零位。

（6）检查搭接情况

检查刮板输送机机头与顺槽转载刮板输送机搭接是否正常。

三、风险隐患

（1）进入煤墙侧作业未执行“敲帮问顶”制度，未执行有效护帮护顶措施。

（2）检修时未停电闭锁刮板输送机。

(3) 起吊用具不合格,人员站位不正确。

四、防范或应急处置措施

(1) 进入煤墙侧作业必须严格执行"敲帮问顶"制度,并进行有效护帮护顶。

(2) 检修刮板输送机前必须对刮板输送机停电闭锁。

(3) 检修期间所用起吊用具必须合格,严禁人员站立在起吊物和运动趋势方向。

第九节 液压支架维修工

一、岗位责任制

(1) 负责支架的检查、维修和保养工作。

(2) 熟练掌握支架的结构性能原理及技术特征,及时掌握支架的运行状态,及时保养维护,做好支架的定期检修、维修工作,并做好检修记录,确保支架处于良好的状态。

(3) 对维修支架所用的工具、材料、配件做到心中有数,备用备品、备件要准备齐全,存放整齐。

(4) 严格遵章守纪,在工作时间不擅离职守,不干与工作无关的事。

(5) 维修支架时,必须集中精力,对支架的各部位都要认真检查,发现问题必须当班处理完,不能维修的部件及时汇报单位。

(6) 对支架的各部位,特别是液压阀组和胶管要精心爱护,不准随意敲砸、拆卸,注意保护支柱镀铬层表面,防止各种损伤。正常检修、维修拆下来的液压元件、胶管等要及时封堵,防止污物进入,并妥善保存,不得乱扔、乱放和丢失,严格执行交旧领新制度。

(7) 井下检修时,熟悉避灾路线和措施,妥善避灾,杜绝三违。

二、岗位作业流程标准

(一) 更换支架进液截止阀作业

1. 作业流程

停泵停电→拆除旧截止阀→安装新截止阀→清理作业现场→开泵检查截止阀。

2. 作业标准

(1) 停乳化液泵、控制开关手把打到零位;释放系统压力;拆除截止阀两端 U 形卡。严格执行"谁停电、谁送电"原则,或"谁停泵、谁开泵"原则,以免造成人员伤害。

(2) 拆除液管,拆除旧截止阀。反冲洗过滤器手把打到卸载位置,释放系统压力,直至压力表显示压力为零。U 形卡放入专用盒内。拆卸截止阀与多通钢管 U 形卡,拆除旧截止阀妥善放置。

(3) 安装新截止阀。检查液管密封,截止阀与液管连接。做到密封、封堵完好、洁净,U 形卡完好到位。

(4) 清点工具、清扫卫生。作业完成后,未及时清理工具及杂物,保证工具齐全,作业环境整洁,无杂物。

(5) 开泵检查截止阀。检测瓦斯浓度;组合开关手把打到送电位置;启动乳化液泵;打开截止阀,检查截止阀无漏液。

(二) 更换支架侧护板作业

1. 作业流程

检查作业环境→停机、停电→拆除旧侧护板→安装新侧护板→送电,恢复支架→收尾工作。

2. 作业标准

(1) 检查作业环境

护帮板是否打开或打到位,降架检修时是否处理顶梁浮煤、浮矸;进入运输机检修支架前是否对运输机闭锁、上锁。

(2) 停机、停电

停止乳化液泵,刮板输送机组合开关隔离手把打到零位。

(3) 拆除旧侧护板

支架降到合适位置,松开连接销,工人合力拆除旧侧护板。

(4) 安装新侧护板

工人合力将新侧护板抬至合适位置,装好连接销,侧护板与连接销连接可靠。

(5) 送电,恢复支架

解除闭锁,组合开关手把打到送电位置,严格执行"谁停泵、谁开泵"原则;启动乳化液泵;打开进液截止阀,解除支架闭锁;收回侧护板;升起支架,伸出侧护板。

(6) 收尾工作

清理作业现场,回收旧侧护板。清点工具、清扫卫生。

(三) 更换支架立柱作业

1. 作业流程

运送立柱→停刮板输送机→拆除立柱→安装立柱→回收旧立柱→清理作业现场。

2. 作业标准

(1) 运送立柱

用倒链把立柱放入刮板输送机机尾中心位置,用 3 道 40 t 链穿过销轴孔将立柱固定在刮板上,固定牢固;采用低速控制方式把立柱运到安装位置,运输立柱过程中专人指挥、专人闭锁。

(2) 停刮板输送机

立柱到位后,将刮板输送机组合开关隔离手把打到零位,闭锁、挂牌。

(3) 拆除立柱

① 伸紧完好立柱,关闭截止阀;

② 关闭进液截止阀、闭锁,拆除顶部装置;

③ 打开进液截止阀、解锁,收回油缸活柱,关闭进液截止阀;

④ 拆卸立柱进、回液管,安全阀、单向阀;

⑤ 拆除立柱与底座固定装置;

⑥ 旧立柱吊放到刮板输送机内。

必须做到完好立柱支撑到位；截止阀处于完全关闭位置；进液截止阀控制在三分之一处，活柱收回后，截止阀处于关闭位置；接头、接口封堵。

(4) 安装立柱

① 两台倒链吊起新立柱，安装立柱下端固定装置；

② 安装立柱进、液控单向阀、安全阀、回液管；

③ 打开进液截止阀，伸出油缸；

④ 安装立柱顶梁固定装置。

必须做到安装立柱使用一台 3 t 倒链配合，一台 1 t 倒链调整方向；液压管路、安全阀、液控单向阀、液压系统清洁、无泄漏，U 形卡完好、到位；缓慢升起立柱，顶部位置准确，固定装置牢固；恢复立柱初撑力。

(5) 回收旧立柱

用倒链把旧立柱放入刮板输送机中心位置，3 道 40 t 链穿过销轴孔将旧立柱固定在刮板上，固定牢固；采用低速控制方式把旧立柱运到回收位置，专人指挥、专人闭锁；旧立柱到位后，停机、断电；用两台 3 t 倒链把旧立柱吊出刮板输送机装车回收。

(6) 清理作业现场

清点工具、清扫卫生。

(四) 更换支架高压管路作业

1. 作业流程

停泵停电→拆除旧高压管路→安装新高压管路→开泵检查高压管路→清理作业现场。

2. 作业标准

(1) 停泵停电

停乳化液泵、控制开关手把打到零位；释放系统压力；拆除高压管路两端 U 形卡。严格执行“谁停泵、谁开泵”原则，以免造成人员伤害。

(2) 拆除旧高压管路

反冲洗过滤器手把打到卸载位置，释放系统压力，直至压力表显示为零；U 形卡放入专用盒内；拆卸截止阀与多通钢管 U 形卡，拆除旧截止阀妥善放置。

(3) 安装新高压管路

检查高压管路密封。做到密封、封堵完好、洁净；U 形卡完好到位。

(4) 开泵检查高压管路

组合开关手把打到送电位置；启动乳化液泵；检查高压管路无漏液。

(5) 清理作业现场

清点工具、清扫卫生。

(五) 更换支架护帮板作业

1. 作业流程

检查作业环境→停机、停电→拆除旧护帮板→安装新护帮板→送电，恢复支架→收尾工作。

2. 作业标准

(1) 检查作业环境

被更换的支架两侧支护强度要符合规定，工作面需更换的支架处煤壁要打设护帮单体，降架检修时处理顶梁浮煤、浮矸；进入输送机检修支架前对输送机闭锁、上锁。

(2) 停机、停电

停止乳化液泵，刮板输送机组合开关隔离手把打到零位。

(3) 拆除旧护帮板

降低支架前梁，使旧护帮板落地，松开连接销，工人合力拆除旧护帮板。

(4) 安装新护帮板

工人合力将新护帮板抬至合适位置，装好连接销，新护帮板与连接销连接可靠。

(5) 送电，恢复支架

解除闭锁，组合开关手把打到送电位置，严格执行“谁停泵、谁开泵”原则；启动乳化液泵；打开进液截止阀，解除支架闭锁；收回护帮板；升起支架，伸出护帮板。

(6) 收尾工作

清理作业现场，回收旧护帮板。清点工具、清扫卫生。

(六) 更换支架操作阀组作业

1. 作业流程

停泵停电→拆除旧操作阀组→安装新操作阀组→清理作业现场→开泵检查操作阀组。

2. 作业标准

(1) 停泵停电

停乳化液泵、控制开关手把打到零位；释放系统压力；严格执行“谁停泵、谁开泵”原则，以免造成人员伤害。

(2) 拆除旧操作阀组

将阀组与阀架的连接螺丝拆卸下来，将供回液总阀门关闭，释放各控制液管压力，将阀组与控制液管分离。

(3) 安装新操作阀组

检查液管密封；操作阀组与各控制液管连接。做到密封、封堵完好、洁净；U 形卡完好到位。

(4) 清理作业现场

清理作业现场，清点工具、清扫卫生。

(5) 开泵检查操作阀组

组合开关手把打到送电位置；启动乳化液泵；检查操作阀组；打开供回液总阀门，检查操作阀组有无漏液。

（七）更换支架推移油缸作业

1. 作业流程

准备工具、材料、配件→检查作业环境→运送油缸→拆脚踏板→拆卸活塞杆固定销轴→关闭本架进液截止阀→拆除旧推移油缸→安装新油缸底座固定卡块→安装油缸液管→打开截止阀→安装活塞杆固定销轴→回收旧油缸→清理作业现场→检查油缸。

2. 作业标准

(1) 准备工具、材料、配件

① 准备工具、材料：手拉葫芦、起重绳、手锤、螺丝刀、撬棍。

② 准备配件：推移油缸。

(2) 检查作业环境

① 检查支架护帮板，护帮板贴紧煤壁，无片帮，架间无漏矸。

② 闭锁支架，旋转支架闭锁按钮，闭锁相邻 3 架。

(3) 运送油缸

① 用手拉葫芦把油缸放入刮板输送机机尾中心位置，固定牢固。用 3 道 40 t 链穿过销轴孔将油缸固定在刮板上。

② 采用低速控制方式把油缸运到安装位置，运输油缸过程中专人指挥、专人闭锁。

③ 油缸到位后，停止刮板输送机，停机后闭锁、上锁、挂牌。

(4) 拆脚踏板

拆卸脚踏板。

(5) 拆卸活塞杆固定销轴

① 点动推移油缸操作阀，调整活塞杆间隙。

② 拆卸活塞杆固定销轴。

③ 收回推移油缸活塞杆。

(6) 关闭本架进液截止阀

① 关闭进液截止阀。

② 操作控制阀，释放管路压力。

(7) 拆除旧推移油缸

① 用手拉葫芦预紧推移油缸，手拉葫芦吊挂可靠，人员不得站在手拉葫芦下方或受力方向。

② 拆卸油缸底座压块锁销、取下卡块，拆卸零部件放入专用工具盒。

③ 拆卸推移油缸管路，进、回液管标明记号，并封堵接头。

④ 移开推移油缸，推移油缸放入刮板输送机中心位置。

(8) 安装新油缸底座固定卡块

① 用手拉葫芦将新油缸吊起，放入固定座。

② 安装油缸底座固定卡块，固定卡块安装到位。

(9) 安装油缸液管

清洁液管接头、油缸接口，安装液管，接头洁净，U形卡完好、到位。

(10) 打开截止阀

打开本架进液截止阀，解锁。

(11) 安装活塞杆固定销轴

① 用手拉葫芦轻吊推移油缸。

② 操作推移油缸操作阀，伸出活塞杆至安装位置。

③ 调整活塞杆与推拉杆连接孔位置，关闭本架进液截止阀、闭锁，安装连接销轴。

(12) 回收旧油缸

① 用手拉葫芦把油缸放入刮板输送机中心位置，固定牢固。

② 采用低速控制方式把油缸运到回收位置。

③ 停机、闭锁、上锁。

④ 油缸到位后，用两台手拉葫芦把油缸吊出刮板输送机装车回收。

(13) 清理作业现场

清点工具、清扫卫生。工具齐全，作业环境整洁，无杂物。

(14) 检查油缸

打开本架进液截止阀，解锁，操作推移油缸操作阀，推移油缸动作灵活可靠。

(八) 更换支架反冲洗过滤器滤芯作业

1. 作业流程

准备工具、材料、配件→检查作业环境→降架→拆除旧滤芯→安装新滤芯→清理作业现场→恢复支架。

2. 作业标准

(1) 准备工具、材料、配件

准备工具、材料：专用扳手、手锤、螺丝刀、钩形扳手等。准备配件：滤芯。滤芯校验合格。

(2) 检查作业环境

检查支架护帮板，护帮板支护到位，贴紧煤壁，无片帮、架间无漏矸。刮板输送机闭锁、上锁、挂牌。闭锁支架，旋转支架闭锁按钮，闭锁相邻3架支架。作业支架顶板破碎时，采取支护措施，支护到位，无片帮、无鳞皮。

(3) 降架

支架降到合适位置，关闭进液截止阀。

(4) 拆除旧滤芯

操作电磁阀，释放管路压力。压力释放完全后，使用钩形扳手取出U形卡，拆除滤芯。

(5) 安装新滤芯

安装新滤芯。U形卡安装到位，禁止使用铁丝或单腿销。

(6) 清理作业现场

清点工具、清扫卫生。工具齐全，作业环境整洁，无杂物。

(7) 恢复支架

升起支架,伸出护帮板。支架初撑力达到24兆帕以上。解锁刮板输送机。

(九) 更换护帮板油缸安全阀作业

1. 作业流程

准备工具、材料、配件→检查作业环境→降架→拆除旧安全阀→安装新安全阀→清理作业现场→检查安全阀→恢复支架。

2. 作业标准

(1) 准备工具、材料、配件

准备工具、材料:专用扳手、手锤、螺丝刀、钩形扳手等。准备配件:安全阀。安全阀校验合格。

(2) 检查作业环境

检查支架护帮板,护帮板支护到位,贴紧煤壁,无片帮、架间无漏矸。刮板输送机闭锁、上锁、挂牌。闭锁支架,旋转支架闭锁按钮,闭锁相邻3架支架。作业支架顶板破碎时,采取支护措施,支护到位,无片帮、无鳞皮。

(3) 降架

支架降到合适位置,关闭进液截止阀。

(4) 拆除旧安全阀

操作护帮板油缸电磁阀,释放管路压力。压力释放完全后,使用钩形扳手取出U形卡,拆除安全阀。

(5) 安装新安全阀

安装安全阀。U形卡安装到位,禁止使用铁丝或单腿销。

(6) 清理作业现场

清点工具、清扫卫生。工具齐全,作业环境整洁,无杂物。

(7) 检查安全阀

打开进液截止阀、解锁,操作护帮板油缸。安全阀无漏液。

(8) 恢复支架

升起支架,伸出护帮板。支架初撑力达到24兆帕以上。解锁刮板输送机。

(十) 更换支架立柱安全阀作业

1. 作业流程

准备工具、材料、配件→检查作业环境→降架→拆除旧安全阀→安装新安全阀→清理作业现场→检查安全阀→恢复支架。

2. 作业标准

(1) 准备工具、材料、配件

准备工具、材料:专用扳手、手锤、螺丝刀、钩形扳手等。准备配件:安全阀。安全阀校验合格。

(2) 检查作业环境

检查支架护帮板，护帮板支护到位，贴紧煤壁，无片帮、架间无漏矸。刮板输送机闭锁、上锁、挂牌。闭锁支架，旋转支架闭锁按钮，闭锁相邻3架支架。作业支架顶板破碎时，采取支护措施，支护到位，无片帮、无鳞皮。

(3) 降架

支架降到合适位置，关闭进液截止阀。

(4) 拆除旧安全阀

操作支架立柱电磁阀，释放管路压力。压力释放完全后，使用钩形扳手取出U形卡，拆除安全阀。

(5) 安装新安全阀

安装安全阀。U形卡安装到位，禁止使用铁丝或单腿销。

(6) 清理作业现场

清点工具、清扫卫生。工具齐全，作业环境整洁，无杂物。

(7) 检查安全阀

打开进液截止阀、解锁，操作支架立柱。安全阀无漏液。

(8) 恢复支架

升起支架，伸出护帮板。支架初撑力达到24兆帕以上。解锁刮板输送机。

三、风险隐患

(1) 检修液压元件时未及时对液压元件进行卸压，存在崩管射液风险。

(2) 起吊用具不合格，人员站位不正确。

(3) 未对作业现场顶板及煤壁等的安全情况进行确认，造成片帮伤人事故。

(4) 误操作支架。

四、防范或应急处置措施

(1) 检修液压元件时必须先关闭进液截止阀，并卸压，规范使用U形卡。

(2) 检修期间所用起吊用具必须合格，人员严禁站立在起吊物件下方3 m范围内及运动趋势方向。

(3) 作业前及作业期间，必须按照规定对作业现场的顶板及煤壁进行安全确认，并严格做好安全防范措施。

(4) 支架操作应由专业人员执行，非专业人员严禁操作支架。

第十节　采煤工作面清煤工

一、岗位责任制

(1) 清煤前必须做好“敲帮问顶”工作，方可作业。

(2) 要了解井下发生瓦斯、水等灾害时的避灾路线图。

(3) 严禁在井下睡觉或私自离岗。

(4) 认真清理好机电设备处的浮煤，严禁设备被浮煤埋压。

(5) 清理前溜机头、机尾浮煤时，严禁行人通过，不允许站在前溜上清煤。

(6) 清理输送带底下浮煤时，必须在输送带停止的情况下作业。

(7) 清理支架后的浮煤时，应注意支架和后溜情况，严禁在放煤支架后清煤。

(8) 清理端头处浮煤时，应注意端头支护情况，确保无安全隐患后方可作业。

二、岗位作业流程标准

1. 作业流程

接班准备与检查→作业→交班下班。

2. 作业标准

(1) 接班准备与检查

① 进入接班地点：清煤工准时进入接班地点，现场进行交接班。

② 询问工作情况：主动向交班人员了解上班工作情况、本班的工作注意事项和遗留问题。

③ 用长柄工具敲帮问顶，检查顶板、煤壁是否稳定，有片帮、冒顶危险时，要立即采取可靠措施，方能进入作业地点。(安全要点：注意支架间和煤帮有无活煤、活矸，有则及时清除)

④ 检查设备情况，如支架接顶、采煤机牵引链漂高或位置是否合适。发现问题要及时通知有关人员处理。

⑤ 交接班检查发现问题，由交班人处理。不能当场处理的问题，向跟班队长、记录工汇报。

⑥ 相互按规定交接清楚后，准备上岗作业。

(2) 作业

① 清煤工作业方式：单人作业采用追机作业方式，二人以上作业采用分段作业方式，任务重时也可采用追机作业方式。

② 清煤人员作业位置在工作面人行道，面朝采煤机运行方向或回风方向。清煤同采煤机割煤的距离不小于 15 m。(安全要点：要注意煤壁片帮和顶板维护情况)

③ 清煤时用铁锹把底板上支架内、支架之间的浮煤全部清理干净，装入工溜。综放工作面则要求把后工溜挡煤板外支架内浮煤矸全部清理干净。高档工作面要求把控顶区范围内的浮煤全部清理干净。

④ 铲煤时一次铲的量要和本人体力相符，不得超量，以免因体力不支而发生人身事故。

⑤ 采用追机作业时，清煤距顶溜或拉架保持 5～15 m 距离；采用分段作业时，清煤应保证在下一循环开始前清完本循环煤。

⑥ 如因片帮漏顶等原因造成局部浮煤、浮矸堆积，要集中人员清理，以免影响拉架。

⑦ 如因底板不平、底软等原因而使移架困难，清煤工要配合支架工吊架。吊架时由清煤工负责支设单体柱和回撤单体柱。吊架时把单体柱支在底板和支架顶梁之间，并把单体柱上端用铅丝(8 号至 10 号铅丝)拴在支架顶梁上。柱支起后，清煤工躲到距降架 3 m 以外的安全地点。支架移过升起后，清煤工将单体柱回掉。

⑧ 清煤过程中要随时观察溜中煤流是否正常,发现涌煤立即处理。

⑨ 清煤时人员要面向回风侧,多人作业间隔距离不小于 2 m。作业中随时注意溜中拉出的大块煤、矸、物料,防止挤伤。

(3) 交班下班

① 下班前 30 min 将整个工作面检查一遍,责任区内不得有浮煤、浮矸。

② 将顶、帮活矸、活煤清理掉,为下班生产创造条件。

③ 向接班人交代本班清煤情况、遗留问题、处理措施及下一班的注意事项。

④ 按照交接班要求和接班人一起对工作面进行一次认真检查。

⑤ 按规定处理交接班检查出的问题。

⑥ 履行交接手续:按规定履行交班手续,准备下班。

三、风险隐患

(1) 作业之前未执行"敲帮问顶"制度,在空顶处攉煤矸。

(2) 在输送带运转期间处理输送带下浮煤,或取下尾护罩处理输送带尾浮煤。

四、防范或应急处置措施

(1) 作业前,严格执行"敲帮问顶"制度,对作业顶板进行检查,严禁在空顶处作业。

(2) 处理输送带下、尾浮煤时,必须停机处理。

第十一节　乳化液泵站检修司机

一、岗位责任制

(1) 持证上岗。

(2) 掌握本职工作所需要的安全生产知识,提高安全生产技能。

(3) 排查工作范围内顶板、瓦斯、煤尘方面存在的隐患,并及时向调度室、部门值班人员及当班上岗干部汇报。

(4) 正确佩戴个人防护用品,对作业前各项准备工作进行安全确认。

(5) 进入现场后,认真检查自己所检修设备范围内现场存在的问题及隐患,隐患处理后方可施工。

(6) 检修操作前必须先停电闭锁。

(7) 工作面更换液压元件和管路时,严禁私自开泵。

(8) 杜绝违章作业,拒绝违章指挥,制止他人违章作业。

二、岗位作业流程标准

1. 作业流程

接班准备与检查→检修及试运转→工作标准及收尾工作。

2. 作业标准

(1) 接班准备与检查

① 检查泵箱乳化液浓度是否达到 3%～5%。

② 检查卸载阀是否漏液及连接管的完好情况。

③ 检查泵池是否缺油，是否有煤渣进入泵池。

④ 检查泵体是否漏液或螺丝松动现象。

⑤ 检查泵体内是否缺油，油质等情况。

（2）检修及试运转

① 检修泵曲轴箱时，严防煤粉、矸石进入箱体内。

② 更换泵站柱塞、柱塞密封、滑块油封：检查顶板支护、煤帮及淋水情况，作业现场支护良好，无片帮、无漏顶、无淋水；按下乳化泵闭锁按钮，并上锁，挂“有人工作，禁止开泵”牌；把组合开关隔离开关打到“断开”位置并上锁，挂“有人工作，禁止合闸”牌；操作高压过滤站反冲洗过滤器控制阀，释放系统压力；关闭本台泵的进回液截止阀；拆卸进出液管，管头包裹严实防止进入杂物；用手拉葫芦吊住泵头，起吊器具固定牢固，起吊点不得使用支护锚杆；拆泵头螺栓，将螺栓、销子放在专用工具箱内；松手拉葫芦将泵头放在底板上；卸衬板螺栓，取下衬板，拆卸时防止杂物进入；取下缸套卸柱塞螺栓，取下旧柱塞，取出旧柱塞密封拆固定油封螺栓，取出坏油封；安装新油封，紧固油封螺栓；安装新柱塞，紧固柱塞螺栓；安装柱塞密封；安装缸套，安装衬板，紧固衬板螺栓。

③ 试运转时，要打信号，确保开泵不影响其他作业人员时，先点开确定正、反转，然后将泵运转起来，运转一段时间后设备没有问题，方可开启泵。

（3）工作标准及收尾工作

① 检修完后打扫泵体的卫生。

② 将交换的零件回收交工房。

③ 检修完后对油池及泵体重新检查并加油。

④ 将检修泵的结果报区队，并提出泵容易出现问题的注意事项。

三、风险隐患

（1）检修液压元件时未及时对液压元件进行卸压，未检查液管接头，存在崩管射液风险。

（2）泵站压力达不到规定值，乳化液浓度不足，损坏设备。

（3）起吊用具不合格，人员站位不正确。

（4）停、送泵未确认。

四、防范或应急处置措施

（1）检修液压元件时必须先关闭进液截止阀并卸压，U 形卡使用规范。

（2）泵站压力必须达到规定值，乳化液浓度达到 3%～5%。

（3）更换大件时起吊用具必须完好，人员严禁站立在起吊物件下方 3 m 范围内及运动趋势方向。

（4）停泵、送泵必须通过语音扩音电话进行通知确认，严防突然送泵造成支架检修人员受伤。

第十二节 综采放煤工

一、岗位责任制

(1) 放煤工必须经过培训,并经考试合格后,取得安全培训合格证,方准持证上岗。

(2) 放煤工必须掌握本地区作业规程。

(3) 放煤前要详细检查支架及零部件是否完好无损,后部刮板输送机是否运转正常,机头长短高低是否正常。

(4) 放煤前必须首先将喷雾打开,不开喷雾不得放煤。

(5) 放煤时必须采用两人多轮顺序放煤,第一轮粗放,第二轮细放,把煤放尽,见矸见网立即停放,加强煤炭回收。

(6) 放煤时必须掌握好煤量,防止压刮板输送机,后部刮板输送机运转不正常不得放煤。

(7) 放煤时应注意防止尾梁摆动伸入后部刮板输送机槽内造成事故。

(8) 放煤工在当班开车前必须对工作面支架的后尾梁情况全部检查一遍,对尾梁漏液的支架要及时采取措施。

(9) 放煤工在工作中发现支架上的问题及时向支架维护工反映并及时处理。

二、岗位作业流程标准

1. 作业流程

班前检查→班中作业→班后作业。

2. 作业标准

(1) 班前检查

① 检查工作范围内的顶板及支架支护情况。

② 检查液压系统、电液控制器及闭锁。

③ 检查尾梁的高度是否严格控制在 0.3~0.5 m(尾梁插板末端距离后部刮板输送机上平面的垂直距离)。

④ 检查后部刮板输送机喷雾系统完好情况。

(2) 班中作业

① 放煤时,后部刮板输送机要正常运转。

② 开启架间喷雾,确认放煤步距是否符合要求。

③ 操作要领:放煤时提起插板,开始放煤,见矸或达到规定要求时,伸出插板关门,保证插板位置合适。

(3) 班后作业

① 放煤结束后全面检查支架后尾梁插板的位置。

② 检查后部刮板输送机是否全部移出。

③ 检查支架操作手把(或按钮)是否复位。

④ 全面检查支架的完好程度及支架架前、架间的卫生情况。

三、风险隐患

(1) 支架各种管路不完好。

(2) 阀组连接跑液、漏液。

(3) 防尘设施不完好。

(4) 放煤时周围环境不安全。

(5) 施工人员站位不正确。

(6) 瓦斯、煤尘有爆炸危险。

四、防范或应急处置措施

(1) 支架各高压胶管及液压系统连接必须可靠。

(2) 放煤前要首先检查有关液压系统、管路是否正常,确认无问题后,方可进行放煤作业;后部刮板输送机不开不得放煤,放煤必须控制好煤量,防止压死后部刮板输送机。

(3) 放煤时,必须打开支架尾梁喷雾,不喷雾不得放煤。

(4) 放煤时,上下各组支架后面严禁有人进入。

(5) 增强施工作业人员的安全防护意识,现场防护措施不到位不施工,站位要正确。

(6) 加大瓦斯、煤尘的检查力度,严禁瓦斯超限作业,做好综合防尘工作,搞好通风管理,把瓦斯、煤尘控制在规定的浓度以下,确保安全生产。

第十三节 综采维修电工

一、岗位责任制

(1) 必须经过专业技术培训,考试合格后持证上岗。

(2) 严格执行电气检修操作规程,做好电气设备运转和维修记录。

(3) 发生电气故障及时处理,并严格执行停送电工作票制度。

(4) 定期检查电气设备的防爆性能、绝缘性能以及各种电器的保护装置,确保电气设备无失爆,各种保护齐全、灵敏、可靠。

(5) 努力钻研电气技术,不断提高电气操作技能和现场处理故障的能力。

二、岗位作业流程标准

1. 作业流程

操作准备→停电作业→送电作业→收工确认。

2. 作业标准

(1) 开工需检查周围环境,做好安全确认,保证顶板及两帮支护完好。

(2) 用便携式瓦斯检测仪测瓦斯,瓦斯浓度1%以下方可开盖操作。

(3) 依次停上级电源、本级电源。

(4) 闭锁,锁好能源隔离锁,挂好停电牌。

(5) 进行手指口述。打开开关盖,验电,放电,加封地线。

(6) 开始检修工作。

(7) 检修完毕后,检查设备完好,拆除封地线,盖好设备盖。

(8) 施工过程中,无关人员不得帮助检修。

三、风险隐患

(1) 处理机电事故或电气设备检修时,上级开关未停电闭锁,开关未闭锁,未执行验放电制度,未悬挂“有人工作、禁止送电”警示牌。

(2) 未执行“谁停电、谁送电”制度。

(3) 井下所管理的电气设备失爆。

(4) 电气设备检修结束后未及时进行试运转。

(5) 电气设备检修前未及时检查周围瓦斯浓度。

四、防范或应急处置措施

(1) 严禁带电检修电气设备和电缆。检修前,必须切断电源,挂好停电牌,悬挂“有人工作、禁止送电”牌。

(2) 严格执行“谁停电、谁送电”制度。

(3) 认真学习防爆知识,掌握电气设备性能,杜绝失爆发生。

(4) 电气设备检修结束后必须及时进行试运转。

(5) 检修电气设备时必须检测设备周围瓦斯浓度情况,防止放电时产生电火花造成事故。

第十四节 转载机司机

一、岗位责任制

(1) 严格执行“三大规程”,不得违章操作,抵制违章指挥。

(2) 集中精力,不得睡岗,随时注意信号,及时开停,严防拉回煤。

(3) 坚持班检制度,经常对机器及部件进行维护保养,发现问题及时处理。

(4) 机头、机尾电缆悬挂整齐,搞好各工作配合。

(5) 保持巷道畅通,设备及其环境清洁。

二、岗位作业流程标准

(一) 处理转载机压死作业

1. 作业流程

准备作业→操作液压马达→试运转→恢复生产。

2. 作业标准

(1) 准备作业

① 顶板、两帮支护完好。

② 停电、闭锁、挂停电牌。

(2) 操作液压马达

① 液压马达齿轮咬合严密。

② 操作准确。

③ 液压马达齿轮完全脱离。

(3) 试运转

电流、电压不过载,转载机运转正常。

(4) 恢复生产

发出开机信号,待返回信号,并确认。

(二) 拉移转载机作业

1. 作业流程

检查作业环境→拉移准备→拉移转载机→调整转载机。

2. 作业标准

(1) 检查作业环境

① 工作地点前后 20 m 范围内,巷道顶板、两帮支护完好,不影响转载机拉移。

② 满足转载机拉移过程中不贴帮、碰顶、掉道。

(2) 拉移准备

① 设备停电闭锁,挂上停电标志牌。

② 管路及接口无漏液,千斤顶伸缩灵敏可靠。

③ 作业地点无其他人员。

(3) 拉移转载机

① 固定锚链安全可靠。

② 转载机与轨道接触良好,不跑偏。

③ 移动平稳。

④ 转载机拉到位。

(4) 调整转载机

① 与前后设备的搭接平稳牢固。

② 机头与机尾保持平直,固定平稳。

③ 调整到位。

(三) 转载机与破碎机安全保护作业

1. 作业流程

开机准备→发出信号→看护。

2. 作业标准

(1) 开机准备

安全保护网、安全装置齐全、可靠。

(2) 发出信号

信号准确。

(3) 看护

① 坚守岗位。

② 有损坏或失效,立即停机。

三、风险隐患

(1) 司机精力不集中,转载机运行时过载,造成断链、跳闸、压死转载机。

(2) 推移转载机时,机头偏离方向,造成歪斜伤人、挤帮。

(3) 输送带机尾跑偏,继续使用。

(4) 转载机带病运转。

四、防范或应急处置措施

(1) 转载机司机与各工种密切协作,掌握好煤量,均衡运煤。

(2) 推移转载机时,安排专职人员看护转载机推移情况,发现问题及时停止推移作业,待处理完毕后,方可再执行推移作业。

(3) 输送带机尾跑偏,停机,清除输送带机尾煤,调整输送带机尾,保持输送带运输一条线。

(4) 转载机运行前检查各部件情况,停机处理正常后方可开机。

第十五节　智能化操作工

一、岗位责任制

(1) 监控煤矿智能化设备的运行状况,保障设备的稳定运行,及时发现并处理设备故障。

(2) 根据煤矿的生产计划,调节智能化设备的工作状态,确保生产进度和产量达标。

(3) 通过监控系统收集和分析煤矿生产过程中的数据,及时发现问题,提出改进建议并实施。

(4) 协助煤矿的技术人员进行设备的维护保养和检修工作,确保设备的正常运行,并进行故障排除。

(5) 配合相关部门进行安全检查和事故应急处理,确保煤矿安全生产。

(6) 参与煤矿的智能化改造项目,负责设备安装调试、系统接入等相关工作。

(7) 跟踪煤矿智能化技术的发展动态,了解智能化设备的最新应用,提出改进和优化方案。

(8) 参与煤矿智能化操作技术培训,不断提升自身的技术能力和综合素质。

二、岗位作业流程标准

1. 作业流程

启动过程→运行过程→停机过程→急停。

2. 作业标准

(1) 启动过程

泵站启动→带式输送机启动→破碎机启动→转载机启动→刮板输送机启动→采煤机启动(上电)→采煤机记忆割煤程序启动(需采煤机开放相应接口)→液压支架跟随采煤机自动化控制程序启动,全自动化启动。

(2) 运行过程

实时监控工作面综采设备运行工况,当设备运行异常,可以通过人工干预手段对设备进行远程干预。如液压支架远程干预等(采煤机的远程干预需要采煤机厂家开放控制端口)。

(3) 停机过程

液压支架动作停止→采煤机停机→刮板输送机停机→转载机停机→破碎机停机→带式输送机停机,全自动化停止。

(4) 急停

按下工作面“急停”按钮,工作面所有设备停机。

三、风险隐患

(1) 采煤机远距离集控操作,开机时人员在煤机附近逗留,易造成人员机械伤害。

(2) 采煤机自动化记忆截割,顶板破碎时,矸石滚落造成人员伤害。

(3) 集控中心操作人员误操作造成机械损坏或人员伤害。

(4) 液压支架自动跟机拉架时,人员站位不当易被支架挤伤。

(5) 检修人员对电液控支架电源箱检修时,带电操作,造成人员伤害。

(6) 人员进入作业区域检修设备时,设备误动作,造成人员伤害。

(7) 工作面地质条件差时,电液控支架远距离操作造成歪架伤人。

(8) 乳化泵站远距离控制,误操作会造成人员伤害。

(9) 集控中心误操作,造成人员伤害。

(10) 集控中心因电路故障,发生火灾,致使人员伤害。

(11) 集控中心摄像仪供电系统掉电,且未及时停机,无法监控现场,易造成人员伤害。

(12) 工作面支架自动拉架造成工作面电缆损坏,导致人员伤害。

(13) 集控中心控制输送带运行时,人员检修输送带,未停电闭锁,且未通知集控中心,导致人员伤害。

四、防范或应急处置措施

(1) 集控中心操作人员工作面自动化作业期间严禁离岗,应精力集中,及时应对工作面突发情况。地面集控操作人员不得随意离开本岗位,离岗时要按实填写离岗记录。

(2) 集控中心操作人员在接到工作面检查人员语音喊话并确认无误后方可开、停机。集控中心操作人员要做好开、停机记录,记录内容包括:请求停开机人员姓名、停开机设备、停开机时间。

(3) 工作面生产时,作业人员注意力要集中,控制器报警时,一定要躲开报警支架。

(4) 任何人不得滞留在动作支架内,正在动作(任何动作)的支架内严禁人员停留。人员要较长时间停留的应实施就地闭锁(电气闭锁)。如有人员要在支架上工作,除实施电气闭锁外，还应关闭本架及邻架的截止阀，以防液压支架发生误动作。

(5) 人员在刮板输送机或采煤机上工作时，应将工作范围内(如采煤机为全长范围及上下各两架)的支架实施就地闭锁，并关闭这些支架液路的截止阀。

(6) 工作面检修时，一定对相应范围内的支架实施闭锁。在检修维护液压支架前，必须通过控制器闭锁本架，并且关闭进液截止阀。

(7) 电液控制系统井下检修时严禁带电拆开电源箱防护盖。

(8) 被控制支架一定要在可视范围内，支架动作过程中发现危险，要就近按下急停按钮。

(9) 人员进入前后部输送机、转载机作业或检修设备时，必须按下闭锁按钮，防止设备误动作，并通知电站停电悬挂停电牌，坚持好“谁停电、谁送电”的制度。施工人员要向集控中心操作人员讲清楚作业地点、作业内容、作业时间，集控中心操作人员必须做好记录。

(10) 设备检修过程中，原则上不允许停掉交换机供电电源。若必须进行停电操作时，需向集控中心操作人员进行汇报，并做好记录。

(11) 所有人员听到起车预警信号或人员喊话后，必须立即停止作业并撤离到安全地点。

(12) 地面集控室操作人员应时刻关注工作面设备运行状态，有异常时及时通知井下集控室作业人员和工作面作业人员。

第九章 掘进作业岗位应知应会知识

第一节 掘进机司机

一、岗位责任制

(1) 必须经过专业技术培训，经考试合格后持证上岗。

(2) 司机离开机组和对机组进行维修保养时，必须切断电源，断开隔离开关。

(3) 在启动截割电机前，必须首先鸣响警铃，确认周围没有人员或异常情况后方可启动机组。

(4) 开机前要检查机组外部电缆有无损坏，妥善保护电缆，不得将电源电缆卷入履带内。

(5) 操作手柄时要慎重缓慢，不准超负荷运转。

(6) 严格执行“开机开水，停机停水”规定，机组截割前必须先将内外洒水阀门打开，避免煤尘积聚。

(7) 更换截齿时必须断开隔离开关。

二、岗位作业流程标准

(一) 正常作业

1. 作业流程

运行前的检查工作→正常开机→正常停机。

2. 作业标准

(1) 运行前的检查工作

① 启动掘进机前，先检查顶板围岩情况，发现问题及时处理。然后对掘进机附近 20 m 内风流中瓦斯浓度进行检查，当浓度达到 1.2%时，必须切断电源，撤出人员，进行处理。

② 开机前先检查掘进机前方及周围有无人员、鸣响报警。

③ 先按按钮使电机微动，以确定其运转方向是否正确。

④ 电机空载运行 3 min，观察各部位声音、温度是否正常，有无卡阻或异常现象。

(2) 正常开机

① 将机身电控箱主隔离刀闸手柄顺时针打到“合”位。

② 按下主油泵启动按钮，持续按住延时 5 s 后，油泵电机启动，松开按钮。

③ 分别将截割头、铲板和后支撑靴的控制操作杆抬起，将截割头、铲板和后支撑靴升起，以便行走。

④ 通过升、降左右履带行走控制杆，使机组前进、后退、转向。

⑤ 当机组行走到预定进刀位置时，分别将铲板和后支撑靴的控制操作杆降下，将铲板和后支撑靴放下至底板，支牢机身。

⑥ 将供水阀打开，喷雾灭尘和冷却系统开始工作。

⑦ 按下截割电机启动按钮，持续按住延时 10 s，截割电机启动后，松开按钮，开始正常作业。

(3) 正常停机

① 按下截割电机停止按钮，截割电机停止运转。

② 将截割头退出煤壁，退至迎头 5 m 以外安全处，截割头落地，并加护罩。

③ 待铲板和刮板输送机、转载机内的煤拉空，使其停止运转。

(二) 巷道贯通作业

1. 作业流程

作业前检查工作→标校激光→检查贯通点→设置警戒→贯通截割→收尾。

2. 作业标准

(1) 作业前检查工作

① 启动掘进机前，先检查顶板围岩情况，发现问题及时处理。然后对掘进机附近 20 m 内风流中瓦斯浓度进行检查，当浓度达到 1.2%时，必须切断电源，撤出人员，进行处理。

② 开机前先检查掘进机前方及周围有无人员、鸣响报警。

③ 先按按钮使电机微动，以确定其运转方向是否正确。

④ 电机空载运行 3 min，观察各部位声音、温度是否正常，有无卡阻或异常现象。

(2) 标校激光

校准激光指向仪，激光束符合设计要求，“三点一线”。

(3) 检查贯通点

① 贯通点位置的标识准确、清晰。

② 贯通点的电缆、水管保护良好，拆除帮网，且无杂物。

③ 贯通点无积水。

(4) 设置警戒

警戒位置准确，设施可靠，符合相关规定，并设专人看护。

(5) 贯通截割

① 按照综掘机启动标准作业流程启动综掘机。

② 两条巷道相对掘进贯通时，按安全技术措施规定提前停止一条巷道掘进。

③ 按照激光指示方向由煤壁中部进刀，由上而下割煤，进行扫顶和拉底。

④ 贯通点的断面尺寸符合设计要求。

(6) 收尾

① 贯通点整洁无浮矸、无杂物。

② 退机至顶板及两帮支护良好位置，将截割头及铲板落地，停泵→断电→闭锁→上锁→

挂停电牌。

三、风险隐患

(1) 开机前未检查工作面顶板和支护情况。

(2) 掘进时未控制好循环进尺，割煤完毕后，进入空顶区观察巷道。

(3) 开机时掘进机行走范围内有人员及设备。

(4) 未检查安全保护和警示装置(声音、设备防护、警示、警标等)，未发送开机信号。

(5) 掘进后控顶距大于规定。

四、防范或应急处置措施

(1) 开机前检查工作面的顶板和支护情况，要严格执行敲帮问顶制度。

(2) 按照作业规程规定控制掘进循环进尺，割煤完毕后，在支护完好的顶板下，观察巷道。

(3) 掘进机司机开机前要仔细观察，确保在掘进机工作范围内无任何人员及设备。

(4) 掘进机司机必须检查设备的安全保护装置、工作面的安全警示装置，对缺少安全警示装置的必须立即进行处理。

(5) 设专人观察顶板变化，班组长进行敲帮问顶，安设临时支护，确保安全后按规程要求进行永久支护。

第二节 耙装机司机

一、岗位责任制

(1) 耙装机司机必须熟悉所用设备的性能、构造、原理，掌握一般性的维修保养和故障处理技能。

(2) 坚持使用耙装机上所有的安全保护装置和设施，不得擅自改动或甩掉不用。

(3) 严格执行交接班制度，并做好交接班记录。

(4) 在淋水条件下工作，电气设备要有防水措施。

(5) 检修或检查耙装机时，必须将开关闭锁，并悬挂“有人工作，严禁送电”警示牌。

(6) 检查本岗位开工前、施工过程中的危险源辨识、安全确认和规程措施等现场落实情况。要严格实行“手指口述”，在试车前应发出信号，严禁耙装机两侧及前方有人。

(7) 遇有大块岩石或耙斗受阻时，不可强行牵引耙斗，应将耙斗退回 1～2 m 重新耙装，以防断绳或烧毁电机。

(8) 当耙斗出绳方向或耙装的夹角过大时，司机应站在出绳的相对侧操作，以防耙斗窜出溜槽伤人。

(9) 在拐弯巷道耙装时，若司机看不到工作面情况，应派专人站在安全地点指挥。

(10) 耙装机发生故障时，必须停车，切断电源后进行处理。

(11) 工作面装药前，应将耙斗拉到溜槽上，切断电源，用木板挡好电缆、操作按钮等。爆破后，将耙装机上面及其周围岩石清理干净后，方可开车。

(12) 在耙装过程中,司机应时刻注意机器各部的运转情况,当发现电气或机械部件温度超限、运转声音异常或有强烈振动时,应立即停车,进行检查和处理。

(13) 按操作规程、《煤矿安全技术操作规程》规定安全使用耙装机,耙装前必须对耙装机全面检查,当确认无误时,先空载试车,无异常方可进行耙装工作。

(14) 往耙装机卸料槽下填车或向外推车时,耙装机必须是在停电状态下;处理故障也必须在停电状态下。

(15) 耙装机司机在耙装机电机运行期间不得离开岗位,手不得离开操纵杆。

(16) 耙装期间,耙斗行程内(包括两侧到巷帮)不得有任何人员,服从本班班长的指挥,配合全班人员完成耙装任务。

(17) 耙装机运行期间,作业人员及司机不得触摸耙装机转动部位。

(18) 耙装机必须固定牢固,耙装机两帮护栏、迎头平行作业护栏(网)、红外线闭锁装置、机前照明必须按规定使用。

(19) 严格执行互保联保、班前安全预想(提出安全防范措施)、菜单式交接班、井下文明行为等制度。

二、岗位作业流程标准

1. 作业流程

操作前准备→耙装机耙装→耙装机收尾工作。

2. 作业标准

(1) 操作前准备

① 耙装机司机必须经过专门培训,经考试合格后持证上岗,并携带好矿灯及个人防护等安全用品。

② 每次开机前,司机和维修工要全面检查机械和电气系统,包括安全防护设施及钢丝绳的完好情况,并进行1～2次空载运行,发现问题及时处理,禁止机械带“病”作业。

③ 耙装前,要特别检查制动闸是否灵敏可靠,闸带有无断裂,磨损余厚不少于3 mm。

④ 清理干净机身两侧及其后巷道浮矸,保证20 m的后退道路畅通。

⑤ 装岩前,直径500 mm以上的膏石要预先破碎。

⑥ 自耙装机至回头轮处,必须有光线良好的照明,确保耙装机司机在操控耙装机时能看清耙子的运行轨迹及出现的阻碍或其他影响耙子运行的隐患,便于处理。

(2) 耙装机耙装

① 开机时,司机应先发出信号,严禁在耙斗运行范围内进行其他工作、行人及逗留,使所有工作人员注意后再开机,以免发生事故。

② 避免两个操作手把同时拉紧,以防耙斗飞起伤人或损坏设施。耙装机带电期间,司机不得脱岗,迎头调换位置时耙装机要停电,耙头倒反时必须停电处理。

③ 严禁用手或工具碰撞运行中的钢丝绳或牵引绳以防伤人。耙装过程中如遇耙斗受阻或负载太大时,不应使耙斗强行牵引,应将耙斗稍稍后退减载后再前进。

④ 工作时,耙装机滚筒上绳的余量不得少于5圈。钢丝绳长度:17千瓦耙装机一般主

绳为 40 m,尾绳为 80 m;11 千瓦耙装机一般主绳为 20 m,尾绳为 40 m。选择 4 分及以上的钢丝绳。使用的钢丝绳在一个捻距之内,断丝面积与钢丝绳的总面积之比不大于 25%,不得有断股。接头插接 300 mm 以上。接头个数在主绳上不超过 1 个,尾绳上不超过 2 个。绳与耙斗连接处不得留有毛刺。

⑤ 当耙斗出绳方向与耙装机中心线方向夹角 15°时,司机应在出绳对侧操作以防耙斗窜出伤害司机,同时出绳对侧的安全间隙不得小于 700 mm。

⑥ 耙装机在弯巷中使用时,必须清理好机道,主绳和辅绳都要设导向轮,要有专人在安全处(在弯巷对侧打一硐室,硐室门口打两根护身柱)指挥和信号联系。耙装机耙至拐弯处,要移动导向轮位置(移动导向轮时,必须停机操作),把转弯处膏矸耙至矿车内。

⑦ 工作过程中,机前严禁有人,如司机前有人必须从耙装机人行道一侧通过时,应通知司机停机断电后,才准进人,待进入的人撤出后再开机。在有支护巷道内耙装时,耙斗不能触及两帮和顶部的支架。

⑧ 耙装机使用过程中发生故障时,必须停机,切断电源,卸下操作手柄后进行处理。

爆破前要将耙斗拉到上料槽上,切断电源,并将耙装机电缆、按钮、开关遮盖好,护栏要卸下,放在爆破影响不到的地方。

⑨ 迎头硫化氢浓度超过 6 ppm(1 ppm$=10^{-6}$)时,人员不准进入使用耙装机。

⑩ 使用耙装机施工的上山采用倒拉提升方式,严禁有余绳松车。

(3) 耙装机收尾工作

① 耙装完毕,耙斗要放在耙装机前料槽上,严禁将耙斗放置在工作面和机身上。

② 交接班时必须将上一班机械运转情况及出现的问题交代清楚,以使下一班注意。

③ 装岩完毕应将两个操作手柄置于松闸位置,并卸下手柄放于台车上,以防爆破时打坏,同时,耙装机护栏也应卸下。

④ 司机离开工作岗位时必须将控制开关停电并闭锁。

三、风险隐患

(1) 耙装机没有挡绳栏、护栏,耙斗、矸石滑出伤人。

(2) 上下山施工耙装机无防滑措施,耙装机滑移伤人。

(3) 耙装机无支腿、无卡道、固定不牢,耙装机翻倒伤人。

(4) 机身各部位连接不可靠,开焊部件脱落伤人。

(5) 耙装机距迎头距离不符合规定,造成伤人。

(6) 耙装机牵移时措施不当,耙装机翻倒伤人。

(7) 耙装机使用完毕,操作手柄没有及时取下,造成误操作及人身伤害事故。

(8) 耙装区域内有人滞留作业,钢丝绳及耙斗伤人。

(9) 耙装过程中,耙斗受阻,强行牵引,钢丝绳断裂伤人。

(10) 钢丝绳断丝超限,造成弹绳、断绳伤人。

(11) 误操作,拉倒、撞倒支架,支架伤人,耙斗或钢丝绳伤人。

四、防范或应急处置措施

(1) 耙装机在使用前,防护栏板必须齐全有效。

(2) 上下山移动及固定耙装机采用防滑措施、使用专用卡轨器。

(3) 开机前耙装机司机检查耙装机固定、大绳、滑轮、闸等完好情况。

(4) 开机前耙装机司机检查耙装机各部位连接情况。

(5) 按规程规定作业，严格超距离耙装。

(6) 牵移耙装机必须按措施操作，专人指挥。

(7) 耙装机在使用完成后，必须及时将操作手柄取下，并切断电源。

(8) 在开机前，要将耙斗运行范围内的人员清走，拐弯巷道耙装时，必须设专人站在安全地点指挥。

(9) 耙装过程中，若遇耙斗受阻，不得强耙，耙不动时，必须查找原因。

(10) 钢丝绳断股或断丝超限严重必须及时进行更换。

(11) 严禁将耙装机尾轮挂在支架上，必须使用专用固定楔；耙矸时必须使用照明。

第三节 液压钻车司机

一、岗位责任制

(1) 必须经过安全技术培训，考试合格，取得安全培训合格证，持证上岗。

(2) 认真执行"三大规程"，掌握作业规程主要内容，熟知所操作液压钻车的机械性能、工作原理。

(3) 熟练掌握液压钻车的操作要领，按程序操作。

(4) 液压钻车必须在支护完好的情况下施工。

(5) 做好防尘工作，严禁干打眼。

(6) 司机在开机过程中，要认真操作，严格按爆破图表施工，钻车在前进或后退时，要注意前后左右不能有人员停留和障碍物，以免伤人。

(7) 做好施工区域文明卫生，做到文明生产。

(8) 做好工种协调，听从班组长安排，按正确的操作程序施工，确保施工质量与安全。

二、岗位作业流程标准

1. 作业流程

操作前准备→开机操作→停机操作。

2. 作业标准

(1) 操作前准备

① 进入工作现场前，需采用便携式甲烷检测报警仪、甲烷传感器、甲烷检测牌板填写数据"三对照"确认钻场甲烷浓度，钻场内甲烷浓度低于规定浓度方可进入钻场。

② 使用专业工具进行"敲帮问顶"工作，对钻场视角范围内顶帮活矸活煤进行清理。

③ 检查瓦斯抽采系统运行是否正常，负压是否符合要求，应急抽采系统是否连接到位，防喷孔装置是否安装完好。

④ 检查瓦斯断电仪是否悬挂在规定位置，运行是否正常，将便携式瓦斯检测仪放置在

施工钻孔孔口。

(2) 开机操作

1) 接通电源,试转电动机,注意其运转方向是否与油泵的要求转向一致。

2) 启动电动机,观察油泵是否正常运转,检查各部件有无渗漏油现象。

3) 使油泵空载 3～5 min 后再进行操作。如油温过低,空转时间应加长,待油温升高至 20 ℃左右时,才可调大排量进行工作。

4) 试运转:

① 进行马达正转、反转双向试验,运转应平稳、无杂音,最低转速时系统压力表读数不超过 4 兆帕。

② 反复试验回转器的前进、后退,以排除给进油缸中的空气,直到运转平稳为止,此时系统压力不应超过 2.5 兆帕。

③ 试验卡盘、夹持器,开闭要灵活,动作要可靠。

④ 试验履带钻机车体的前进和后退,确信其运转平稳,无卡滞现象。

⑤ 在以上各项运转过程中,各部分应无漏油现象,如发现应及时排除。

5) 车体稳固与机身调角:

① 将稳固车体处地面处理平整。

② 调整好车体位置后,把泵分流操作手把置于稳固调角位置,并分别操作稳固调角油缸手把,将下面 4 个油缸伸出至底板使履带不受力。

③ 调俯角时,调整油缸使后方下面两个油缸杆伸出长度大于前方下面两个油缸杆伸出长度,利用高度差实现设计倾角;调仰角时,松动机身前后横梁的夹头螺丝钉,操作机身调角操作手把,利用机身下方的调幅油缸调整机身倾角。

④ 操作稳固调角油缸手把,伸出上面 4 只油缸至巷道顶板,并继续加压,稳固好车体。

6) 钻进:

① 打开夹持器。

② 操作马达回转手把让回转器正向旋转,再通过马达的变量手轮调整回转速度,使之达到规定值。

③ 给进可采用溢流给进或减压给进。

④ 待钻头接触孔底岩石后,调节给进压力表达到规定值,开始正常钻进。

7) 倒杆与加杆:

① 在一个回次结束时,先减少给进压力,停止给进,然后停止回转,打开动力头卡瓦,夹持器夹住钻杆。

② 后拉倒杆操作手把退回回转器,打开夹持器,然后重新开始钻进。

③ 加杆前,检测钻孔甲烷浓度并做好记录,加杆时,减小给进压力,停止给进和回转器,关闭夹持器,使之夹紧钻杆。

④ 取下螺旋钻杆上的销子,接上夹持钻杆,退回回转器,打开夹持器,将夹持器功能转换手把扳到中位,开始下一次钻进。

(3) 停机操作

1）正常停机：

① 减小给进压力，停止给进和回转。

② 后退回转器，将钻具提离孔底一定距离，前推夹持器功能转换手把，使夹持器夹紧钻杆。

③ 停钻，卸下送水器。

④ 将转换操作手把置于起钻位置，回转器马达排量调到最大。

⑤ 操作倒杆操作手把，后退回转器向孔外退出钻杆，反复向外倒杆，待欲卸的钻杆接头处于回转器和夹持器之间，马达反转拧松钻杆丝扣。

⑥ 操作倒杆操作手把，继续向外倒钻杆，当已拧松的钻杆全部退出回转器主轴后，人工卸下钻杆。

⑦ 重复⑤、⑥操作，拉出下一根钻杆，直到拔出孔内全部钻杆。

⑧ 在拉出最后一根钻杆时，仍需在夹持器前方人工卸下钻头。

2）紧急停机。若出现钻机憋压、钻机部件故障、严重漏水、漏油或突发安全事故时，需对钻机进行紧急停机，具体步骤如下：

① 按下钻机急停按钮，若急停按钮不动作，可关闭钻机磁力启动器开关。

② 将操作台手把恢复零位，闭锁，并关闭各个阀门。

③ 处理故障，如实向区队汇报紧急停机原因并填写记录。

④ 故障处理后方可送电，观察钻机稳固情况，若钻机不稳定首先稳固钻机。

三、风险隐患

（1）钻车司机不熟悉钻车性能，误操作造成伤人事故。

（2）工作面顶板或支护条件不好，造成顶板掉渣或冒落矸石伤人事故。

（3）开工不检查机械，造成误伤人事故。

（4）开机时机械运转造成伤人事故。

（5）钻眼结束后，不按规定停车造成后续工作中钻机伤人事故。

四、防范或应急处置措施

（1）钻车司机必须掌握钻车使用说明书的内容，应了解钻车的结构、工作原理及液压、电气、压气、水路等系统。

（2）钻车司机应与班组长共同检查工作面顶板与支护等安全情况，无隐患后方准开车作业。

（3）开车前检查各油箱油位，操作手柄是否处于“零”位，螺丝是否紧固，特别是凿岩机固定螺栓和钎头扶钎器导向架螺栓必须紧固。送电后，查看前后车灯是否正常照明。

（4）启动电机前，将前后照明灯打开，撤离周围人员。开机前要发出警报，并进行四周瞭望，确保机器周围危险区内无人后，方可开机。操作各手柄，观察各运转部位的运转情况是否正常。

（5）凿岩工作全部完成后，退回凿岩机及推进器，收拢钻臂及支腿，将注水阀门关闭，停止供水，卸掉水管。将钻车退出掘进工作面，停放在安全地点，各操作手柄回复到“零”位。关闭钻车各电气开关，切断钻车供电电源。机器较长时间停用，必须断开隔离开关。

第四节　打　眼　工

一、岗位责任制

(1) 必须经过安全技术培训,考试合格,取得安全培训合格证,持证上岗。

(2) 认真执行"三大规程",掌握作业规程主要内容,熟知钻眼的布置参数,及钻眼施工的有关技术质量要求,并认真贯彻执行。

(3) 熟练掌握钻眼施工设备的操作要领,了解其工作原理。

(4) 钻眼工作必须在支护完好的情况下施工。

(5) 做好防尘工作,严禁干钻眼。

(6) 做好施工区域文明卫生,做到文明生产。

(7) 做好工种协调,听从班组长安排,按正确的施工程序工作,施工期间站位要正确,确保施工质量与安全。

二、岗位作业流程标准

1. 作业流程

检查施工地点安全状况→做好打眼准备→正常打眼作业→打眼结束。

2. 作业标准

(1) 检查施工地点安全状况

首先检查迎头的支护情况、是否存在隐患,随后使用不低于 2.0 m 长把工具进行敲帮问顶。

(2) 做好打眼准备

① 钻眼前应准备好所使用的钻具。

② 压风管、供水管接送至掘进工作面附近。

③ 打眼前要做到袖口、领口、衣角紧;不要戴手套、不要把毛巾露在衣领外。

④ 钻眼前对风钻(风煤钻)完好性进行检查。

(3) 正常打眼作业

① 标定眼位:按中腰线和炮眼布置图的要求标出眼位。

② 试运转:开水、送电(送风)、试运车。

③ 风煤钻转动后要注意钻杆的进度,每钻进一段距离要来回抽动几次钻杆,排除煤粉、减少阻力,以防卡夹钻杆。

(4) 打眼结束

钻眼完毕,应先关水,再停风,最后抽出钻杆。

三、风险隐患

(1) 工作面风量不足,造成有毒有害气体熏人及发生瓦斯、煤尘爆炸事故造成人员伤亡。

(2) 工作面支护条件不好、空顶作业或顶板掉渣伤人。

(3) 钻眼机具转动伤人。

(4) 高压风、水管弹起伤人。

(5) 钻眼时断钎伤人。

(6) 残爆、拒爆不及时处理伤人。

(7) 钻眼、装药平行作业造成事故伤人。

(8) 透老空造成事故伤人。

四、防范或应急处置措施

(1) 工作面必须保持正常通风,必须有足够的新鲜空气,有害气体浓度超过《煤矿安全规程》规定或有煤和瓦斯突出征兆时不准钻眼,应立即报告本单位值班室及矿调度室,并及时按规定进行处理。

(2) 进入工作面作业前,首先进行敲帮问顶工作,找净顶帮活矸危岩,同时检查工作地点的支护是否完好,控顶距是否符合要求,发现不安全情况必须立即处理。找顶工具长度符合巷道高度要求,找顶人员应戴手套,防止煤矸顺钻杆而下伤人。

(3) 清理作业场所杂物,平整作业场地,保证作业现场有良好的作业环境,将钻眼机具稳固牢靠。每人操作一台凿岩机,人员站在凿岩机侧后方,身体贴紧气腿,领钎人员严禁戴手套。操作者应精心操作,钻眼时不要加压过猛,两臂用力要均匀,防止产生较大的反转扭矩而扭伤手腕或钻杆折断伤人。开眼和钻眼过程中,不准用手扶钻杆、掏眼口的煤岩粉。

(4) 高压风水管路必须连接牢固可靠,按规定吊挂。钻眼作业结束后,及时按要求拆除风水管路,禁止锚杆机平置于地面,防止误动作,造成伤害事故。

(5) 连接钻杆时必须连接牢固。钻眼时从气腿后向前看,钻杆、凿岩机和气腿要在同一垂直面上,钻眼深度到位后,拔钻杆要慢速旋转,缓缓退出。

(6) 发现工作面有瞎管、残药,必须由爆破工按照《煤矿安全规程》相关规定处理完毕后,方可钻眼。严禁利用炮眼残底(无论有无残余炸药)继续加深。

(7) 严禁钻眼、装药平行作业。

(8) 有下列情况之一,误揭老空或老巷时,不准钻眼,应立即报告本单位值班室及矿调度室,并及时按规定进行处理:

① 顶板压力大,有冒顶片帮危险时;

② 有透水征兆(即挂红、挂汗、空气变冷、发生水叫、淋水增大等现象),眼内向外流水时,严禁拔出钻杆;

③ 钻孔内有刺激性气味气体涌出时;

④ 掘进工作面瓦斯超限或有突出征兆时。

第五节　爆　破　工

一、岗位责任制

(1) 坚持安全生产方针,树立安全第一的思想,遵守劳动纪律,坚守工作岗位,按章操作。

(2) 熟悉爆破专业知识及相关规定,熟练掌握工作面爆破参数及技术要求。

(3) 作业前必须对爆破母线长度及爆破器具全面检查。

(4) 坚持"一炮三检"和"三人连锁爆破"制。

(5) 当班没有处理完的瞎炮,必须在现场向下一班爆破工交代清楚瞎炮的位置、方向、深度等有关情况。

(6) 坚持火工品领退管理制度。

(7) 及时填写爆破作业原始记录。

二、岗位作业流程标准

1. 作业流程

领取爆炸物品→交接班→装配引药→装药→爆破→处理拒爆。

2. 作业标准

(1) 领取爆炸物品

① 领取:当面清点。

② 装箱:保管员装箱锁好后钥匙交爆破工。

③ 签字:爆破工签字确认。

(2) 交接班

① 交班:在指定现场交接班。

② 安全确认:交接人员共同对现场情况安全确认。

(3) 装配引药

① 选择地点:在顶板完好、支架完整、避开电气设备和导电体的地点装配引药。

② 抽雷管:顺好雷管脚线,脚踩住脚线尾端,手握住脚线首端,均匀抽出并扭结成短路。

③ 做引药:药卷中心扎孔后将雷管插入药卷内,脚线绕扣在药卷上锁紧。

(4) 装药

① 敲帮问顶:站在倾斜上方用长把工具敲帮问顶。

② 确认瓦斯情况:瓦斯检查工检查瓦斯。

③ 探炮眼:探明炮眼深度、角度、积水情况。

④ 装药:严格按要求装药。

⑤ 装填水炮泥、炮泥:炮眼水炮泥封泥长度符合规定,轻轻逐渐将药卷捣实。

⑥ 扭结雷管脚线:雷管脚线末端扭结短路悬空,禁止同运输设备、电气设备及导电体接触。

(5) 爆破

① 检查瓦斯:爆破地点附近 20 m 范围内风流中瓦斯浓度达到 1%时严禁爆破。

② 换牌制:爆破前瓦斯检查工、爆破工、班组长执行"三人连锁爆破"换牌制度。

③ 发出爆破警号充电爆破:爆破工最后离开爆破地点并回头看,发出爆破警号后至少等 5 s 后方可充电爆破。

④ 检查瓦斯:爆破后瓦斯检查工及时检测瓦斯情况。

⑤ 巡视爆破地点:爆破工、瓦斯检查工、班组长共同巡视爆破地点。

(6) 处理拒爆

① 取下发爆器钥匙,将爆破母线从电源上摘下,扭结成短路。

② 沿线路检查:等 15 min 后方可沿线路检查。

③ 处理拒爆:在班组长配合下按规定处理拒爆。

④ 检查瓦斯:爆破后,瓦斯检查工检查作业地点瓦斯。

⑤ 巡视爆破地点:爆破工、瓦斯检查工、班组长共同巡视爆破地点,收集未爆雷管,当班未处理完拒爆,必须现场同下一班交接清楚。

三、风险隐患

(1) 爆炸物品受撞击爆炸。

(2) 片帮冒顶伤人。

(3) 爆炸物品导通爆炸。

(4) 爆破崩人。

(5) 瓦斯爆炸。

(6) 爆炸伤人。

四、防范或应急处置措施

(1) 管理人员走动式管理。

(2) 安监员检查。

(3) 执行手指口述。

(4) 瓦斯检查工、班组长监督。

(5) 严格执行“三人连锁爆破”制度。

第六节 喷 浆 工

一、岗位责任制

(1) 坚持“安全生产、人人有责”,牢固树立“安全第一、预防为主”的方针,增强安全意识,严格遵章守纪,杜绝“三违”现象发生。

(2) 掌握本工种安全操作规程,并严格按照安全规程正确操作,加强自我防范意识,严禁违章作业,不冒险蛮干,有权拒绝违章指挥。

(3) 正确佩戴个人劳动防护用品,戴好安全帽和防尘口罩,在下风侧 100 m 范围安设两道防尘水幕,防止粉尘对人体的侵害。

(4) 每班坚持自检制,对照明、顶板、降尘、设备等环节部位进行检查,发现问题及时处理。

(5) 作业中必须经常检查输料管和出料弯管等处有无磨损击穿现象,发现问题及时处理。

(6) 喷浆完毕,清理作业现场,各类工具安置归位。

(7) 对各级检查出的隐患问题,必须及时整改。

(8) 发生设备事故或隐形事故,立即向领导汇报。

二、岗位作业流程标准

(一) 喷浆作业

1. 作业流程

混凝土配料、拌料→喷射混凝土→停机→收尾工作。

2. 作业标准

(1) 混凝土配料、拌料

人工拌料时采用潮拌料,水泥、砂和石子应清底并翻拌3遍使其混合均匀。拌好的潮料要求能用手握成团,松开手似散非散,吹无烟,拌好的料车避开有淋水的地点。

(2) 喷射混凝土

① 开机时必须按照先给水、后开风、再开机、最后上料的顺序进行。

② 送电,开喷浆机,上料喷浆。

③ 喷射时,喷头距受喷面保持0.6～1 m。喷头运行轨迹应呈螺旋形,按直径200～300 mm,一圈压半圆的方法均匀缓慢移动。

④ 喷射时要两人进行相互配合,一人持喷头喷射,一人辅助照明并负责联络,观察顶帮安全情况。遇有超挖或裂缝低凹处,应先喷补平整,然后再正常喷射。

(3) 停机

① 在喷射过程中,喷浆机压力表突然上升或下降,或摆动异常时,应立即停机检查。

② 喷浆结束时,按先停料、后停水、再停电、最后关风的顺序操作。停电后将控制开关手把置于零位,并闭锁。

(4) 收尾工作

喷射工作结束后,从喷浆机上卸下输料管,卸开喷头,清理水环。拆开喷浆机供料部分和输料系统,清理内外部的灰浆或材料,盘好风水管。

(二) 人工铺底硬化作业

1. 作业流程

作业前检查工作→作业前准备→平整路面、清理浮煤→混凝土路面铺设→混凝土路面养护→收尾。

2. 作业标准

(1) 作业前检查工作

① 作业场所通风良好,有毒有害气体不超限。

② 作业场所支护完好,无漏顶,无片帮。

(2) 作业前准备

① 工器具准备齐全。

② 原材料准备齐全。

(3) 平整路面、清理浮煤

① 施工前,应将基层上的浮矸、杂物等全部清除,保持表面整洁。

② 基层如有车辙、松软及其他不符合规定要求的部位,均应翻挖、清除,并以同类混合料填补。

(4) 混凝土路面铺设

① 混凝土调配:混凝土强度为C30;混凝土质量配比(以千克计)＝水泥∶水∶沙子∶石子＝432∶178∶587∶1 191。

② 支设模板:模板安装应顺直,无扭曲;模板高度应与混凝土路面厚度相同。

③ 混凝土浇筑:混凝土混合料摊铺前,对模板的间距、高度、润滑、支撑稳固情况进行全面检查,用插入式振捣器沿模板各表面在模板整个长度内充分振捣。振捣时间不宜小于规范要求。

④ 混凝土摊铺、捣实、刮平作业完成后,用灰抹子抹平路面,使混凝土表面达到要求的横坡度和平整度。

(5) 混凝土路面养护

① 模板拆除:保证浇筑后的模板、混凝土表面未受任何移动和损坏 24 h 后,进行拆模。

② 洒水养护:每天养护洒水 3 次,洒水养护 7 天后方可投入使用。

(6) 收尾

① 收拾整理并码放好工器具。

② 清理现场杂物。

三、风险隐患

(1) 手或工具进入喷浆机内,沙料回弹伤人。

(2) 喷浆过程中未对支护地点的电缆、风水管线、风筒及机电设备进行保护。

(3) 喷射混凝土前未对锚杆、金属网质量进行检查。

(4) 使用凝结、失效的水泥及速凝剂,以及含泥量超过规定的沙子和石子。

(5) 喷浆厚度达不到要求,未定期进行混凝土强度检测。

四、防范或应急处置措施

(1) 喷浆机运转时,喷头禁止对人,禁止将手或工具放入喷浆机。

(2) 对电缆、风水管路、机电设备等进行有效保护。

(3) 喷浆支护前,先对巷道支护质量进行检查。

(4) 喷浆支护中,禁止使用不符合规定的速凝剂等。

(5) 一次喷射混凝土厚度达不到设计要求时,应分次喷射,但复喷间隔时间不得超过 2 h,否则应用高压水冲洗受喷面。

第七节 背 药 工

一、岗位责任制

(1) 必须牢固树立"安全第一、预防为主"的思想,熟悉爆炸物品性能。

(2) 必须经过培训,经考核合格,取得安全培训合格证,持证上岗。

(3) 经单位涉爆人员核查,经相关单位批准办理领药工证。

(4) 严格遵守《煤矿安全规程》《火工品管理规定》及井下炸药库其他相关规定。

(5) 做好爆炸物品的领退工作,做到领取、使用过程安全可靠。

(6) 认真参加区队及矿相关部门的业务技能培训和安全学习。

(7) 不得将爆炸物品移交给无掘进作业证的员工。

(8) 不得损坏炸药箱或炸药,保证炸药箱完好,炸药完好使用或完好退库。

二、岗位作业流程标准

1. 作业流程

操作准备→正常操作→收尾工作。

2. 作业标准

(1) 操作准备

背药前准备工作标准:听从火药库管理人员指挥,在指定位置等候。认真听取管理人员强调的安全注意事项,采取预想、回想、联想等方式,对现场人、机、物、环境进行警示,做到心中有数,并做简单的热身运动,防范各类事故发生。

(2) 正常操作

① 进入工作岗位,必须携带背药工证件并听从随行爆破工安排。

② 支领炸药工作标准:进入药库,必须出示要害证或证明信,否则不准擅自入内;支领炸药和雷管时,必须出示爆破工作业证,凭证支取炸药和雷管;经过培训的背药工凭背药证背药,并且必须在爆破工监护下进行背药工作;炸药必须由爆破工支取,背药工箱子的钥匙必须由支取炸药的爆破工保管;爆破工在支、交炸药和雷管时,不得同时进行;有条件的井下药库应施行分窗口收发;按支领单支领炸药和雷管,当面点清品种、数量,并做一般质量检查,与账相符;对付给的炸药和雷管,要认真检查与使用地点是否相符。在有瓦斯或煤尘爆炸的煤层中,采掘工作面或有瓦斯的岩巷中都必须使用煤矿安全炸药和煤矿许用电雷管,并符合爆破地点对炸药安全等级的要求;不准将瓦斯检定器、发爆器放在火药箱内保管;一切符合要求后,及时将存放爆炸物品的箱子加锁,方能签字或盖章。

③ 炸药和雷管的运输工作标准:运输炸药和雷管必须使用专用箱子,并加锁,否则不准运输。严禁将电雷管和炸药放在同一容器内。严禁将爆炸物品装在衣袋内。爆破工携带雷管时,每人背药不得超过 10 kg,并且要求雷管与炸药分箱背运;多余的炸药指派专人(必须是背药工或爆破工)运送,每人不得超过 20 kg;爆破工和背药工携带炸药和雷管时,不准在交接班时间内与其他工人同时排队上下罐和乘车。携带爆炸物品上、下井时,在每层罐

笼内搭乘的携带爆炸物品的人员不得超过4人,其他人员不得同罐上下;两人以上同时运药时,必须前后间隔10 m,不能并行,不得在途中嬉戏和逗留;领到爆炸物品后,应直接送到使用地点,严禁中途停留;中途休息时,不能在有人集中或运输频繁的地点休息。任何时候任何人都不准坐爆炸物品箱子。严禁用刮板运输机、带式输送机等运送爆炸物品。在水平巷道内有可靠的信号装置,可用钢丝绳牵引的车辆运输炸药,运输速度不得超过1 m/s。雷管必须由爆破工自行背运。背运爆炸物品时注意车辆、机电设备等,防止出现事故。

④ 在工作面存放炸药和雷管工作标准:爆炸物品箱子必须随时加锁;存放时由爆破工看管;爆炸物品箱子必须存放在支护完好、远离电缆、运输机械和电器设备的无淋水的较平整的地点;存放地点不应有其他无关人员停留休息,严禁任何人坐在爆炸物品箱上;每次爆破时,都把爆炸物品箱子放到警戒线以外的安全地点。

(3) 收尾工作

① 确认炸药数量,清点使用情况与剩余情况是否与支领数量相符。

② 确认药箱情况,确认无误。

三、风险隐患

(1) 未按火药票领取炸药,造成炸药丢失。

(2) 没有专人看管炸药,造成炸药丢失。

(3) 未按照标准运送炸药,造成炸药爆炸伤人事故。

(4) 剩余炸药未如实上交,炸药丢失或引发爆炸伤人事故。

(5) 背药工运送炸药过程中,剧烈晃动引起爆炸伤人事故。

四、防范或应急处置措施

(1) 背药工持火药票领取炸药时必须当场检查炸药规格和数量是否与火药票一致,确认无误后方可装箱。

(2) 炸药在工作面存放期间必须由背药工看管,炸药必须在背药工视线内。

(3) 炸药由专职背药工运送,并在爆破工的监护下运送,两人之间距离不得超过30 m,不得小于5 m。

(4) 背药工要和班组长、爆破工都在现场的时候确认炸药剩余数量,无误后签字确认。

(5) 背药工在炸药运送时,轻拿轻放平稳行走。

第八节 架 棚 工

一、岗位责任制

(1) 必须经过安全技术培训,考试合格,取得安全培训合格证,持证上岗。

(2) 认真执行“三大规程”,掌握作业规程主要内容,熟知架棚支护的有关技术质量要求,并认真贯彻执行。

(3) 必须熟悉支架架型、结构及支护配件,按支护设计或作业规程的支护要求施工。

(4) 熟练掌握架棚支护所需要的各种设备、设施以及工具的操作要领,了解其工作原理，按章操作。

(5) 工作中严格执行敲帮问顶制度，防止掉渣伤人，做好临时支护。

(6) 做好防尘工作。

(7) 做好施工区域文明卫生，做到文明生产。

(8) 做好工种协调，听从班组长安排，按正确的施工程序工作，施工期间站位要正确，确保施工质量与安全。

二、岗位作业流程标准

1. 作业流程

准备工作→临时支护→挖柱窝→上棚梁→组装棚腿弯梁→立棚腿→背顶、背帮→收尾。

2. 作业标准

(1) 准备工作

检查巷道支护情况，工作面支护良好，无漏顶、无片帮；检查工作面风量及有毒有害气体，有毒有害气体不超限，风量符合相关规定；备齐支护材料，支护材料质量、数量满足使用要求；检查巷道毛断面尺寸，巷道毛断面尺寸符合设计要求。

(2) 临时支护

设置临时支护，按照《掘进临时超前支护标准作业流程》执行。

(3) 挖柱窝

按规定棚距在两帮挖柱窝，按作业规程要求尺寸确定柱窝位置及深度。

(4) 上棚梁

人工将棚梁放置在前探梁上，在前挂梁上(或通过临时支护锚杆)先挂好棚梁，并固定。

(5) 组装棚腿弯梁

人工在地下组装棚腿与弯梁，先将棚腿与弯梁连接好，再用尺子将紧固位置与距离按标准测量好，然后用人工把卡箍上好螺丝紧固。

(6) 立棚腿

栽棚腿、上拉杆、加撑杆，按中(腰)线尺寸要求将棚腿栽入柱窝，专人扶正，打上撑木、拉杆，使棚梁压在棚腿上。

(7) 背顶、背帮

将棚梁与顶板接实，用背板将棚腿与煤(岩)壁间背好，用木楔刹实，并用拉钩与永久棚腿连成一体。

(8) 收尾

收拾工具，将现场清理干净。填写工作日志，填写内容准确、清晰、无涂改、无缺页。

三、风险隐患

(1) 进入作业地点不认真执行敲帮问顶制度，存在顶板活矸掉落伤人风险。

(2) 架棚时不按规定使用临时支护设施，存在顶板冒落伤人风险。

(3) 顶板未进行超前支护或超前支护不规范，挖棚窝、刹顶时存在顶板冒落伤人风险。

(4) 抬运架棚材料时配合不协调存在材料掉落伤人风险。

(5) 使用刚性支架，上梁人员少，存在掉梁伤人风险。

(6) 支护材料不合格、支架质量不符合要求，存在倒棚伤人风险。

(7) 作业时有瓦斯超限熏人或瓦斯爆炸伤人的事故隐患。

四、防范或应急处置措施

(1) 架设支架前必须先执行敲帮问顶，站在安全地点将活煤、活矸找掉。

(2) 必须在可靠的临时支护下进行永久支护，使用好前探梁临时支护，杜绝空顶作业。

(3) 作业前及时排除安全隐患，挖腿窝、背顶时必须有专人照看安全。

(4) 抬运架棚材料时，要协调配合，口号一致，同起同落，以防伤人。

(5) 架设刚性支架时，要5人以上配合上梁，以防掉梁伤人。

(6) 杜绝使用结构、形式、材质、规格等不符合设计和锈蚀严重及变形的金属支架，支架必须构件齐全，帮、顶背实刹牢，中心正、接口严、扎脚够，以防倒棚伤人。

(7) 工作面保持正常通风，有害气体浓度不超过《煤矿安全规程》规定，施工过程中保护好通风设施。

第九节　锚杆(索)支护工

一、岗位责任制

(1) 必须经过安全技术培训，考试合格，取得安全培训合格证，持证上岗。

(2) 认真执行“三大规程”，掌握作业规程主要内容，熟知锚杆(索)眼的布置参数、锚杆(索)施工的有关技术质量要求，并认真贯彻执行。

(3) 熟练掌握锚杆(索)机的操作要领，了解锚杆(索)机的工作原理。

(4) 工作中严格执行敲帮问顶制度，做好临时支护。

(5) 做好防尘工作，施工锚杆(索)眼时严禁干打眼。

(6) 做好施工区域文明卫生，做到文明生产。

(7) 做好工种协调，听从班组长安排，按正确的施工程序工作，确保施工质量与安全。

(8) 熟知锚杆(索)机使用的整体流程及异常信息的处理方法，操作期间严格按照规定站位，为个人和搭档的安全负责。

二、岗位作业流程标准

(一) 锚索支护作业

1. 作业流程

标记→开钻→安设钢绞线→安设锚索梁→张拉锚索。

2. 规范操作

(1) 根据措施规定确定眼位，做出明确标记。

(2) 竖起锚杆机，把钻杆插到钻杆接头内，定好眼位，使锚杆机和钻杆处于正确位置。

锚杆机开眼前，扶稳钻机，先升气腿，使钻头顶住岩面，确保开眼位置正确。

(3) 开钻。钻手要站在顶板支护完好处，双手紧握操作把手，分腿站立，身体保持平衡。先开水，后开风。开始钻眼时，用低转速，随着钻孔深度的增大，调整到合适转速。

(4) 锚杆机更换、续接钻杆时，要将压风量减到最小，使锚杆机低速转动，慢慢回落到最低位置，掌钎人拔下钻杆，再续接一根钻杆，然后撤到钻手身后侧负责监护，钻手继续升钻打眼至规定深度。

(5) 安设钢绞线。将锚固剂按顺序依次放入钻孔内，用钢绞线顶住锚固剂并送入眼底。

(6) 安设锚索梁。将锚索梁托起，串在钢绞线末端，锚索梁靠近岩面。在外露的钢绞线上安设索具，顶紧锚索梁。将张紧油泵顶套在钢绞线末端，开动油泵张拉钢绞线。

(7) 张拉锚索时，人员严禁站在张拉区下方作业。

(二) 锚杆支护作业

1. 作业流程

标记→打锚杆眼→安装锚杆、钢筋网。

2. 规范操作

(1) 根据锚杆间排距，拉三角线确定锚杆眼的位置，做出明确标记。按由上向下、由外向里的顺序打锚杆眼，先用短钎后用长钎续打，严格按锚杆长度打眼，确保眼深达到规定要求。

(2) 试运转：按照先开水、后开风的顺序进行试运转。定眼：扶钻人在风钻后侧面，手握把手，调整钻架(气腿)到适当高度。开眼：把凿岩机操控阀开到轻运转，待眼位稳定并钻进20～30 mm后，再把凿岩机操控阀开到中运转位置，直到钻头不易脱离岩口，再全速钻进。

(3) 更换打眼位置或移动调整钻腿时，将风钻停止运转。钻深眼时，采用不同长度的钻杆，开始时使用短钻杆，然后再用长钻杆。

(4) 锚杆眼打好后用吹杆将眼内的岩渣、积水吹干净，使孔壁清洁。

(5) 安设顶部锚杆时，按由上向下顺序逐棵进行。

(6) 安设钢筋网。按由顶部向下、先外后里的顺序安设两帮钢筋网，安设的钢筋网与上部和外部钢筋网按要求搭接。

(三) 支护锚杆扭矩测试作业

1. 作业流程

检查作业环境→检查工具→测试扭矩→收尾。

2. 作业标准

(1) 检查作业环境

检查作业区域内通风、瓦斯，确认通风良好，有害气体不超标，符合规定；检查作业区域内顶、帮支护，确认作业区域内顶、帮支护良好，无漏顶、片帮。

(2) 检查工具

检查扭矩扳手状况，扭矩扳手应状况良好，数据显示清晰。

(3) 测试扭矩

按照设计要求设置扭矩标准值；测量扭矩时，人员站稳扶好后开始测量，当听到咔咔声，测量合格。

（4）收尾

做标记，做记录，回收使用的检测工具。应做到被检测的锚杆标记清晰，记录数据准确、清晰、无涂改、无缺页，工具擦拭干净后放置到工具箱内。

（四）锚杆拉力试验作业

1. 作业流程

检查设备→实验选择→连接设备→测试拉力→收尾。

2. 作业标准

（1）检查设备

检查油量：逆时针方向打开拉力计手压泵的卸荷阀，使千斤顶中的液压油回到手压泵的油筒中，拧开油筒端的堵头，抽出油标检查，油位符合要求。

排气：液压油路系统连接好以后进行排气，把手压泵放在比千斤顶稍高的地方，摇动手压杆，使千斤顶活塞伸出，再打开卸荷阀，使活塞缩回，连续几次即可。

（2）实验选择

包括作业地点选择和锚杆选择。实验地点应尽量靠近掘进工作面，围岩较平整，未发生脱落、片帮等现象；选择外露不小于 25 mm，丝扣完好且安装时间大于 4 h 的锚杆。

（3）连接设备

安装锚杆拉力计。锚杆拉力计的加长杆拧到待测锚杆末端并上满丝，再套上衬套及千斤顶，使活塞伸出端朝外，拧紧螺母，最后用专用连接链将千斤顶与锚杆连接起来，确保锚杆拉力计油缸的中心线与锚杆轴线重合。

（4）测试拉力

操作手压泵。加压应缓慢均匀，一般不超过其额定值的 90%，当压力表上的读数达到规定的数值后停止，并填写记录。

（5）收尾

拆卸拉力计。逆时针方向缓慢松开卸荷阀，使压力表指针降到零位，千斤顶活塞全部缩回，将螺母拆除；把各部件从锚杆上卸下，将锚杆拉力计放回专用工具箱内。

（五）锚杆（索）测力计安装作业

1. 作业流程

作业前检查工作→作业前准备→确定位置→锚杆、锚索施工→安装锚杆、锚索测力计→收尾。

2. 作业标准

（1）作业前检查工作

① 检查作业场所通风及有毒有害气体，必须通风良好、有毒有害气体不超限。

② 检查作业场所支护，必须支护完好，无漏顶，无片帮。

（2）作业前准备

① 工器具准备齐全。

② 钻机连接完好，各部件灵敏可靠，运转正常。

(3) 确定位置

① 标定眼位。

② 点动钻机，压力由小到大递增。

③ 延接钻杆，钻孔深度到位后，关闭水阀退出钻机。

(4) 锚杆、锚索施工

① 安装锚固剂、锚杆、钢绞线。

② 锚固剂安装至孔底，操作钻箱缓慢搅拌钢绞线，边搅拌边推进，凝固时搅拌器顶住锚索，搅拌时间、凝固时间符合锚固剂参数要求。

(5) 安装锚杆、锚索测力计

① 安装测力计，锚杆、锚索压力表探头原则上和锚杆、锚索托盘锁具一起安装。

② 安装锚杆、锚索托盘并预紧，安装时，将传感器探头套在锚杆(锚索)上，上好螺母(锁具)，然后用螺母(锁具)逐渐紧固锚杆(锚索)并给定一个初压力。

③ 锚杆、锚索初始读数达到作业规程规定要求，锚杆压力表初压力不小于 28 千牛，锚杆扭矩不小于 120 牛米，锚索压力表初压力(锚索预紧力)不小于 80 千牛。

(6) 收尾

① 设置锚杆、锚索观测牌板，并进行编号，数据填写准确。

② 清理现场。

(六) 锚索张拉试验作业

1. 作业流程

作业前检查工作→作业前准备→连接设备→测试拉力→收尾。

2. 作业标准

(1) 作业前检查工作

① 检查作业场所通风及有毒有害气体，必须通风良好、有毒有害气体不超限。

② 检查作业场所支护，确认支护完好，无漏顶，无片帮。

(2) 作业前准备

① 压力表完好。

② 液压管路无破损变形，连接完好。

③ 张拉千斤顶伸缩灵活，张拉头防坠链牢固可靠。

④ 登高作业佩戴安全带。

(3) 连接设备

① 将张拉千斤顶与锚索进行连接。

② 拉力装置安装牢固，防坠链固定牢靠。

(4) 测试拉力

① 人员处于安全区域，严禁人员通行。

② 测试拉力符合要求。

③ 千斤顶活塞全部缩回，压力表指针降到零位。

(5) 收尾

① 回收存放张拉泵及油管。

② 现场杂物清理。

三、风险隐患

(1) 锚杆(索)支护工作面瓦斯、有毒有害气体超限，有人员中毒或瓦斯爆炸危险。

(2) 工作面顶板掉渣伤人的风险。

(3) 高压风、水伤人的风险。

(4) 钻眼机具倾倒及伤人的风险。

(5) 断钎伤人的风险。

(6) 不按施工顺序施工，有顶板冒落或帮部片落伤人的风险。

四、防范或应急处置措施

(1) 工作面保持通风良好，有害气体浓度不超过《煤矿安全规程》规定。

(2) 进入工作面后由外往里检查支护情况，发现失效支护立即处理，打锚杆、锚索眼前，首先敲帮问顶，处理顶帮危岩活矸(煤)，使用可靠的临时支护，杜绝空顶作业，确认安全后，方可按所点眼位进行钻眼。

(3) 高压风、水管路连接可靠，并按规定固定牢固，外接水源和风源在送入锚杆钻机前设有专用阀门，锚杆钻机开动前，控风、控水扳把应处于关闭状态，不用时及时关闭开关。

(4) 工作时钻机支腿必须平稳牢靠，不得支在活矸或物料上。

(5) 锚杆(索)机钻进过程中，钻杆与钻机保持直线。操作时其他人员要离开钻孔中心线，以防钻杆折断时发生意外。当钻机突然卡钻时，将产生较大的反转扭矩，操作者应精心操作，以防扭伤。

(6) 钻眼顺序应由外向里进行，先顶后帮，由上向下，布置一个锚杆眼后安装一根锚杆。

第十节　巷道维护工

一、岗位责任制

(1) 必须经过安全技术培训，考试合格，取得安全培训合格证，持证上岗。

(2) 认真执行“三大规程”，掌握作业规程主要内容。

(3) 熟练掌握巷道维修设备、工具的操作要领，了解设备、工具的工作原理。

(4) 工作中严格执行敲帮问顶制度，必须在支架完好或加固牢固的支护条件下作业，做好临时支护。

(5) 巷道维修工作必须在具有可靠的安全出口的条件下进行操作。

(6) 做好防尘工作，坚持工作地点附近 20 m 范围内巷道喷雾洒水制度，戴好防尘口罩。

(7) 巷道维修工作必须在通风良好的环境内进行，杜绝瓦斯超限。

(8) 做好施工区域文明卫生，做到文明生产。

(9) 做好工种协调，听从班组长安排，按正确的操作程序操作施工，施工期间站位要正确，确保施工质量与安全。

二、岗位作业流程标准

1. 作业流程

工作前准备→工作操作→工作后处理。

2. 作业标准

(1) 工作前准备

① 检查是否佩戴齐全个人防护装备，包括安全帽、安全鞋、手套等。

② 了解本次操作的详细步骤，做好工作计划和安全评估。

③ 检查安全绳、安全带和安全网是否都齐全并牢固。

④ 准备好维修工具和材料，如测量仪器、喷涂设备等。

⑤ 安装和调试好设备，确保各项设施运转正常。

(2) 工作操作

① 尽量遵守单向作业原则，一次只有一个维修工进入巷道内进行维修作业，其他人员负责外围保护和支援。

② 对于需要进入巷道内的操作，应在进入前对巷道进行检查并确保安全。

③ 在巷道内操作时，严禁随意移动或破坏围挡、搭设脚手架或梯子等线材辅具，以及打开通风口、爆破桩等有风险的设施。

④ 操作时应对安全带、安全绳和安全网进行正确佩戴和使用。

⑤ 操作过程中，如有发现危险情况应及时报告相关部门或人员，并采取紧急措施。

(3) 工作后处理

① 清理工作现场，严禁将维修废弃物随意扔放或堆放在巷道内或四周。

② 对维修设备和工具进行彻底的清洁和消毒，保持其使用效果和安全性。

③ 对于巷道内的环境和安全进行全面评估，确保下一阶段的工作能够安全进行。

三、风险隐患

(1) 巷修时，有通风不良造成有害气体超限使人员中毒窒息或者瓦斯爆炸的风险。

(2) 工作地点巷道支护条件差，支护变形严重，有漏煤(矸)冒顶倒架伤人的风险。

(3) 巷道维修时，因没有安全出口，冒顶时有人员被堵在无风巷道内的风险。

(4) 施工过程中敲帮问顶不彻底，有顶板掉渣或冒顶伤人的风险。

(5) 爆破后的残爆、拒爆未及时处理，存在崩人的事故风险。

(6) 维修完巷道后，顶板未背实或新老支架搭茬不严，造成压倒支架冒顶的风险。

(7) 木垛盘式反井维修时，有人员坠落受伤的事故风险。

(8) 在有车辆运输的巷道中进行巷修工作时，存在行车伤人的风险。

(9) 在有架空线的巷道中进行巷修工作时，存在操作人员触电受伤的风险。

四、防范或应急处置措施

(1) 修复旧巷道时，必须首先保证供风，开工前检查风筒、防尘装置等通风设备的完好情况，检查迎头瓦斯、各类气体的浓度符合《煤矿安全规程》规定后，方可操作，否则先处理完毕后再施工。

(2) 对支架进行维修和更换时，要事先对该地点进行加固，可靠安全长度不低于 10 m。

(3) 在维修巷道过程中，要保证安全出口及后路畅通，由外向里施工。检查维修井中各垛盘时，应由上向下逐架检查维修。

(4) 每班开工前，作业过程中，必须进行敲帮问顶工作。找顶顺序按着先外后里、先顶后帮的原则进行。敲帮问顶时人员要站在支护完好的地点，保持后路畅通。

(5) 爆破后爆破工、班组长要到迎头详细检查瓦斯、残爆、拒爆等，有问题处理好后再进行其他作业。

(6) 支架在更换完后，支架与顶帮之间的空隙必须塞紧背实。大冒顶处使用木垛接顶背实。在支架间安设牢固的撑木或拉杆。出班时新旧支架间茬口封严，场地清理干净。

(7) 木垛盘式反井维修时，维修人员必须佩戴安全带。

(8) 在有车辆运输的巷道中进行巷修工作时，要注意来往车辆。

(9) 在有架空线的巷道中进行巷修工作时，要首先切断架空线的电源，挂上停电牌，接上临时接地后，方可进行巷修工作。

第十一节　综掘机维修工

一、岗位责任制

(1) 经过培训考试合格，持证上岗。

(2) 熟悉“三大规程”和按有关要求规定进行作业；自觉接受安全检查和工作质量的检查验收；发现隐患及时采取措施处理；了解所用设备的性能。

(3) 整理维修工具、备品备件及有关维修资料和图纸；必须熟悉机组的结构、性能、工作原理，具有一定的机械、电气基础知识，掌握维修技术；维修时必须将综掘机截割头落地，并关闭机组的电源开关和断开隔离开关。

(4) 严格按规定对机组进行“四检”(班检、日检、旬检、月检)和维护保养工作；各种油脂牌号必须符合规定，油量合适，并有可靠的防水防尘措施；对机组的各系统、各种阀门、减速器等必须按照使用维修说明规定的程序进行维修；电气设备系统防爆性能必须良好，杜绝失爆；电机的运转和温度、闭锁信号装置、安全保护装置均应正常和完好。

(5) 机组在中、大修时，应按规定更换轴承、密封、油管；收拾整理好各种配件、工具；用棉纱将设备上的油脂擦干净；调试设备是否运行良好。

二、岗位作业流程标准

(一) 更换综掘机截割电机作业

1. 作业流程

检查作业环境→停机、停电→固定截割部→检查瓦斯浓度→开盖、验电、放电→拆卸冷却水管、电动机电源线→拆卸油管→拆除电动机→安装电动机→恢复油缸→恢复水管、电动机电源线→清理作业现场→检测瓦斯浓度→试运转→停机、停电。

2. 作业标准

(1) 工具、材料齐全可靠、符合要求;配件规格、型号符合要求。

(2) 停放位置顶板完好、无淋水、无片帮、底板平坦;用枕木垫实、垫稳;起吊锚杆(索)支护可靠。

(3) 综掘机隔离手把打到零位;电源开关闭锁、上锁、挂牌。

(4) 两台 10 t 手拉葫芦将截割部吊住;5 t 手拉葫芦把截割电机吊住。

(5) 用便携式瓦斯检测仪检查综掘机周围 20 m 范围内的瓦斯浓度,达 1%时禁止开盖。

(6) 接线腔盖要防爆面朝上放置;验电器符合电压等级要求;先接地,后放电。

(7) 水管做好标识,封堵接口;电缆接头做好标识;螺栓、紧固件放在专用盒内。

(8) 油管封堵,做好标识;手压泵连接可靠,无渗漏。

(9) 护板放置稳妥;紧固件放置在专用盒里;截割部放置平稳;电动机起吊平稳;电动机移至合适位置。

(10) 电动机起吊平稳;连接销轴安装到位;截割部与电动机安装到位;螺栓齐全、紧固。

(11) 油管连接可靠,无渗漏。

(12) 水管按标识连接正确;接线工艺符合要求;防锈油涂抹均匀,无失爆。

(13) 工器具无遗落;现场卫生干净整洁。

(14) 测量电机周围 20 m 范围内的瓦斯浓度,达 1%时禁止送电。

(15) 运行正常。闭锁、上锁。

(二) 综掘机液压系统检修作业

1. 作业流程

检查作业环境→检查油泵→检查各油缸→检查阀组→检查马达→检查油管接头、油嘴→停机、停电→检查油箱→检查阀块→检查管路→检查油缸、马达→清理作业现场→检测瓦斯浓度→送电→试运转→停机、停电。

2. 作业标准

(1) 准备工具材料齐全可靠、符合要求。

(2) 停放位置顶板完好、无淋水、无片帮、底板平坦;截割头落至底板。

(3) 油泵平稳、无异响。

(4) 油缸无内泄,无憋卡,端盖无泄漏。

(5) 操作阀动作灵活,无漏液、窜液;控制阀无漏液、窜液。

(6) 马达运转平稳、无异响。

(7) 油管接头、油嘴无漏油。

(8) 综掘机隔离手把打到零位;电源开关闭锁、上锁、挂牌。

(9) 油箱油位在油标尺刻度内;油质洁净,无变质。

(10) 阀块固定牢固,清洁。

(11) 管路悬挂固定牢靠，无破损。

(12) 工器具无遗落；现场卫生干净整洁。

(13) 使用便携式瓦斯检测仪检查设备周围 20 m 范围内的瓦斯浓度，达 1% 时禁止送电。

(14) 电源开关手把旋转到送电位置。

(15) 运行正常，无异响。

(16) 闭锁、上锁。

(三) 更换综掘机行走马达作业

1. 作业流程

检查作业环境→停机、停电→释放系统压力→拆除马达→安装马达→清理作业现场→检测瓦斯浓度→送电→试运转→停机、停电。

2. 作业标准

(1) 准备工具材料：3 t 手拉葫芦、套筒扳手、内六方扳手、撬杠、起吊索具等；配件规格、型号符合要求。

(2) 停放位置顶板完好、无淋水、无片帮、底板平坦。

(3) 综掘机隔离手把打到零位；电源开关闭锁、上锁、挂牌。

(4) 压力为零。

(5) 马达表面超过 45 ℃时，采取降温措施；油管接口无污染，标识清晰；连接件放置专用盒内；马达放到合适位置。

(6) 紧固件齐全、有效；油管安装正确。

(7) 工器具无遗落；现场卫生干净整洁。

(8) 使用便携式瓦斯检测仪检查设备周围 20 m 范围内的瓦斯浓度，达 1% 时禁止送电。

(9) 电源开关手把旋转到送电位置。

(10) 马达运转平稳、无异响。

(11) 闭锁、上锁。

(四) 更换综掘机履带板作业

1. 作业流程

检查作业环境→支撑机身→松履带→停机、停电→拆损坏的履带板→安装履带板→张紧履带→履带试运转→收尾。

2. 作业标准

(1) 准备工具、材料：专用检修工具、手拉葫芦、半圆木等。

(2) 顶、帮支护完好，无淋水。

(3) 履带离开地面 5～10 cm；履带充分伸展；垫木牢固可靠。

(4) 履带松弛状态以满足作业要求为准，不宜过度。

(5) 综掘机断路器断电、闭锁、上锁、挂停电牌；电控开关停电、闭锁、上锁、挂停电牌。

(6) 拆除期间保证履带固定牢固。

(7) 履带板安装使用符合作业要求;连接销安装位置准确。

(8) 履带松弛度符合综掘机操作要求。

(9) 履带运转无异常。

(10) 工器具、材料清理。

(11) 综掘机行走部平稳落地;停泵→断电→闭锁→上锁→挂停电牌。

(五) 综掘机日常机械作业

1. 作业流程

检查作业环境→检查截割部运转情况→检查行走部件运转情况→检查装运部运转情况→停机、停电→检查行走部件→检查油液→清理作业现场→检测瓦斯浓度→送电→试运转→停机、停电。

2. 作业标准

(1) 工具、材料齐全可靠、符合要求;配件规格、型号符合要求。

(2) 停放位置顶板完好、无淋水、无片帮、底板平坦;截割头落至底板。

(3) 油缸无泄漏;喷嘴齐全、有效。

(4) 履带张弛适度;驱动轮、支撑轮运转平稳,无噪声。

(5) 装运部运转平稳,无卡阻;刮板无缺失,链条张紧适度;油冷滚筒完好、不漏油,输送带不跑偏、滚筒转动灵活。

(6) 综掘机隔离手把打到零位,电源开关闭锁、上锁、挂牌。

(7) 履带、销子齐全,无损坏。

(8) 油位符合要求,油质洁净,无污染。

(9) 工器具无遗落,现场卫生干净整洁。

(10) 使用便携式瓦斯检测仪检查设备周围 20 m 范围内的瓦斯浓度,达 1%时禁止送电。

(11) 电源开关手把旋转到送电位置。

(12) 运行正常,无异响。

(13) 闭锁、上锁。

(六) 综掘机更换截齿作业

1. 作业流程

检查作业环境→准备工具→退机→检查截割部→更换截齿→清理现场。

2. 作业标准

(1) 作业场所支护完好,无漏顶、无片帮。

(2) 专用工具(卸截齿专用工具、手锤、克丝钳、尖嘴钳、护目镜)齐全、完好;劳动保护用品(防砸靴、护目镜等)齐全完好。

(3) 将综掘机退至顶帮支护完好、无淋水、底板平整的地点,截割头抬升到距离底板 300 mm 的地方,停泵、停电、闭锁、上锁、挂停电牌。

(4) 齿座完好,无磨损现象;截齿缺少或截齿无合金头的数量不超过 2 个,不转动数量不超过5个；截割部整洁无杂物。

(5) 使用专用工具取出磨损的截齿，齿套孔干净整洁；新截齿卡子牢固，能自由转动。

(6) 新旧截齿分类存放；工具摆放整齐，现场无杂物。

（七）更换综掘机截割部调高油缸作业

1. 作业流程

检查作业环境→停机、停电→拆卸油管→拆卸旧油缸→安装新油缸→连接油管→清理作业现场→检测瓦斯浓度→送电→试运转→停机、停电。

2. 作业标准

(1) 工具、材料齐全可靠、符合要求；配件规格、型号符合要求。

(2) 停放位置顶板完好、无淋水、无片帮、底板平坦；截割部抬至适合位置，用枕木在截割部下方垫严、垫稳。

(3) 综掘机隔离手把打到零位；电源开关闭锁、上锁、挂牌。

(4) 保持管路清洁，标识准确。

(5) 销轴等放置到专用盒里；油缸移至指定地点。

(6) 销轴安装到位，连接可靠。

(7) 油管连接正确，保持清洁。

(8) 工器具无遗落；现场卫生干净整洁。

(9) 使用便携式瓦斯检测仪检查设备周围20 m范围内的瓦斯浓度，达1%时禁止送电。

(10) 电源开关手把旋转到送电位置。运行正常。闭锁、上锁。

三、风险隐患

(1) 停机后未闭锁掘进机、截割头未落地、未停电闭锁。

(2) 局部油管外皮破损，未及时更换。

(3) 铲板检修时，截割头升起未用道木及其他垫块进行支撑。

(4) 检修液压元件时未先对液压系统进行卸压。

四、防范或应急处置措施

(1) 停机检修，掘进机退出迎头5 m，检修时必须停电闭锁，打开隔离，拔出隔离手柄，加设护罩。

(2) 掘进机外皮破损液管要及时更换，连接头密封圈要经常检查，保证其完好。

(3) 铲板检修时，截割头升起必须用道木及其他垫块进行支撑。

(4) 在检修前专人进行卸压确认，确认卸压后方可工作。

第十二节　带式输送机司机

一、岗位责任制

(1) 负责开、停带式输送机的操作和简单的维护工作，协助其他带式输送机运行完成出煤任务,对设备的平安运行负责。

(2) 熟练掌握煤矿"三大规程",负责进行设备检查、监视,使设备平安正常运行,具有一定的判断、处理问题的能力。

(3) 严守工作岗位,遵守劳动纪律,严格执行各项规章制度及规程,检查巡视设备,根据设备运行状况及时做好记录。

(4) 严格交接班制度,严禁早退和迟到。

(5) 值班司机在巡查过程中,要充分利用各种手段,及时发现问题及时处理,遇有重大问题及时汇报跟班队、班长领导,并采取相应应急措施。

(6) 交班前,交班司机应认真填写交接班记录,并将本班所进行的操作及事故、异常情况及采取的措施,详细地记入交接班记录。

(7) 交接班前应进行一次卫生清扫工作,将带式输送机机头硐室及设备清扫干净,以整洁的面貌交接班。

二、岗位作业流程标准

1. 作业流程

交接班→启动→正常运行操作→特殊操作→机头喷雾开停→处理输送带跑偏→处理堆煤→清理浮煤→清理机头水煤→停机。

2. 作业标准

(1) 交接班

① 询问设备运行情况,设备运行情况是否正常;询问故障情况和处理措施,存在故障情况及建议处理措施,有记录;询问遗留问题,存在哪些遗留问题,有记录。

② 检查作业区域支护,作业区域围岩支护良好;检查作业区域卫生,作业区域卫生整洁;检查工器具,工器具齐全、完好。

③ 检查电机、减速器、耦合器,电机、减速器、耦合器运行无明显升温及振动,减速器接合面密封完好、无漏油,仪表显示正常,油质无变质;检查转动部位护网、护罩,转动部位护网、护罩齐全,固定牢靠;检查轴承,轴承无异响,温度正常;检查滚筒包胶,包胶完好无脱落。

④ 检查张紧绞车、钢丝绳、润滑,张紧绞车正常、钢丝绳无断丝、润滑良好。

⑤ 检查清扫器、挡煤皮子与带面接触,清扫器、挡煤皮子与带面接触良好、固定牢固;检查除铁器,除铁器运行正常;检查缓冲床,缓冲床磨损不超限,缓冲托辊转动灵活;检查各类保护,各类保护齐全完好。

⑥ 检查不能立即处理的问题,不能立即处理的问题,请示值班调度,接受处理措施和建议,做好记录;检查事故隐患情况,上一班的事故隐患情况必须有详细记录。

⑦ 接班人员对上班情况确认后在交接记录本上签字,完成交接,记录填写认真,字迹清晰,内容完整,无涂改,无缺项。

(2) 启动

① 确认前部带式输送机运行情况,前部带式输送机运行正常;询问机尾是否允许起

车，确认机尾允许启动；摘牌，摘除警示牌；控制开关手把打到运行位置，解锁送电；打开降尘喷雾装置，降尘喷雾正常。

② 发出开车信号警示，警示带式输送机周围人员；按下启动按钮，带式输送机正常运行。

③ 观察设备运行情况，运行正常。

（3）正常运行操作

① 检查电机、减速机、耦合器，电机、减速机运行无明显升温及振动，仪表显示正常，油质无变质；检查驱动滚筒、接合面密封，减速器接合面密封完好、无漏油；检查转动部位护网、护罩，转动部位护网、护罩齐全，固定牢靠；检查滚筒包胶，包胶完好无脱落。

② 检查张紧绞车、钢丝绳、润滑，张紧绞车、钢丝绳无断丝、润滑良好。

③ 检查托辊、托辊架、紧固件等，托辊转动灵活，无异响。托辊架无脱落、变形、开焊，紧固件无松动；检查输送带跑偏、输送带接头，输送带无跑偏、钢丝绳头无翘起、输送带无毛边，接头完好；检查喷雾设施，喷雾设施雾化效果良好；观察输送带，输送带上无杂物；检查除铁器，除铁器上无大件；检查各类保护，保护完好；检查巷道支护、行人过桥，巷道支护良好，过桥稳固。

④ 检查清扫器、挡煤皮子与带面接触，清扫器、挡煤皮子与带面接触良好、固定牢固；检查除铁器，除铁器运行正常；检查缓冲床，缓冲床磨损不超限，缓冲托辊转动灵活；检查各类保护，各类保护齐全完好。

⑤ 填写运行记录，记录填写认真，字迹清晰，内容完整，无涂改，无缺项。

（4）特殊操作

① 查找防滑保护动作原因，处理打滑故障，清理驱动滚筒泥水。

② 停车检查纵撕、沿线急停、带式输送机连锁保护动作原因。

③ 查找超温、烟雾保护动作原因。

④ 欠压保护动作停车，过流保护动作停车和单相断线保护动作停车。

⑤ 设备闭锁，闭锁带式输送机、挂警示牌；检查发生报警地点，确认存在问题。

⑥ 汇报存在问题。

（5）机头喷雾开停

① 检查进风管路、进水管路、喷头、控制闸阀，确认进风管路和进水管路通畅，喷头和控制闸阀完好。

② 检查传感器，确认传感器安装位置正确；检查电控装置，确认电控装置运行正常；检查水管，确认管路通畅。

③ 手动/自动打开喷雾装置的控制闸阀/电磁阀，观察喷雾装置，确认喷雾装置雾化正常。

④ 关闭进风阀、进水阀，关闭电磁阀，确保关闭严密。

（6）处理输送带跑偏

① 准备手锤、撬杠、大锤、扳手等工具。

② 检查跑偏保护动作原因和跑偏保护安装位置。

③ 调整滚筒，保证滚筒表面不粘料、包胶完好；安装位置准确，确保平行度合适。

④ 调整托辊，缓慢垫高跑偏方向另一侧的托辊支架，垫高程度以第一个垫起的托辊为准，按“跑高不跑低”规律；检查托辊表面粘料，确保表面无粘料；检查落料，确保落料位置正确；检查机架平直，确保机架平直；检查输送带接头，确保完好。

⑤ 作业结束后整理工具，确保工具无遗漏。

(7) 处理堆煤

① 准备铁锹、大锤等工具。

② 闭锁带式输送机并上锁、挂牌。

③ 确认堆煤保护动作原因；检查堆煤保护传感器安装位置，更正传感器安装位置。

④ 解除带式输送机闭锁，带式输送机恢复运行。

(8) 清理浮煤

① 准备铁锹、扫把、垃圾收集箱等工器具。

② 按下停车按钮，开关手把打到零位，闭锁，悬挂“清理浮煤，有人工作，不准送电”警示牌。

③ 机头、机尾、机身下、清扫器及巷道浮煤清理干净。

④ 向调度汇报清理情况。

(9) 清理机头水煤

① 向调度汇报水煤量和水煤引起的打滑情况。

② 停机，使用工具清理水煤，将水煤清理干净。

③ 送电开车，正常运行。

(10) 停机

① 停止给煤，拉空载煤。

② 发出停车信号，顺煤流逐台停车，按下停车按钮，开关手把打到零位，闭锁。

③ 清理作业区域卫生，确保作业区域整洁、无杂物。

④ 清点专用工具，确保工具齐全完好。

⑤ 填写设备运行记录。设备运行记录填写认真、准确，字迹清晰，无涂改，无缺项。

⑥ 汇报本班工作情况，向区队值班人员汇报不能立即处理的问题，接受处理措施和建议，详细记录；汇报本班的事故隐患情况，详细记录。

三、风险隐患

(1) 接班人不准时进入接班地点，易出现精力分散，造成伤害。

(2) 未对上班带式输送机运行情况及存在的问题进行了解，易发生事故。

(3) 未按规定穿着劳保用品，衣物易卷入设备造成人员伤害。

(4) 未开机进行设备检查，带隐患作业致使设备损坏。

(5) 未注意工作场所周围顶帮支护情况，易造成片帮掉顶伤人。

(6) 输送带张力不适宜，易造成断带等多种危害。

(7) 托辊与输送带接头存在问题，易造成断带，输送带跑偏掉煤等事故。

(8) 电机、减速器、联轴器存在隐患,易造成设备设施的损坏,液力偶合器漏液会造成工作介质缺失无法满足驱动要求。

(9) 落煤点偏斜不正,易造成输送带上煤不正、跑偏、掉煤等事故,机尾架不完好易造成对输送带接头挂卡造成断带。

(10) 转动部位防护装置不齐全,易造成人员伤害。

(11) 检查液力偶合器时未避开放气孔并对其进行放气,易发生高温油液喷出伤人。

(12) 没有配齐消防灭火设施,当发生意外火灾事故时,不能及时灭火。

(13) 交接班时未对设备进行试运转,易产生事故。

(14) 浮煤过多将托辊埋压,易造成托辊与浮煤摩擦发生火灾。

(15) 带式输送机运行时未将防尘装置开启,易产生大量煤尘,易导致看护人员患尘肺病,大量的煤尘还易造成煤尘爆炸,影响矿井安全。

四、防范或应急处置措施

(1) 准时进入规定的接班地点。

(2) 接班司机向上班了解设备运行情况、出现的问题及其处理措施和过程,遗留问题,本班注意事项等。

(3) 司机进入工作岗位后着装要整齐。

(4) 在上班司机的配合下,认真对带式输送机进行检查。

(5) 检查带式输送机机头顶帮支护完好情况。

(6) 人员站在输送带张紧装置前,查看输送带贮存仓内的输送带储存状况,检查张紧跑车是否牢稳,拉紧滚筒上输送带是否跑偏。

(7) 检查输送带托辊完整完好情况,输送带连接卡子完整完好情况。

(8) 检查者站在输送带电机一侧,逐一检查电机、减速机及液力偶合器的完好、信号灵敏情况和各种输送带保护情况,发现有问题及时处理。

(9) 检查前部带式输送机尾架是否完好、弹性托辊的完整情况,转载点和落煤是否适宜。

(10) 检查前部带式输送机尾滚筒的完好情况,清带装置的工作情况以及防护栏的完好情况。

(11) 检查液力偶合器时必须先放气,放气过程中,操作人员必须避开气流方向,防止高温油液喷出伤人。

(12) 检查各转载点沙箱、灭火器,必须达到完好要求。

(13) 带式输送机司机将带式输送机各部的检查情况收集后,上下两班一起对设备进行试运行。

(14) 输送带架子底下浮煤必须清理干净,不得把托辊埋住。

(15) 操作人员在设备试运行正常后,打开机头的喷雾灭尘装置。

第十章 机电作业岗位应知应会知识

第一节 矿灯管理工

一、岗位责任制

（1）矿灯工要详细询问上班矿灯工充电架运行情况，事故、隐患处理情况及遗留问题。矿灯工要查看矿灯发放及矿灯考勤簿，核对矿灯数量，对未收回的矿灯数做好记录。

（2）矿灯工仔细检查充电架仪表指示，充电架干净卫生，矿灯清洗干净，透气孔无堵塞。矿灯工检查矿灯完好性及防爆性能，灯锁、灯圈、玻璃、灯线等零件无破损，灯头密封良好，矿灯闭锁装置保护有效，灯头及电池外壳无破裂，检查红灯、灭灯情况，电池无漏液，无短路，无接触不良，无灯泡闪动或不亮等现象，如有问题应及时修理或报废，不能处理的问题由交班人员及时向分管领导汇报。

（3）矿灯工每班应擦拭一次充电架及矿灯，应保持充电架清洁，每半年检修一次。

（4）矿灯工应穿耐酸工作服，维修人员在操作时应戴耐酸手套、胶鞋、围裙及护目镜等劳保用具。

（5）矿灯工对交回的矿灯必须清洗，处理堵塞的透气孔，并进行下列检查：灯锁、灯头开关、灯圈、玻璃、灯头壳及灯线等零件无损坏，矿灯的闭锁装置有效，灯圈无松动；电池槽无破损、漏液、变形，无短路，无红、灭灯现象，无接触不良、灯泡“闪动”现象，保护装置齐全、可靠；矿灯工对查出的问题必须及时处理并详细记录后对号上架充电，记录月底报机电科。在每次换班 2 h 内，矿灯工必须把没有还灯的人员及所在单位名单报告矿调度室，并详细在矿灯考勤簿上做好记录。

（6）领到新矿灯后应开箱检查箱内所附防爆检验合格证、煤安标志准用证、说明书、出厂合格证和装箱单是否齐全，并检查每盏矿灯零件有无损坏松动现象。检查无误后按使用要求编制灯号，并做好新矿灯投运记录。将调节充电器旋钮旋至最低位置，打开电源开关，指示灯亮。根据充电架矿灯编号，依次将矿灯按编号上架，把灯头充电插头孔插到充电架上的充电插头上，顺时针旋转 180°，使充电回路接通。当每盏矿灯都接通后，调整整流器电压，使充电电流始终保持额定值，进行充电，充电指示器的指针应有偏转。各种型号矿灯按照规定时间、电压、电流充电。充电后放置 2 h 进行第 1 次放电检查，达到 11 h 后，即可用规定电压充电 15 h 后，转入使用。充电指示器的指示不偏转时，必须立即查明原因，处理好后再进行矿灯初充电。

（7）将矿灯对号入座，依次放到充电架上，关闭矿灯的开关，并把灯头充电插头孔插到充电架上的充电插头上，顺时针旋转 180°。充电指示器有指示，正常充电。如充电指示器无指示时，应查明原因，及时处理。充电时，必须经常巡视并随时调整电压，使充电电压始终保持在规定范围内。在充电过程中，电源突然中断时，应及时将灯头逆时针旋转 180°断电。

(8) 发出矿灯，收回灯牌后，及时将灯牌挂在领取矿灯牌号对照表相应位置(实行自主管理的除外)，并在矿灯考勤簿上详细记录。矿灯有下列情形之一时，不得发出使用：① 电解液溢漏。② 灯头、灯盖锁失灵。③ 玻璃、灯线、灯盒、灯头破损。④ 灯头密封不严，灯圈松动。⑤ 接触不良有闪动。⑥ 充电不足，灯不亮。矿灯工对充电设备和矿灯要经常检查，发现问题要及时处理。

(9) 用三角套扳手拧松三角保险螺钉，取下灯头圈、灯面玻璃、灯泡、反射器等后，查看灯头内部情况。检查灯头开关、灯头座、电缆等有无松动。用对应螺丝刀将帽挂钩螺钉旋下，取下帽挂钩保险弹簧片、充电开关和衬片，检查充电触头，如充电触点和充电螺钉有松动现象，应进行检修。用扳手旋下电缆固定螺母，用螺丝刀旋下电缆端部的焊片即可从灯头上取下电缆。发现有损坏现象时，应将损坏部分剪掉，用剪刀将电缆端部护套割去 30 mm，在距割掉电缆护套端 8 mm 处用手钳将新轧头轧紧，套上橡皮垫圈，使它位于轧头和固定螺母之间，然后用扳手将固定螺母装在灯头上拧紧，电缆端部分别焊上焊片，套上套管并与灯头内的正负极接通。更换灯泡时，应检查灯口丝扣处是否清洁光亮，灯泡装上后应将灯泡拧紧放松数次，以检查灯头自动断电性能。拆卸时用对应螺丝刀将上盖侧面的锁盖螺丝拧松，取下锁盖和螺盖螺丝，这时盖身即可取下。检查完毕后，将盖身放在蓄电池的顶部，固定好锁盖，拧紧锁盖螺丝，上盖即装配完毕。

二、岗位作业流程标准

1. 作业流程

接班→发灯→收灯→修灯→充电→巡回检查→清理卫生及交班。

2. 作业标准

(1) 接班

① 清理杂物，整理备件，工作场所备件摆放整齐、无杂物。

② 检查矿灯及充电设备，设备绝缘良好，外壳不漏电。

③ 注意观察上方有无杂物，2 m 以上高处无杂物。

(2) 发灯

① 发灯时，轻拿轻放，精力集中，动作协调。

② 由充电架上取下矿灯，设备绝缘良好，外壳不漏电。

③ 取下矿灯到发灯窗口发灯，备件摆放整齐，无杂物、无积水。

④ 取下矿灯，交使用人员。精力集中，爱护矿灯，轻拿轻放。

(3) 收灯

① 收灯时，轻接轻放，精力集中，动作协调。

② 将矿灯拿到充电架上充电，备件摆放整齐，无杂物、无积水。

(4) 修灯

① 搬运矿灯,进行修理。动作协调,轻拿轻放。

② 使用专用工具,修理矿灯。正确使用工具,动作协调。

(5) 充电

① 搬运矿灯,到充电架上充电,备件摆放整齐,无杂物、无积水。爱护矿灯,轻拿轻放。

② 灯头上插孔插到充电插头上,顺时针旋转 180°。设备绝缘良好,外壳不漏电。精力集中,动作协调。

③ 观看电流表指示。

(6) 巡回检查

① 清理杂物,整理备件,工作场所备件摆放整齐、无杂物。

② 检查矿灯充电设备,设备绝缘良好,外壳不漏电。

③ 注意观察上方有无杂物,2 m 以上高处无杂物。

(7) 清理卫生及交班

① 清理杂物,整理备件,工作场所备件摆放整齐、无杂物。

② 检查矿灯充电设备,设备绝缘良好,外壳不漏电。

③ 注意观察上方有无杂物,2 m 以上高处无杂物。

三、风险隐患

(1) 走动摔伤;设备漏电伤人;物体下落伤人等风险。

(2) 矿灯磕手碰脚、工具伤人等风险。

(3) 矿灯损坏风险。

四、防范或应急处置措施

(1) 备件摆放不整齐或有杂物不得交接班,维护工每日检查维护,清除高处杂物。

(2) 班组长现场检查,维护工每日检查、维护,备件摆放整齐,有杂物、积水不得进行后续工作,管理人员、班组长现场检查。

(3) 管理人员现场检查,严格执行岗位操作规程。

(4) 备件未放整齐,有杂物、积水不得进行后续工作。

(5) 现场提醒,管理人员现场监督。

(6) 备件摆放不整齐或有杂物不得接班,维护工每日检查维护,清除高处杂物。

第二节 地面变配电工

一、岗位责任制

(1) 上班期间不准会客,不准睡觉,持证上岗,工作服穿戴整齐,不准穿高跟鞋和拖鞋。

(2) 爱护设备及公共财物,经常保持设备和工作地点的清洁卫生。

(3) 熟悉设备性能,严格执行刀闸操作规定和值班制度。

(4) 掌握设备运行状态,观察仪表变化情况,每小时巡回检查一遍,发现问题及时与维修电工联系处理;认真填写各项记录。

(5) 配电工停送电时必须穿戴好劳动防护用品，正确使用绝缘用具。

(6) 配电工停送电时，必须按停送电顺序操作。停电顺序：① 先停低压，后停高压；② 先停断路器，后停隔离开关。送电顺序：① 先送高压，后送低压；② 先合隔离开关，后送断路器。

(7) 高低压设备停电检修时应悬挂“有人工作，禁止合闸”牌。

(8) 停送电时必须“一人操作，一人监护”，操作和监护人员必须精力集中。

(9) 高压开关自动跳闸时，由电工先检查地面供电设备，确认无故障后先试送电一次，并注意电流表动作情况，若送不上应立即向机电科、调度室汇报，故障排除后方可送电。

(10) 变电所高、低压开关跳闸时，应先断开相应高、低压开关，配合电工做详细检查，故障排除后先合高压开关后合低压开关，送电时向调度室汇报，由调度室通知方可送电。

(11) 值班过程中，发现变压器突然漏油或出现异常时应立即汇报电工及机电科，及时安排处理。

(12) 检修结束后，必须经由部门负责人或电工认真检查确认无误后方可送电，并及时清理工作地点的工具和卫生。

二、岗位作业流程标准

1. 作业流程

操作前准备工作→正常操作→收尾工作。

2. 作业标准

(1) 操作前准备工作

值班人员上岗后应按照以下内容进行交接班，并做好记录：

① 检查电气设备上一班的运行方式、倒闸操作状况、供配电线路和变电所设备发生的异常状况。

② 了解上一班发生的事故、不安全状况和处理经过，因事故停止运行不准送电的开关。

③ 了解上一班内未完成的工作及注意事项，特别是上一班中停电检查的线路、有关设备状况；尚未结束的工作，仍有人从事电气作业的开关、线路及作业联系人。

④ 阅读上级请示、操作命令和有关记录。

⑤ 检查各线路的运行状态、负荷状况、设备状况、通信是否正常。

⑥ 检查仪器仪表、保护装置是否正常。

⑦ 盘点工具、备件、消防器材和有关技术资料。

⑧ 接班人员应在上一班完成倒闸操作或事故处理，并在交接班记录簿上签字后方可接班。

(2) 正常操作

1) 35 kV、6 kV 户内铠装移开式金属封闭开关柜操作顺序

① 停、送电前必须检查以下部位：上、下隔离开关是否在合位；储能开关是否在合位，储能指示灯是否亮；是否合上控制开关；手把是否在工作位置。

② 停、送电操作方式：后台监控电脑操作；模拟屏上操作；测控保护柜操作；开关柜上手

动操作。

③ 送电操作顺序：将断路器航空插座插好，合上合闸交流小母线空气开关；关好断路器室门，将手车摇到工作位置；将操作面板上的转换开关打到“就地”合闸位置，合上断路器。

④ 停电操作顺序：将操作面板上的转换开关打到“就地”分闸位置，分开断路器；将手车摇到试验位置；合上接地开关；打开仪表室门，关掉合闸交流小母线空气开关；打开断路器室门，拔掉断路器航空插座。

⑤ 检修操作顺序：运用小车可将断路器拉出断路器室。可以打开后门进行检查（出线柜同进线柜有区别，出线柜断路器分闸后，断路器下端没电，进线柜下端仍有电，检修时应特别注意）。

2）变电站五防功能系统倒闸操作程序

① 检查模拟屏上设备与现场运行状态是否一致，如一致则进行下一步操作，如不一致在模拟屏上按“复归”键，重新设置设备运行状态，设置完成后按“复归”键。操作前按模拟屏上“模拟”键先进行模拟操作，在模拟操作过程中如出现模拟错误可按“回步”键，每按一次返回一次模拟操作。模拟完成后在模拟屏上按“操作”按钮，这时操作票会传到电脑钥匙上。

② 电脑钥匙接票后，可拿电脑钥匙去开关柜上和保护控制屏上进行操作。在后台监控电脑“35 kV 变电站电气一次主接线图”界面上进行遥控操作开关时，在电脑钥匙上选择“远方”功能（按电脑钥匙的右动态键），即可在后台监控电脑界面上进行操作；在保护屏上操作时，将转换开关打到“就地”位置，将电脑钥匙插到电编码锁上，不必须按电脑钥匙的任何键，即可进行操作保护屏上开关的合闸和分闸。上述任一种状况操作完成后对开关柜的机械锁解锁时，把电脑钥匙插入锁中，按电脑钥匙的“解锁”按钮，锁就会打开。操作完成后电脑钥匙上显示“电脑钥匙等待回传”，把电脑钥匙放到传输适配器上，操作票自动回传。

③ 电脑钥匙接完票后，如果要取消本次操作任务，可按电脑钥匙左动态键，选择“钥匙回传”，按右动态键，进入选择“终止回传”后，按右动态键确认。然后将电脑钥匙插到传输适配器上，电脑钥匙和模拟屏会同时自动完成清票程序。

④ 电脑钥匙操作过程中，电脑钥匙不能正常操作或不必须要操作某一步时，按左动态键返回到主菜单，选择“辅佐功能”按右键确认，选择“特别操作”，按确定后进入下一级菜单，选择“跳步操作”，将跳步钥匙插入电脑钥匙，等待 10 s 左右电脑钥匙长响一声后拔出跳步钥匙，随后进行下一步操作。

（3）收尾工作

① 按要求及时、清楚、完整、正确地填好各种记录，并将工具、记录及其他用品摆放整齐。

② 巡视室内外，对未完成的工作做具体记录，并向接班人交代清楚。

三、风险隐患

（1）未经培训合格上岗作业，操作失误，造成人员伤害及电气设备损坏。

（2）上班前喝酒，精神状态不佳，班中睡觉或擅离工作岗位，造成人员伤害及电气设备损坏。

(3) 停送电前未核对供电线路、开关编号，停错或送错开关及线路，造成人员伤害及电气设备损坏。

(4) 未按规定验电、放电、装设接地线，造成人员伤害及电气设备损坏。

(5) 巡回检查不到位，造成电气设备损坏。

(6) 停、送电时未戴绝缘手套、未穿绝缘靴或未站在绝缘台上，停送电顺序错误，造成人员伤害及电气设备损坏。

(7) 随意变更电气设备保护整定值，造成电气设备损坏。

(8) 高压开关带负荷拉隔离，造成电气设备损坏。

(9) 在开关设备跳闸后未查明原因强行送电，造成人员伤害及电气设备损坏。

(10) 未设专人联系停送电，约时停送电，造成人员伤害及电气设备损坏。

(11) 送电前，未向调度室汇报或联系用电单位，造成人员伤害及电气设备损坏。

四、防范或应急处置措施

(1) 必须经过专业技术培训，考试合格，持证上岗。

(2) 上班前严禁喝酒，班中严禁睡觉，坚守工作岗位。

(3) 停送电操作前，必须先核对停电或送电线路、开关编号。

(4) 开关设备停电后，必须使用电压等级相符且合格的验电器在三相导体上分别验电，验明无电，放电 10 min 后方可检修作业。

(5) 按照电气设备巡回检查制度及流程进行巡检，认真填写好记录，做好交接班。

(6) 停、送电时，必须戴绝缘手套、穿绝缘靴、站在绝缘台上操作，严格按照顺序操作。

(7) 变电工不得随意变更电气设备继电保护整定值。

(8) 严禁带负荷拉隔离开关。

(9) 在开关设备跳闸后，查明原因，符合送电条件，方可送电操作。

(10) 停送电操作，必须由专人联系，中途不得换人或预约送电操作。

(11) 送电前，必须向调度室汇报或联系用电单位。

第三节　电气焊工

一、岗位责任制

(1) 遵守劳动纪律，坚守工作岗位，积极工作，完成生产任务。

(2) 工作前检查好现场，及时清理易燃物，做好安全防护措施，检查各部位是否安全可靠，做到安全、文明生产。

(3) 做好作业前和作业后的安全检查，发现事故隐患立即排除或上报。

(4) 严格执行焊割规程及操作规程。

(5) 认真审阅、熟悉图纸、资料，如材料与图纸要求不符，无法解决所要求材料时，必须取得加工单位技术员的同意，方能选用代用料。

(6) 固定的焊接地点，应备有灭火器材，并妥善保管。

(7) 电焊工离开工作场所，必须停电，禁止无人操作时电焊把线带电。

(8) 若需要在井下大巷、硐室及井口进行焊接工作时，必须制定专项的安全措施，报总经理批准，并由总经理指定专人在现场检查和监督，施工人员要严格执行。

(9) 禁止焊接承受着压力的管路、容器等。焊接盛过易燃、易爆物品的容器前，必须对其进行彻底洗扫后方可进行焊接工作。

(10) 禁止穿湿衣服操作电焊，禁止在雪天、雨中或类似环境里进行焊接工作。

(11) 上班要精力集中，严防火灾、爆炸。乙炔罐、氧气瓶必须远离火源，两瓶按规定距离存放，如果不得已在太阳下暴晒要有防范措施，确保人身安全，保证工作顺利进行。

(12) 节约材料，达到物尽其用。

(13) 每次工作结束后，必须切断电源，清理现场，缆线盘于干燥处，清理好现场。

二、岗位作业流程标准

1. 作业流程

操作前准备工作→正常操作→收尾工作。

2. 作业标准

(1) 操作前准备工作

1) 电焊

① 使用电焊机前，选择焊条的规格型号，并根据实际材料合理调整电流，保证加工件的焊接工艺要求。

② 工作前要检查设备，尤其是电源与绝缘性能是否良好，并注意电焊机的声音、温度是否正常。

③ 焊接前检查所有焊接设备，包括电焊机、焊接工作台及其他金属设备的接地线完好情况。

④ 一次和二次线路，都必须绝缘良好。

⑤ 在电焊机送电前，必须详细检查各接线是否牢固可靠，是否有绝缘损坏短路、接触不良等现象，电焊钳是否完整无缺。

⑥ 电焊机要放置在易散热、无积水、无淋水的安全地点，同时采取防护措施防止人员触电。

2) 氧焊

① 检查气瓶及连接部分不得漏气。

② 橡胶软管不应有鼓包、裂缝或漏气现象，否则应将其损坏部分切掉，用双面接头管，并用夹子或金属绑线扎紧。

③ 焊枪连接必须严密，枪嘴如有堵塞，必须立即处理。

④ 氧气瓶口附件、皮垫及减压器上如有油污、污泥必须擦拭干净，氧气瓶、乙炔瓶不许碰撞，并严禁放在靠近热源的地方。

(2) 正常操作

1）电焊

① 操作时必须佩戴个人防护用品。

② 检查电焊机刀闸，整理电焊线路，电焊线回路应符合下列要求：绝缘良好、有足够的断面、地线与焊接件直接接触。

③ 电焊机刀闸等裸露带电体应有保护罩，手湿禁止触摸电源开关。

④ 雨天不准露天焊接，潮湿的地方穿上绝缘靴。

⑤ 电焊机空载电压和工作温度，不得超过该机允许规定。

⑥ 焊机接地（零）线、电源线及工作回线不得搭在易燃易爆物品上，不得接在管道及设备上代替地线或工作回线。电焊机绕阻绝缘不得有炭化、脆化、破损等缺陷，其绝缘不得小于1欧姆。

⑦ 当电焊机通电时，严禁触摸导电部分。

⑧ 进行焊接时，电焊工必须戴电焊面罩，使用专用的玻璃镜，在焊接时不准随意拿开焊帽，以免伤眼。

⑨ 焊接物件时必须用苛性钠或磷酸钠溶液将焊件表面油污洗净，用棉纱擦干净再施工。

⑩ 电焊设备的装设、移动、检查和修理，必须在切断电源的情况下进行。

⑪ 工作时不允许有重物压在电焊机电缆上。

⑫ 电焊机的电源线长度不得超过3 m，其外壳要有可靠接地。

⑬ 下列情况应拉刀闸：调整电流或修理时；电焊机温度达到80 ℃时，应停止工作进行降温；工作中断或停电。

⑭ 焊接工作地点如有火灾发生，首先切断电源，以免救火触电。

2）氧焊

① 操作前检查周围环境，氧气瓶、乙炔瓶距明火不小于10 m。

② 氧气瓶、乙炔瓶不许放在通道和存放油脂的地点，不许用火烤氧气瓶，乙炔瓶上面不许有电线。

③ 检查好胶管拉头、焊割把是否严密、牢固，胶管不许靠近火源和沾上油脂，氧气胶管与乙炔管不能互用。

④ 氧气瓶忌油，要有胶圈、保护帽，要轻拿轻放，要留0.05兆帕的底气。

⑤ 氧气减压表螺母在氧气瓶嘴上至少拧4～5扣，螺丝接头应拧紧，减压表调节螺丝应松开。

⑥ 慢慢打开氧气瓶阀门，检查减压器连接氧气瓶的接头是否漏气，表针指示是否灵活。开启氧气阀门时不要面对减压表。检查漏气时不得使用烟头或明火。检查合格后方可使用。

⑦ 检查嘴子有无阻塞现象，应用透针透通，但不得损坏孔眼的边缘。

⑧ 夏季炎热时氧气瓶不能暴晒。

⑨ 乙炔瓶、氧气瓶、胶管接头、阀门坚固牢靠，不准有松动、破损和漏气。氧气瓶及附件禁止沾油。

⑩ 焊工在进行工作的地点要有冷却水，以便冷却焊嘴和割嘴。

⑪ 焊枪和割枪点火时，应先开氧气阀门，再开乙炔阀门，立即点火然后调整火焰。熄火时与此相反，先关乙炔阀门，后关氧气阀门，以免回火。

⑫ 由于焊嘴和割嘴过热堵塞而发生鸣爆时，应快速先将乙炔气门关闭，再关闭氧气，然后放在冷却水中冷却。

⑬ 当发生回火时，立即关闭乙炔阀门，然后再关氧气阀门，严禁乙炔阀门和氧气阀门同时关闭。

⑭ 严禁用手或其他物体堵焊嘴或割嘴，以防止氧气倒流入乙炔瓶内。

⑮ 不准将点燃的焊具、割具随意放在热的工件上、工作地点或地面上。

(3) 收尾工作

① 工作结束后，及时切断电源并拆除电焊机电源。

② 整理工具、材料，清理现场，将气瓶及时回收。

③ 作业完毕后，对作业地点再次用水喷洒，并设专人观察，无异常后，方可离开。

三、风险隐患

(1) 氧气瓶、乙炔瓶两瓶存放距离不够，作业区域周围有明火、易燃易爆物品，瓶上仪表缺失、损坏，装置连接不密实、曝晒，剧烈碰撞造成爆炸、火灾。

(2) 高温火焰、焊件操作不当造成灼烫事故。

(3) 溅落的火花、防护缺失造成灼烫事故。

(4) 电能操作不当，造成触电事故。

(5) 金属烟尘、有毒气体、电弧光辐射通风不良及防护缺失造成吸入性伤害、中毒、灼伤、职业病。

四、防范或应急处置措施

(1) 氧气瓶、乙炔瓶使用时存放距离 5 m 及以上，不作业时存放距离 10 m 及以上；两瓶作业区域内 10 m 以内不得有明火；瓶上仪表清晰、灵敏，使用中要注意仪表上显示的瓶内压力指标低于额定压力指标不得继续使用；使用前可用肥皂水检验是否漏气，有遮阳放热措施，瓶上应有防震胶圈。

(2) 操作人员应佩戴面罩(护目镜)。

(3) 在刚施焊的金属材料处应提醒可能接近、接触的人员。

(4) 在高处进行电氧焊、割作业时，地面应有专人看护，并设警戒，铺溅落物垫板，配备灭火器、水、消防砂。

(5) 焊机外壳应有可靠的接地保护导体，在潮湿、金属容器内作业应穿绝缘鞋，移动式配电箱及各种保护装置齐全，线路穿越铁件应有可靠的保护。

(6) 提高焊接技术，改进焊接工艺和材料；改善作业场所的通风状况；加强个人防护措施(戴防护眼镜、面罩、口罩、手套，穿白色防护服、绝缘鞋，不穿短袖或卷起袖子，在通风条件差的封闭容器内工作，要佩戴使用有送风性能的防护头盔)；加强电焊作业场所的尘毒危害监测及电焊工的体检工作。

第四节　电气设备检修工

一、岗位责任制

(1) 认真学习和执行安全生产方针，遵守有关安全生产的法律、法规、条例和指令。

(2) 严格遵守劳动纪律和煤矿各项管理制度，服从班组长的指挥，按时参加班前会，做到坚守工作岗位，决不在工作期间脱岗、串岗、睡岗。

(3) 做好作业前和作业后的安全检查，发现事故隐患立即排除或上报。

(4) 必须熟悉和掌握本职内机电设备的结构、原理、性能、完好标准及常见事故处理方法。

(5) 严禁甩掉漏电、过流、接地、短路等各类保护装置。

(6) 检修电气设备必须严格执行停电、放电、验电制度并悬挂标志牌，严禁带电检修和移动电气设备。严格执行“谁停电、谁送电”原则。

(7) 必须对本职内机电设备进行巡回检查，发现问题及时处理，严禁带病运行。

(8) 搞好自主保安和互保联保，有权劝阻和纠正他人违章作业、冒险蛮干，有权拒绝违章指挥。

(9) 发现事故隐患或者其他不安全因素，立即向现场安全生产管理人员或者相关负责人报告，具有预防事故和应急抢险避灾能力。

(10) 积极参加各类安全生产教育和培训活动，掌握本职工作所需的安全生产知识，提高安全生产技能，掌握应急处置措施，增强事故预防和应急处理能力。

(11) 发现危及人身安全的紧急情况时，可以停止作业或在采取可能的应急措施后撤离作业场所。

(12) 按规定穿戴劳动防护用品，使用安全用具，会使用各类应急救援器材，掌握应急救护知识。

(13) 自觉接受各类安全监督检查。

(14) 认真填写本岗位各项记录。

(15) 负责工作区域内的机电、电气设备安全运行工作。

(16) 认真贯彻执行煤矿“三大规程”和井下电气作业的有关安全规定，不违章作业、不冒险作业。

(17) 严格执行作业规范程序，做好工作范围内的各种机电设备、缆线的日常维护保养、检修更换、故障处理和标准化工作，保证机电设备安全运行。

(18) 加强与相邻岗位及机电调度相互联动关系，确保停、送电工作安全可靠。

(19) 及时汇报工作中发现的异常情况。

(20) 依法接受专门培训，经考核合格取得操作资格证书，持证上岗。

二、岗位作业流程标准

1. 作业流程

准备工具器材→设备运行中检查→停电→验电、放电、挂停电牌→检修设备→施工验收→清理现场→试运行。

2. 作业标准

(1) 准备工具器材

① 搬运、装卸工具器材，明确专人，互相照顾。器材绑扎牢靠，人员动作协调。

② 工具、器材小心取放，传递谨慎。工具手持手柄、器材无毛刺、卷边，传递时手递手。

③ 注意路面，安全行走。路面清洁，无油腻及杂物。

(2) 设备运行中检查

① 清理杂物，整理备件，工作场所备件摆放整齐无杂物。

② 与设备运转部位保持距离，不得触摸运转部位。

③ 时刻注意上面有无异常，2 m 以上高处无杂物。

④ 检查电气设备外壳接地情况，电气设备外壳接地良好。

⑤ 躲开可能飞溅方向，连接件、紧固件齐全无松动。

(3) 停电

① 操作高压设备：穿戴绝缘用具，停电挂牌，绝缘用具穿戴齐全，停电闭锁，警示醒目。

② 操作低压设备：按下停止按钮，控制手把打到零位，确认挂停电牌。工作中必须接触的部分应有良好的绝缘。

③ 手握牢靠，缓慢用力。用力均匀，动作协调。

(4) 验电、放电、挂停电牌

① 停电、确认挂牌，验电笔必须合格。

② 检修前检查瓦斯，瓦斯浓度在 1%以下方可放电。

③ 验电、放电。放电时，先接接地端后接放电端。

(5) 检修设备

① 工具放置位置适当，利用工具操作时不得打滑。

② 返送电开关停电，挂停电牌，闭锁可靠，指示醒目。

③ 保持零部件平放，搬运零部件用力均匀。

④ 工作中互相照应，相互配合协调。

⑤ 根据现场实际选用仪表，正确使用仪表。

⑥ 先检查瓦斯浓度，瓦斯浓度在 1%以下时方可放电。

⑦ 检查清理台阶或平台，系安全带，精力集中，安全带拴紧系牢。

(6) 施工验收

① 清理杂物，整理备件，工作场所备件摆放整齐、无杂物。

② 与设备运转部位保持距离，不得触摸运转部位。

③ 躲开可能飞溅方向，运转部件连接紧固。

(7) 清理现场

① 先看清路线及周围设施，车辆停稳后上下。

② 看清路面，慢行，无油腻及异物。

(8) 试运行

① 确认所操作设备,听指令操作,精力集中,操作准确。

② 与设备运转部位保持距离,不得触摸运转部位。

③ 躲开可能飞溅方向,运转部件连接紧固。

三、风险隐患

(1) 搬运、装卸时伤人,检查时伤人,滑倒或绊倒。

(2) 走动摔伤,设备刮伤,物体下落伤人,漏电伤人,零部件弹伤、溅伤。

(3) 外壳漏电伤人,碰伤。

(4) 未停电检修电伤、烧伤,瓦斯、煤尘爆炸,验电放电时电伤、烧伤。

(5) 工具滑脱伤人,返送电伤人,零部件脱落伤人,多人工作时配合不协调伤人,测量仪表使用错误伤人,瓦斯、煤尘爆炸(井下),高处坠落伤人。

(6) 走动摔伤,设备刮伤,零部件飞溅伤人。

(7) 碰伤,摔伤。

(8) 触电,设备刮伤,零部件飞溅伤人。

四、防范或应急处置措施

(1) 明确专人指挥,施工负责人现场监督,管理人员跟踪检查,清理地面。

(2) 备件摆放不整齐或有杂物不得进行后续工作,转动部位安设护罩或遮栏。清除顶帮活渣。维护工每日检查设备外壳接地情况及紧固情况。

(3) 维护工每日检查,杜绝漏电,精力集中,认真操作。

(4) 定期对验电笔进行检验,接地端未连接不得放电操作,必须携带便携式瓦斯检测仪。

(5) 操作时必须精力集中,管理人员及工长现场检查,参与人员协调一致,专人统一指挥,携带便携式瓦斯检测仪。

(6) 备件摆放不整齐或有杂物不得进行后续工作,转动部位安设护罩或遮栏,维修工每日维修。

(7) 现场提醒,管理人员现场监督。

(8) 使用合格绝缘用具,施工负责人现场监督,转动部位安设护罩或遮栏,维修工每日维修。

第五节 机械检修工

一、岗位责任制

(1) 持证上岗,在检修班长和专工的领导下,对所管辖设备负全面责任。

(2) 每天对设备巡检不低于 2 次。

(3) 对所管辖设备及区域的运行状况必须心中有数。

(4) 对每月的检修任务必须按要求完成。

(5) 积极主动配合同事完成各项工作。

(6) 对所管辖设备必须不断地完善,提供合理化建议。

(7) 严格遵守公司、班组的各项规章制度。

(8) 及时做好设备的检修记录。

(9) 每次检修做到工完料尽场地清。

(10) 按时参加公司、班组的各项活动。

(11) 保证所管设备的完好率95%以上,泄漏率低于2%。

二、岗位作业流程标准

1. 作业流程

准备工具器材→设备运行中检查→检修设备→施工验收→清理现场→试运行。

2. 作业标准

(1) 准备工具器材

① 搬运、装卸时明确专人,互相照顾,器材绑扎牢靠,人员动作协调。

② 工具、器材小心取放,传递谨慎,工具手持手柄、器材无毛刺、卷边,传递时手递手。

③ 注意路面,安全行走,路面清洁,无油腻及杂物。

(2) 设备运行中检查

① 清理杂物,整理备件,工作场所备件摆放整齐无杂物。

② 与设备运转部位保持距离,不得触摸运转部位。

③ 时刻注意上面有无异常,2 m以上高处无杂物。

④ 检查电气设备外壳接地情况,电气设备外壳接地良好。

⑤ 躲开可能飞溅方向,连接件、紧固件齐全无松动。

(3) 检修设备

① 工具放置位置可靠,利用工具操作时不得打滑。

② 保持零部件平放,搬运零部件用力均匀。

③ 工作中互相照应,相互配合协调。

④ 检查清理台阶或平台,系安全带。精力集中,安全带拴紧系牢。

(4) 施工验收

① 清理杂物,整理备件,工作场所备件摆放整齐、无杂物。

② 与设备运转部位保持距离,不得触摸运转部位。

③ 躲开可能飞溅方向,运转部件连接紧固。

(5) 清理现场

① 先看清路线及周围设施,车辆停稳后上下。

② 看清路面,慢行,无油腻及异物。

(6) 试运行

① 与设备运转部位保持距离,不得触摸运转部位。

② 躲开可能飞溅方向,运转部件连接紧固。

三、风险隐患

（1）搬运、装卸时伤人，检查时伤人，滑倒或绊倒。

（2）走动摔伤，设备刮伤，物体下落伤人，漏电伤人，零部件弹伤、溅伤。

（3）工具滑脱伤人，零部件脱落伤人，多人工作时配合不协调伤人，高处坠落伤人，窒息。

（4）走动摔伤，设备刮伤，零部件飞溅伤人。

（5）碰伤，摔伤。

（6）设备刮伤，零部件飞溅伤人。

四、防范或应急处置措施

（1）明确专人指挥，施工负责人现场监督，管理人员跟踪检查，清理地面。

（2）备件摆放不整齐或有杂物不得进行后续工作，转动部位安设护罩或遮栏。清除顶帮活渣。维护工每日检查设备外壳接地情况及紧固情况。

（3）操作时必须精力集中，管理人员及工长现场检查。参与人员协调一致。指定专人统一指挥。

（4）备件摆放不整齐或有杂物不得进行后续工作。转动部位安设护罩或遮栏。维护工每日维护检修。

（5）现场提醒，管理人员现场监督。

（6）施工负责人现场监督，转动部位安设护罩或遮栏，维护工每日维护检修。

第六节　井下变配电工

一、岗位责任制

（1）变配电工是本岗位安全生产第一责任人，对本岗位安全生产工作负直接责任。

（2）立足本职，爱护设备，努力学习掌握了解操作设备的原理和性能、结构，并勤检查、勤保养，发现事故隐患应立即处理或请求维修工处理。

（3）做好作业前和作业后的安全检查，发现事故隐患立即排除或上报。

（4）熟知本岗位一次设备的接线方式及所用变、直流系统，并掌握正常和特殊运行方式的各项要求。熟知本岗位有关仪表、自动、继电保护、信号等装置的作用和使用方法。

（5）值班人员应熟练填写倒闸操作票，严格按照本工种操作规程操作，不准违章操作，保证设备安全运转。

（6）熟知本岗位各种电气设备的运行参数和极限负荷，及时发现设备运行中的异常状况，提出相应的防范措施。对供电过程中存在的安全隐患或者其他不安全因素，应立即采取措施予以处理，并及时向值班队长汇报。

（7）保证本岗位内各种设备、备品配件、工具、钥匙、图纸资料、消防用具等齐全完好，搞好文明生产，做好设备维护工作，保持现场整洁。

（8）严格执行矿停送电制度、现场交接班制度、巡回检查制度及岗位责任制等规章制度，杜绝违章作业。

(9) 熟记本岗位操作过程，严格按照本工种操作规程操作，不准违章操作，保证设备安全运转并认真填写本岗位各项记录。

(10) 对工作过程中存在的安全隐患或者其他不安全因素，应立即采取措施予以处理，并立即向现场安全生产管理人员或者相关负责人报告。

(11) 发生故障时，应当立即向队部值班人员或矿调度管理人员汇报并做好各项记录。

(12) 熟知本岗位规程、危险有害因素和风险管控措施，确保安全作业。

(13) 作业过程中切实遵守“四不伤害”原则，即不伤害自己、不伤害他人、不被他人伤害、保护他人不受伤害。

(14) 接受安全生产教育和培训，掌握本岗位所需的安全生产知识、安全生产技能、应急处置措施，增强事故预防和应急处理能力。

(15) 发现危及人身安全的紧急情况时，可以停止作业或在采取可能的应急措施后撤离作业场所。

(16) 按规定穿戴劳动防护用品，使用安全用具，会使用各类应急救援器材，掌握应急救护知识。

(17) 有权拒绝违章指挥，有权劝阻违章作业。

(18) 定期进行隐患排查并留有记录且形成闭环。

(19) 自觉接受各类安全监督检查。

二、岗位作业流程标准

(一) 井下变配电工巡检作业

1. 作业流程

准备工作→巡视设备→接地装置→缆线→照明及通信设备→消防器材→防火门→填写记录。

2. 作业标准

(1) 准备工作

① 备齐合适工具(活动扳手、钳子、刀子、螺丝刀)及带上井下使用的点检仪。

② 佩戴个人防护用品(工作服、安全帽、矿灯、自救器、便携式气体测量仪)。

③ 准备相应等级绝缘防护用具(绝缘手套、绝缘靴、接地线、高压验电器、绝缘台等)。

(2) 巡视设备

① 检查防爆开关紧固件、闭锁关系、防爆间隙：紧固件齐全、有效，闭锁关系正确，防爆间隙小于 0.5 mm。

② 检查变压器：变压器完好、不失爆、温升不超限。

③ 检查综合保护装置、指示灯及仪表：灵敏可靠、指示准确。

④ 检查远控装置：远控装置完好、可靠。

⑤ 检查标识牌：标识牌完好齐全，内容正确。

⑥ 检查运行情况：设备运行良好、无异常。

(3) 接地装置

检查接地装置:牢固、可靠。

(4) 缆线

检查缆线:吊挂合格、不超温、无破损。

(5) 照明及通信设备

① 检查照明:照明灯齐全、完好。

② 检查通信设备:通信设备完好、可靠。

(6) 消防器材

检查消防器材:齐全、完好、有效。

(7) 防火门

检查防火门:完好、无变形,活动范围内无杂物。

(8) 填写记录

填写巡视检查记录:字迹清晰、准确,内容无涂改、无缺项。

(二) 井下变配电工执行操作票作业

1. 作业流程

作业前准备→接收操作票→核实操作票→汇报→操作→确认→存档。

2. 作业标准

(1) 作业前准备

按照《井下变电工巡视标准作业流程》做好准备。

(2) 接收操作票

接收操作票,操作票必须由机电管理部门签发和填写。

(3) 核实操作票

核实内容,操作票内容正确,线路名称与实际相符、签字有效。

(4) 汇报

向调度室汇报停、送电时间及影响单位。

(5) 操作

按照操作票上内容,进行操作。一人操作,一人监护;按顺序操作,操作完一项、确认一项。

(6) 确认

监护人和操作人分别签字,签字清晰、无涂改。

(7) 存档

交回操作票,妥善保管3个月以上。

(三) 井下变配电工停电标准作业

1. 作业流程

作业前准备→核实工作票→核实线路→汇报→操作前准备工作→停电→闭锁→悬挂警示牌→汇报。

2. 作业标准

(1) 作业前准备

按照《井下变电工巡视标准作业流程》做好准备。

(2) 核实工作票

核实停电时间、开关编号、线路名称、影响范围。内容齐全、准确，签字清晰、无涂改；机电管理部门签发。

(3) 核实线路

在开关上核实停电开关编号和线路名称。开关编号名称准确。

(4) 汇报

停电操作前向调度室汇报，征得调度室同意后方可停电。

(5) 操作前准备工作

戴绝缘手套，穿电工绝缘靴或站在绝缘台上。穿戴合格有效的绝缘用具。

(6) 停电

按下开关分闸按钮。开关上运行指示灯灭，显示分闸。

(7) 闭锁

开关闭锁装置旋转到闭锁位置，停电开关闭锁。

(8) 悬挂警示牌

将“有人工作，不准送电”警示牌悬挂在停电开关上。

(9) 汇报

规范正确填写记录，工作票存档；停电情况用录音电话及时向调度室汇报。

(四) 井下变配电工送电标准作业

1. 作业流程

作业前准备→核实送电工作票→核实线路→汇报→操作前准备工作→摘除警示牌→解除闭锁→送电→挂警示牌→汇报。

2. 作业标准

(1) 作业前准备

按照《井下变电工巡视标准作业流程》做好准备。

(2) 核实送电工作票

核实送电时间、开关编号、线路名称。内容齐全、准确，签字清晰、无涂改；机电管理部门签发。

(3) 核实线路

在开关上核实送电开关编号和线路名称。开关编号、名称准确。

(4) 汇报

送电操作前向调度室汇报，征得调度室同意后方可送电。

(5) 操作前准备工作

戴绝缘手套，穿电工绝缘靴或站在绝缘台上。穿戴合格有效的绝缘用具。

(6) 摘除警示牌

摘除“有人工作,不准送电”警示牌。

(7) 解除闭锁

旋转闭锁装置至运行位置。

(8) 送电

按下开关合闸按钮。线路送电,运行指示灯亮,显示合闸。

(9) 挂警示牌

悬挂线路运行警示牌在合适、明显的位置。

(10) 汇报

填写送电记录;记录填写规范正确,送电工作票存档;送电情况用录音电话及时向调度室汇报。

(五) 井下变配电工处理应急掉电标准作业

1. 作业流程

作业前准备→确认→查找掉电原因→询问掉电原因→恢复供电→汇报→填写记录。

2. 作业标准

(1) 作业前准备

按照《井下变电工巡视标准作业流程》做好准备。

(2) 确认

确认掉电开关编号、名称。

(3) 查找掉电原因

通过综合保护器动作记录显示掉电原因。

(4) 询问掉电原因

询问用电单位掉电情况及掉电原因,进线开关掉电询问上级变电所情况。

(5) 恢复供电

掉电线路恢复供电。

(6) 汇报

送电完毕向调度室汇报。

(7) 填写记录

填写事故记录。事故原因、掉电线路、掉电时间、送电时间及送电联系人记录清晰。

(六) 井下变配电工交接班标准作业

1. 作业流程

作业前准备→进入接班地点→询问工作情况→检查设备→检查工器具和环境→履行交接手续→汇报。

2. 作业标准

(1) 作业前准备

按照《井下变电工巡视标准作业流程》做好准备。

(2) 进入接班地点

进入变电所，现场交接班，接班人应精神状态良好。

(3) 询问工作情况

① 询问设备运行情况：了解设备运行状态和上一班发生的事故、不安全情况和处理经过，因事故停止运行不准送电的开关。

② 询问工作票执行情况：了解工作票执行情况，掌握未完工作票线路及开关上工作人员、工作内容情况。

(4) 检查设备

① 检查高低压开关、变压器、PLC 柜：完好、不失爆，运行正常。

② 检查保护装置：保护装置完好。

③ 检查警示牌：警示牌齐全，悬挂正确。

④ 检查通信设备：通信设备正常。

⑤ 检查绝缘用具：齐全、完好。

⑥ 检查电缆：悬挂整齐、完好。

(5) 检查工器具和环境

① 检查消防器材：齐全、完好。

② 检查验放电工具等工器具：齐全、完好。

③ 检查作业区域环境：作业区域设备洁净，室内整洁、无杂物。

(6) 履行交接手续

① 查看上班运行记录：字迹清晰、准确，内容无涂改、无缺项。

② 办理交接班手续：签字交接。

(7) 汇报

汇报调度室，汇报及时、准确。

三、风险隐患

(1) 未正确佩戴劳动保护用品导致人员伤害；未使用完好工器具或工器具使用不当作业时导致人员伤害；操作电气设备时未使用完好的绝缘用具导致人员触电。

(2) 未认真检查设备的机械闭锁和电气闭锁装置是否可靠，误操作引发事故；未能及时发现线路绝缘下降或接地，导致线路短路造成事故。

(3) 接地装置失效，当电气设备外壳带电时，保护装置不能切断电源，导致人员触电或瓦斯爆炸。

(4) 电缆破损漏电导致人员触电。

(5) 通信设施不完好，发生特殊事件时不能及时与相关方联系，导致事件扩大或引发事故。

(6) 消防器材状况不完好、不齐备，发生火灾后不能及时熄火或遏制火势，扩大受害范围，增大事故损失。

(7) 防火门损坏，当出现火灾时，不能隔离火苗和烟雾，导致事故扩大或出现瓦斯爆炸。

(8) 设备无巡回检查记录或巡回检查记录填写不规范导致判断、操作失误，引发事故。

(9) 工作任务不明确、未办理工作票，采用其他方式如电话通知或口头通知工作许可人停电时，造成许可人听不清或听错工作任务，误操作、误停电造成事故。

(10) 未核实操作票内容、线路名称、开关柜编号与实际是否相符，鲁莽操作造成事故。

(11) 未按调度指令要求时间进行操作，造成设备停止运转或造成设备损坏和人员触电。

(12) 监护人未按操作票所列操作顺序唱票或唱错票，操作人未核对设备直接操作，发生误操作，导致触电事故、误停电事故。

(13) 矿井维修电工看不清工作票内容或工作票上有笔误，矿井维修电工靠猜测自行决定并进行操作，造成误操作，发生触电事故。

(14) 开关线路核实不准确，造成误停电或误送电，导致影响生产或设备损坏、人员受伤。

(15) 配电工未按调度指令要求的时间进行操作，造成设备停止运转或人员触电。

(16) 未按规定穿戴合格的绝缘防护用品进行高压设备操作，造成触电事故。

(17) 真空断路器触头粘连或机械故障，断路器没有完全断开，造成线路上的工作人员触电。

(18) 开关未闭锁、接地刀闸未合上，人员误送电造成触电事故。

(19) 未挂警示牌，人员误操作导致触电事故发生。

(20) 汇报不及时不准确造成调度下达错误指令，导致人员伤害及设备损坏。

(21) 未查明真正的掉电原因盲目处理开关故障，导致人员受伤。

(22) 未询问用电单位掉电原因直接送电，导致事故扩大，损坏设备。

(23) 未按要求在指定地点交接班或交接不彻底，潜在的危害是使设备损坏或设备伤人。接班人员精神状态不正常，带病带情绪上岗容易误操作导致事故。

(24) 对上一班存在的问题及未完成的工作票执行情况不了解，操作错误造成事故。

(25) 未核对上一班运行情况，未对现场设备进行细致的检查，潜在的危险是工作人员不熟悉设备运行状况造成事故。

(26) 工器具不齐全作业导致人员伤害或影响生产。

四、防范或应急处置措施

(1) 入井人员入井前必须更换单位统一发放的工作服，禁止穿化纤衣服入井。

(2) 单岗作业人员入井前应领取便携式气体检查仪器。

(3) 入井人员入井前必须领取自救器、矿灯。检查并确认自救器，外观无破损、封条无开封、无过期(使用有效期为 3 年)，矿灯各零部件齐全，闭锁螺栓(封钩)紧固可靠，灯泡、开关接触良好、不灭灯。

(4) 作业人员佩戴有煤安标志的安全帽，并且扣紧安全带。

(5) 使用完好的工器具并严格按照使用方法使用。

(6) 必须使用合格的、完好的、同电压等级的专用工具和绝缘用具。

(7) 巡视员必须要对开关柜防爆性能、综保参数、运行参数、指示仪表的状态进行仔细观察，确保设备正常运行。

(8) 矿井维修电工必须给每台电气设备安装接地装置，电气设备外壳与局部接地极的连接符合要求，阻值不得大于 2 欧姆；接地线若用铜线不小于 25 mm，若用铁线不小于 50 mm；严禁使用铝线；检查接地线完好状况；若断线或截面变小应立即处理；接地螺栓必须牢靠；接地线严禁接作他用；操作时接地线先接地后接线路并连接可靠。

(9) 经常检查电缆，发现电缆破损及时更换或进行处理，不使用绝缘失效的和非阻燃电缆。

(10) 定期对照明设施进行日常检查，定期保养维护；按照标准安设通信设施；定期对通信设施完好情况进行检查。

(11) 定期对消防用具进行检查；灭火器未过期，压力表指针处于绿色区域；沙箱沙子干燥，沙袋数量不少于 15 个；消防管路畅通、消防栓齐全。

(12) 每班检查变电所内的消防设施，时刻确保可以发挥应有功效。

(13) 设备应设有巡回检查记录且巡回检查记录填写要规范，字迹清晰、准确，无涂改、无缺项。

(14) 值班人员接受调度预发指令时，要记录齐全，清楚机电管理部门所发任务的操作目的并核对无误；严禁无票作业；工作票由工作负责人办理，安全措施清晰，无缺项。

(15) 收到工作票后，应认真审核工作任务及安全措施是否符合现场设备、情况，如有疑问可向工作票签发人、工作人员询问，确认无误后，根据工作票的操作内容，按照操作顺序书写操作票，书写字迹要清楚，如有写错应注明“作废”字样。

(16) 停送电前向调度室汇报，待调度下令并经维修电工复诵确认后，方可停送电。

(17) 监护人按照操作票上所列操作顺序高声唱票，每次只准唱一项；操作人手指操作设备，核对设备名称、编号和运行状态正确，逐项高声复诵并做假手势；复诵完毕，监护人听、看到操作人复诵无误后，发出“对，执行！”的命令，操作防误装置正确后，便可进行操作。

(18) 矿井维修电工应检查并确认工作票字迹正确清晰，设备名称、电压等级、时间、关键动词、接地线编号无修改，其他项修改不得超过两处，且用双划线覆盖。工作内容和工作地点栏注明双重名称(被检修设备的名称及编号)。

(19) 核对工作票上操作的线路与柜号与实际相符。

(20) 配电工停电前向调度室汇报，待调度下令并经操作人复诵确认后，方可停电。

(21) 矿井维修电工操作高压电气设备(千伏级电气设备)的主回路前，必须戴绝缘手套，穿绝缘靴或站在绝缘台上。矿井维修电工停开关柜，必须先停断路器，后拉隔离开关。

(22) 从观察窗观察动、静触头是否分离，以及相应显示是否正确。

(23) 取得调度室命令，确认变电所已停该趟线路，现场负责人和调度员核实。观察下级用电设备确认停电。

(24) 矿井维修电工停电后必须在对应的变电柜上挂“有人工作，禁止合闸”警示牌，并对相应的配电柜上锁。

(25) 停电后要及时汇报调度及相关受影响单位。

(26) 进行现场交接班,不得脱岗、空岗,将存在的问题交代清楚;交班时,保证责任范围内卫生打扫彻底,工具齐全,风门完好,并将本班安全情况、工具情况、领导有关指示等详细交代给接班人,交接班双方要按照交接班规定项目逐项检查,并在交接票上互相签字,若有异常,两班协调解决,解决不了及时汇报;接班人员精神状态不正常时要及时汇报带班人员,严禁带病带情绪上岗。

第七节　井下电钳工

一、岗位责任制

(1) 井下电钳工必须接受相关技术部门的专业培训,考试合格后,持合格证上岗,无证不得上岗工作。

(2) 井下电钳工必须掌握《煤矿安全规程》《煤矿矿井机电设备完好标准》《煤矿机电设备维修质量标准》《电气设备防爆规程》中的相关规定。

(3) 井下电钳工必须遵守各种规章制度和劳动纪律,班中不干与工作无关的事。

(4) 施工前应熟悉图纸资料、安装质量标准及安全技术措施。

(5) 检测、核对安装的设备、电缆、技术参数及安装时所用材料。各种技术数据和技术要求必须与设计一致。

(6) 检查安装、运输的环境,了解工作场所安全情况及相关工作环节情况。

(7) 在安装和施工过程中,必须严格执行供电和关机的操作程序。起重及搬运设备时,必须由专人统一指挥,统一口令。

(8) 安装后,设备必须符合设计要求和安装质量标准。

(9) 设备安装完成后,由组长与值班人员、维修人员、相关领导一起进行设备调试。设备经有关人员检查验收交付使用单位,并做好工作记录。

(10) 清理场地、工具、材料、仪表、仪器。试运行正常后离开现场。

二、岗位作业流程标准

1. 作业流程

安全确认→停电→开盖→验放电→检修→试运转→搬运→收工。

2. 作业标准

(1) 安全确认

① 停止运输,对各处进行详细检查。

② 检查绞车及电控设备,检查绞车及电控系统每个部分。

③ 填写牌板,细致,整洁,齐全。

(2) 停电

① 拉闸断电,彻底断开检修部分设备电源。

② 设备上锁,锁住开关手把,防止送电。

③ 挂停电牌,停电牌挂在停电手把上。

(3) 开盖

① 打开外壳,动作轻稳。

② 摆放到一旁,摆放位置合理。

③ 确认不影响检修需要维修的部分。

(4) 验放电

① 确认无瓦斯,仪器探测并有检查记录。

② 进行验电,使用匹配验电笔。

③ 设备放电,放净,回零电压。

(5) 检修

① 检查检修。逐级排查,有序检修。

② 修正或更换。各部件恢复正常、完好。

(6) 试运转

① 检查设备,逐步进行,详细记录。

② 联系操作,保证处理完毕。

③ 加电试运行,确保运转正常。

(7) 搬运

① 人工搬运,按指定地点运送、存放。

② 起吊设备,适合安装与检修需要。

③ 运送设备,放置设备。

(8) 收工

① 设备交验,台台完好。处理及时,保证生产需要。

② 签字汇报,记录清楚。

三、风险隐患

(1) 掉渣伤人,小绞车伤人,矿车伤人。

(2) 电击,摔伤。

(3) 外壳砸伤人,电击伤人。

(4) 未断电伤人,未放电伤人,工具伤人。

(5) 电火花引爆,电击伤人,工具伤人。

(6) 工具伤人,车辆伤人,设备碰伤。

(7) 工具伤害,设备伤害。

四、防范或应急处置措施

(1) 交接班检查汇报,问题处理后运输,班组长考核。

(2) 使用工作票,停电者管钥匙,停电者摘牌。

(3) 按要求检修,掌握设备构造,检修留有记录。

(4) 瓦斯浓度不超 0.5%,匹配后使用,确认无电压。

(5) 按标准检修,查找隐患处理。

(6) 检修留有记录,记录对应设备,使用停电牌。

(7) 距道远0.5 m,检查起吊装置,停电搬移。

(8) 保持完好,工具用毕放回,停用、交接。

第八节 空气压缩机司机

一、岗位责任制

(1) 空气压缩机司机是本岗位安全生产第一责任人,对本岗位安全生产负直接责任。

(2) 立足本职,熟练掌握本岗位设备的结构、性能、技术特征、动作原理,掌握《煤矿安全规程》有关规定及各项规章制度,并经考试合格后,持证上岗。

(3) 做好作业前和作业后的安全检查,发现事故隐患立即排除或上报。

(4) 严格执行《煤矿安全规程》、本岗位操作规程、巡回检查制度及岗位责任制等规章制度,保证设备正常运转并认真填写本岗位各项记录。

(5) 积极参加各类安全生产教育和培训活动,掌握本职工作所需的安全生产知识,提高安全生产技能,掌握应急处置措施,增强事故预防和应急处理能力。

(6) 发生故障时,应当立即向机电队值班人员或矿调度管理人员汇报。

(7) 熟知本岗位规程、危险有害因素和风险管控措施,确保安全作业。

(8) 作业过程中切实遵守"四不伤害"原则,即不伤害自己、不伤害他人、不被他人伤害、保护他人不受伤害。

(9) 发现事故隐患或者其他不安全因素,立即向现场安全生产管理人员或者相关负责人报告。

(10) 发现危及人身安全的紧急情况时,可以停止作业或在采取可能的应急措施后撤离作业场所。

(11) 按规定穿戴劳动防护用品,使用安全用具,会使用各类应急救援器材,掌握应急救护知识。

(12) 有权拒绝违章指挥,有权劝阻违章作业。

(13) 自觉接受各类安全监督检查。

二、岗位作业流程标准

(一) 空气压缩机巡检作业

1. 作业流程

空气压缩机巡检→管路巡检→风包巡检→检查电气→记录。

2. 作业标准

(1) 空气压缩机巡检

温升不超过规定值;运行平稳,无异响或振动;工作正常,无严重的漏油、漏气现象,安全保护和自动控制装置动作灵敏可靠;清洁,完好。

(2) 管路巡检

启闭灵活、可靠，无漏风，标识清晰准确；接口完好，无漏风现象，标示清晰；外观完好，指示正确。

(3) 风包巡检

每班要打开风包下阀门，放出气包内冷凝积水；每天对安全阀进行一次手动试验，试验符合要求；周围无危及安全运行的因素。

(4) 检查电气

仪表完好，指示正确；温度正常，无异响；电气设备完好。

(5) 记录

字迹清晰、准确，无涂改、无缺项。

(二) 空气压缩机开停操作作业

1. 作业流程

放冷凝水→检查冷却介质→检查机内储气罐压力→启动→正常停机→紧急停机→填写记录→汇报。

2. 作业标准

(1) 放冷凝水

排出机体内积聚的冷凝水。

(2) 检查冷却介质

油位正常；设备完好。

(3) 检查机内储气罐压力

机组在轻载状态下启动。

(4) 启动

电源电压合格；空气压缩机运行。

(5) 正常停机

空气压缩机卸荷；空气压缩机停止运行；解除人为卸荷。

(6) 紧急停机

空气压缩机停止运行。

(7) 填写记录

填写设备启停时间、事故停机时间及原因。

(8) 汇报

汇报及时准确。

(三) 空气压缩机操作工交接班作业

1. 作业流程

交接班→询问工作情况→检查空气压缩机→检查管路→检查风包→检查电气→检查工具及环境卫生→履行交接手续。

2. 作业标准

(1) 交接班

现场交接班;接班人员状态良好。

(2) 询问工作情况

了解设备状态;事故隐患得到处理。

(3) 检查空气压缩机

运行良好;齐全,可靠,无松动;完好,指示正确;油质洁净,油量合适,油路畅通;冷却风扇完好,超温、超压、断油、断水保护装置灵敏可靠;牢固,可靠。

(4) 检查管路

管路无漏气,标识清晰;阀门开启灵活,无漏气,标志牌完好、清晰。

(5) 检查风包

无变形、无锈蚀,遮阳状况良好;手动试验灵活、可靠;无泄漏。

(6) 检查电气

仪表完好,指示正确;温度正常,无异响;防鼠板完好。

(7) 检查工具及环境卫生

工具数量齐全;不缺油;消防器材齐全;环境整洁,无杂物。

(8) 履行交接手续

字迹清晰、准确、无涂改、无缺项;签字交接。

三、风险隐患

(1) 司机填写记录不规范、字迹潦草,发生故障时,无法查询记录。

(2) 未使用厂家指定的螺杆油导致设备损坏、人员伤亡等重大事故。

(3) 空气压缩机的安全阀、压力调节器未定期试验。

(4) 没有及时清理空气压缩机污垢。

四、防范或应急处置措施

(1) 司机要按照规定按时认真填写记录,并且保存好记录,以便查看。

(2) 严格遵循说明书中的工作程序和安全注意事项,使用指定螺杆油。

(3) 运行前要检查空气压缩机的安全阀、压力表等设施,检查是否已检验、是否合格完好。

(4) 应定期检查排气口至压缩机管道、储气罐等设施。

第九节　气割气焊工

一、岗位责任制

(1) 坚守工作岗位,遵守劳动纪律,持证上岗。

(2) 严格按照操作规程操作,认真遵守《煤矿安全规程》及有关规章制度,严禁违章作业。

(3) 做好作业前和作业后的安全检查,发现事故隐患立即排除或上报。

(4) 加强技术业务学习,熟练掌握气割、气焊基本知识及火灾处理方法和其他事故的救护。

(5) 工作前检查氧气、乙炔瓶的气带、气压表、割枪、回火阀等附属件完好情况。

(6) 工作中要穿戴劳动保护用品,工作场地要有灭火措施。

(7) 当焊割结束后,关掉氧气和乙炔的阀门,并且把气带、割枪盘整齐,存放在安全可靠的地方。

(8) 工作结束或离开工作地点必须清理现场,确认无火灾或其他隐患时,做好清洁卫生后,方可离开现场。

二、岗位作业流程标准

1. 作业流程

施工准备→施工过程→作业收尾。

2. 作业标准

(1) 施工准备

① 尽量避开高温时段作业。必须在高温时段作业时,工作时间不宜过长,需采取轮换或间歇作业的方式作业。

② 露天作业时,做好防晒措施,避免阳光曝晒,戴好安全帽,衣着宽松。

③ 施工现场应尽量减少气焊气割动火作业项目。必须进行烧焊的项目,尽可能采取提前预制加工件的方法,避免现场烧焊作业。

④ 检查气瓶。必须认真检查氧气瓶、乙炔瓶阀门,确认关闭严密无泄漏;氧气、乙炔足量;两个防震胶圈分别处在气瓶圆柱体距上下端各 200 mm 处,并确保完好。

⑤ 检查气割器具。必须对气带、减压阀、气压表、回火防止器、割具等认真检查,确保气割器具完好,气带及连接部位无损坏、漏气现象。

⑥ 清理干净现场积煤、油脂等一切可燃物品,保证明火作业地点及周围 15 m 内无任何可燃物品,并进行洒水降尘。

⑦ 在作业地点外缘设置警戒线,非作业人员严禁入内。

⑧ 作业地点准备 2 个合格的 8 kg 灭火器和供水正常的消防水管。

⑨ 气焊气割作业人员必须熟知气焊气割安全操作知识,熟练掌握气焊气割操作规程,经过培训考试合格并持证上岗。严禁患有高血压、心脏病或精神萎靡不振等安全不放心人员进行动火作业。

⑩ 由专职电焊工负责携带火种,同时携带审批好的动火安全技术措施。

⑪ 放置气瓶。气瓶距工作地点的水平间距必须大于 10 m,且两种气瓶间距不小于 5 m。气瓶必须放置在安全地点,严禁曝晒,可靠固定,严禁在地板上滚动。乙炔瓶必须垂直放置,采取防倾倒措施,严禁放在橡胶等绝缘体上使用。已卧倒的乙炔瓶不得直接开气使用,必须先立牢静置 15 分钟后再接减压阀使用。气瓶搬运时必须把瓶帽旋紧,要轻放,不准肩扛、手拉,更

不准用脚蹬滚动、碰撞;吊运气瓶应使用专用的气瓶集装格。严禁氧气瓶、乙炔瓶混放。氧气瓶,特别是瓶嘴和与氧气接触的附件严禁接触沾染油脂,严禁用有油漆的手套去拿氧气瓶。

⑫ 乙炔瓶必须装设专用减压器、回火防止器。氧气瓶与电焊同时使用时,瓶底垫绝缘物以防气瓶带电,与气瓶接触的管道、设备接地良好,防止产生静电造成气瓶燃烧或爆炸。开启瓶阀和减压器时站在阀门侧面,动作轻缓。

⑬ 作业前器具检查。由电焊工再次对气瓶、减压阀、气压表、气带、割具、电焊机、工作线等器具进行详细的安全检查。确认完好后,将各部件对接。氧气带、乙炔带严禁混用。

⑭ 要做好对焊瘤迸溅区域的防护,防止焊瘤灼伤人员、设备设施。

(2) 施工过程

① 电焊工一定要注意穿戴好劳动防护用品:应穿焊工鞋,戴鞋盖、焊工手套,焊工手套长度不得小于 300 mm。严禁卷起袖口、敞开衣领进行气焊气割作业。气焊气割作业及清渣时应戴防护眼镜。

② 气焊前清理干净工件表面的污水及氧化物,气割前做好工件下方的铺垫。

③ 由于割嘴过热或堵塞而发生回火或爆鸣时,应先关乙炔阀,然后冷却割嘴,并清理堵物。

④ 乙炔管破裂着火时,应先将焊、割炬火焰熄火,然后停止供气。在氧气胶管着火时,应迅速关闭氧气阀门,停止供气。禁止折弯氧气管灭火。

⑤ 作业过程中氧气瓶、乙炔瓶要妥善管理,不要滚动、振动。使用后的氧气瓶要保留不小于 0.098 兆帕余压,乙炔瓶要保留冬季 49～98 千帕、夏季 196 千帕余压。

⑥ 需要在设备上或进入设备内部施工时,一定要停机停电。监护人员要全程监护气焊气割作业人员的精神状态、双线的位置、作业环境等情况,及时告知作业人员。

⑦ 气焊气割作业人员作业过程中要及时饮水,谨防脱水、中暑等。

(3) 作业收尾

① 动火作业完成后,施工负责人必须对清理现场、工完料净等文明施工工作进行细致的安排,对现场再次洒水;冷却高温物体并彻底清除现场遗留的火种;将氧气瓶及乙炔瓶阀门关闭并分别放至相应库中;进行质量验收等工作。

② 施工现场经检查无异常情况,由施工负责人向作业地点所在单位值班领导汇报作业完毕,经许可后方能离开作业现场。

③ 施工后现场管理工作由动火作业负责人负责,并由动火作业负责人指派人员观察 1 小时,确认无异常情况后方可离开现场。

三、风险隐患

(1) 作业时不穿戴专门防护用品,造成气焰烧伤。

(2) 搬运装卸时气瓶坠落、倾倒滚动,引起爆炸。

(3) 氧气、乙炔瓶未保持安全间距,或放置位置不当,引起爆炸。

(4) 气瓶与明火的距离不够,引起气瓶爆炸。

(5) 作业点周围存在可燃物,引发火灾。

(6) 在通风不良场所施焊无排风措施产生有毒气体中毒。

(7) 用沾有油脂的手开气瓶,或气瓶上沾有油污,引发火灾。

(8) 开气速度过快,产生静电火花,引发爆炸。

(9) 点火时嘴尖对人烧伤。

(10) 乙炔软管无回火防止装置,遇到回火发生乙炔爆炸。

(11) 高温工件未冷却搬运,造成高温工件烧伤。

(12) 熄火时关闭氧气、乙炔顺序不对,引发火灾。

(13) 工作结束或离开现场时不进行安全确认,引发火灾。

(14) 高处作业未戴安全带,造成坠落伤人。

(15) 井下烧焊,未制定安全技术措施,发生火灾,严重时发生瓦斯爆炸。

(16) 气瓶密封或瓶阀损坏,气体流出,引发爆炸。

(17) 用明火直接检验气瓶胶管漏气,造成爆炸。

(18) 焊割时未配备灭火器材或不完好。

四、防范或应急处置措施

(1) 防护用具佩戴齐全,保持安全距离。

(2) 搬运氧气、乙炔气瓶时要轻搬轻放,不得摔、碰。

(3) 保持氧气、乙炔气瓶 5 m 的安全间距。露天作业时,应防止阳光直射气瓶。

(4) 气瓶与明火的安全距离必须大于 10 m。

(5) 作业前先清理作业点周围可燃物。

(6) 安装排风设备加强通风,个人防护到位。

(7) 不能用沾有油脂的手开气瓶,气瓶及附件、接头及各工具上不准沾有油污和泥垢。

(8) 在旋转气瓶盖、阀门和气瓶调节阀时,应缓慢旋转,防止摩擦碰撞产生火花。

(9) 点火时嘴尖不对人。

(10) 乙炔软管必须装设回火防止装置。

(11) 高温工件冷却后方可搬运。

(12) 熄火时先关乙炔再关氧气。

(13) 工作结束后拧上气瓶安全帽,气瓶应放回指定地点,并检查现场无火灾隐患后方可离开现场。

(14) 高处作业必须佩戴安全带。

(15) 井下烧焊必须制定安全技术措施。

(16) 气瓶、压力表、安全阀、密封等应按规定定期校验。

(17) 检查气瓶和胶管漏气时,只准用肥皂水、不准用明火试漏气。周围也不准有明火和吸烟。

(18) 作业地点必须配备灭火器材,并保证齐全、完好。

第十节　主排水泵司机

一、岗位责任制

(1) 主排水泵司机是本岗位安全生产第一责任人,对本岗位安全生产负直接责任。

(2) 立足本职,熟练掌握本岗位设备的结构、性能、技术特征、动作原理,掌握《煤矿安全规程》有关规定及各项规章制度,并经考试合格后,持证上岗。

(3) 做好作业前和作业后的安全检查,发现事故隐患立即排除或上报。

(4) 严格执行《煤矿安全规程》、本岗位操作规程、巡回检查制度及岗位责任制等规章制度,保证设备正常运转并认真填写本岗位各项记录。

(5) 积极参加各类安全生产教育和培训活动,掌握本职工作所需的安全生产知识,提高安全生产技能,掌握应急处置措施,增强事故预防和应急处理能力。

(6) 发现问题立即采取措施,并及时与电钳工联系,在最短时间内处理解决,并向队部值班队干汇报。

(7) 发生故障时,应当立即向队部值班人员或矿调度管理人员汇报。

(8) 严格执行煤矿及本单位安全生产管理制度、规程,严格遵守劳动纪律,杜绝违章作业。

(9) 熟知本岗位规程、危险有害因素和风险管控措施,确保安全作业。

(10) 作业过程中切实遵守"四不伤害"原则,即不伤害自己、不伤害他人、不被他人伤害、保护他人不受伤害。

(11) 发现事故隐患或者其他不安全因素,立即向现场安全生产管理人员或者相关负责人报告。

(12) 发现危及人身安全的紧急情况时,可以停止作业或在采取可能的应急措施后撤离作业场所。

(13) 按规定穿戴劳动防护用品,使用安全用具,会使用各类应急救援器材,掌握应急救护知识。

(14) 有权拒绝违章指挥,有权劝阻违章作业。

(15) 自觉接受各类安全监督检查。

二、岗位作业流程标准

(一) 主排水泵巡视作业

1. 作业流程

准备工作→检查水泵→检查电动机→检查仪表→检查开关柜→检查水位→记录。

2. 作业标准

(1) 准备工作

① 个人防护用品如工作服、安全帽、矿灯、自救器、便携式气体测量仪等符合规定。

② 工具如活动扳手、钳子、刀子、螺丝刀、管钳等符合要求。

(2) 检查水泵

① 无松动,无锈蚀。

② 停运水泵盘车 2～3 转,泵组转动灵活无卡阻现象。联轴器间隙符合规定,防护罩牢固可靠;运行水泵无异常响声;盘根磨损正常,压盖螺栓松紧适中。

③ 润滑油质合格,油量适当,滑动轴承油环转动平稳灵活。

④ 射流阀安装紧固,电动闸阀和手动闸阀、射流管路上的闸阀开启正常。

(3) 检查电动机

① 接地牢固可靠。

② 润滑油脂合格,油量适当,润滑周期符合规定(每 3 000 h 添加 30 g)。

③ 无失爆。

④ 负荷线螺栓紧固。

(4) 检查仪表

外观完好,指示正常。

(5) 检查开关柜

① 无异响或异味。

② 齐全、动作灵敏可靠,接地牢固。

③ 电流、电压在规定范围内。

(6) 检查水位

吸水小井水位高于吸水口或底阀。

(7) 记录

字迹清晰、准确,无涂改、无缺项。

(二) 主排水泵启动作业

1. 作业流程

作业前准备→汇报→检查开关柜→排气→启动→运行→记录。

2. 作业标准

(1) 作业前准备

按照《主排水泵巡视标准作业流程》做好准备。

(2) 汇报

水仓水位达到预定位置或接到上级部门开泵指令时,向调度室汇报,经调度室同意后开泵。

(3) 检查开关柜

高压开关柜在合闸位置,变频开关柜有电,显示正常。

(4) 排气

① 打开射流管路上的供水球阀,在电脑上操作打开射流管上的“入水口球阀”和“吸水口球阀”,开始向泵体内灌水。

② 打开管路上的真空表阀门，观察真空表读数，真空度大于 0.06 兆帕后，满足启泵要求。

(5) 启动

① 关闭“入水口球阀”和“吸水口球阀”。

② 启动水泵电机。

③ 开启主阀。

(6) 运行

① 阀门开启灵活，无泄漏。

② 仪表指示正确。

③ 准确记录电压、电流、压力、流量、轴承温度。

(7) 记录

字迹清晰、准确，无涂改、无缺项。

(三) 主排水泵停泵作业

1. 作业流程

作业前准备→汇报→操作阀门→停机→清扫卫生→清点工具材料→填写记录→汇报。

2. 作业标准

(1) 作业前准备

按照《主排水泵巡视标准作业流程》做好准备。

(2) 汇报

吸水井水位达到预定位置(小于 1 m 或接到上级部门停泵指令时)，向调度室汇报，经调度室同意后停泵。

(3) 操作阀门

① 手动关闭仪表阀门，仪表无显示。

② 在电脑上点击关闭主阀，无流量显示。

(4) 停机

在电脑上点击水泵停止按钮；开关闭锁。

(5) 清扫卫生

作业区域环境洁净；设备无油渍。

(6) 清点工具材料

工具材料数量齐全，状态完好。

(7) 填写记录

填写设备运行情况及事故、隐患处理情况。

(8) 汇报

向调度汇报完成的工作量及下班注意事项；定性准确，描述清楚。

(四) 主排水泵交接班作业

1. 作业流程

交接班→询问工作情况→检查水泵→检查电动机→检查管路→检查电气→检查工具

及环境卫生→履行交接手续。

2. 作业标准

(1) 交接班

现场交接班;接班人员状态良好。

(2) 询问工作情况

了解设备状态;事故隐患得到处理。

(3) 检查水泵

水泵无松动,无锈蚀;停运水泵盘车 2～3 转,泵组转动灵活无卡阻现象,联轴器间隙符合规定,防护罩牢固可靠;运行水泵无异常响声;润滑油油质合格,油量适当,滑动轴承油环转动平稳灵活;射流泵有高压水,真空泵完好可靠。

(4) 检查电动机

接地牢固可靠;润滑油脂合格,油量适当;无失爆。

(5) 检查管路

管路无跑、冒、滴、漏,阀门开启灵活可靠,排水管路开启正确。

(6) 检查电气

运行回路正常,备用回路热备;高压柜、电脑、仪表指示正常,接地牢固可靠。

(7) 检查工具及环境卫生

工具数量齐全;油脂洁净、量足;消防器材齐全;环境整洁,无杂物。

(8) 履行交接手续

字迹清晰、准确、无涂改、无缺项;签字交接。

三、风险隐患

(1) 司机填写记录不规范、字迹潦草,发生故障时,无法查询记录。

(2) 未关闭阀门停止水泵,导致高压水倒流,造成设备损坏。

(3) 操作主水泵开关失误,损坏设备。

(4) 电流、电压不正常,没有及时停止水泵,造成水泵烧毁。

四、防范或应急处置措施

(1) 司机要按照规定按时认真填写记录,并且保存好记录,以便查看。

(2) 主排水泵司机在中央水泵房排水时应先观察水位及阀门开启标识,必须达到开泵水位线后启动水泵。

(3) 机电专检人员负责监督整个操作过程,发现违规操作要及时制止。

(4) 上岗期间主排水泵司机必须认真巡检,严禁水泵在缺水的情况下空转。

第十一节 主提升机司机

一、岗位责任制

(1) 经安全技术培训,考试合格,取得操作资格证,持证上岗。

(2) 熟知《煤矿安全规程》《煤矿机电设备完好标准》《煤矿机电设备检修质量标准》《电业安全工作规程》和电气设备防爆的有关标准和规定。

(3) 严格执行交接班制度，所要交接的项目逐项交接确认。

(4) 按照主井提升机操作规程操作，操作过程中要注意观察仪表、深度指示器、指示灯。

(5) 配合维护工做好提升机或井筒的维修工作。

(6) 了解所操作设备及其配套设施的型号、结构、工作原理、操作方法及简单的维护。

(7) 工作中不得做与工作无关的事，更不得擅离职守。

(8) 操作时驾驶姿势要正规，手柄拉推力度要合适，不准野蛮驾驶。

(9) 认真填写记录，爱护设备工具，认真打扫岗位卫生。

二、岗位作业流程标准

1. 作业流程

启动前的准备→开车送电工作→提升机的运行操作。

2. 作业标准

(1) 启动前的准备

① 检查各部位螺栓是否松动。

② 液压站是否正常，制动器、液压管路是否漏油。

③ 检查制动器是否松动，各种保护是否正常。

④ 各种仪表及声光信息是否清晰。

⑤ 设备周围无杂物。

(2) 开车送电工作

① 合上高压柜 UPS 电源开关。

② 合上高压电源隔离柜开关(确保母联处于断开状态)。

③ 合上高压电源进线柜开关。

④ 合上动力变压器开关，以及相应控制电源开关。

⑤ 启动主电机冷却风机。

⑥ 待主电机冷却风机运行灯亮时，启动定子功率柜冷却风机。

⑦ 待定子功率柜冷却风机运行指示灯亮时，程序自动启动定子功率柜。

⑧ 将运行方式旋钮、闸手柄、速度给定手柄置于零位。先转动液压站复位钥匙，按下故障复位按钮，再按安全复位按钮，若系统正常，显示台将无红灯显示；程序自动启动励磁功率柜、液压油泵电机，待励磁电流上升至正常值后，方可进行运行方式的选择。

⑨ 信号发出后，根据信号指令正常开车，同时观察显示台各表的状态，确保系统处于最佳运行状态。当系统进行检修需要断电时，请按照以上方式逆向操作，完成停电过程。

⑩ 在本系统中，所有绿色按钮均代表合闸操作；绿色灯表示正常，红色灯表示系统重故障，黄色灯表示系统轻故障。重故障将造成系统紧急停车；轻故障可完成本次运行，完成后请及时与维修人员联系，解除故障后，方可进行下一次操作。

(3) 提升机的运行操作

1）全自动方式

① 启动必要的设备。

② 将运行方式旋钮旋至零位。

③ 旋液压站复位钥匙，按故障复位按钮，再按安全复位按钮。

④ 司机台无故障显示，液压站启动。

⑤ 将运行方式旋钮旋至全自动位置。

⑥ 系统将正常开、停车。

2）手动方式

① 启动必要的设备。

② 将运行方式旋钮旋至零位。

③ 旋液压站复位钥匙，按故障复位按钮，再按安全复位按钮。

④ 司机台无故障显示，液压站启动。

⑤ 将运行方式旋钮旋至手动位置。

⑥ 根据信号指令开车。

⑦ 正常停车位置自动停车。

3）半自动方式

① 按全自动方式的①～④步骤进行操作。

② 将运行方式旋钮旋至半自动位置。

③ 有信号后按半自动按钮即可自动开、停车。

4）检修

① 按全自动方式的①～④步骤进行操作。

② 将提升种类旋钮旋至检修位置。

③ 把运行方式旋钮旋至手动位置。

④ 根据信号开车，手动速度最大值为 0.5 m/s。

5）过卷操作

① 启动必要的设备。

② 将运行方式旋钮旋至零位。

③ 根据实际工况将过卷旋钮旋至“上过卷旁路”或“下过卷旁路”。

④ 旋液压站复位钥匙，按故障复位按钮，再按安全复位按钮。

⑤ 司机台无故障显示，液压站启动。

⑥ 将运行方式旋钮旋至手动位置。

⑦ 根据信号指令开车。

⑧ 正常停车位置停车后，将过卷旋钮旋至正常位置。

6）应急方式

该方式是 PLC 有故障时使用的一种临时手动方式，正常情况下不宜使用。

① 启动必要的设备。

② 将正常应急旋钮旋至应急位置。

③ 旋液压站复位钥匙,按故障复位按钮,再按安全回路复位按钮。

④ 司机台无故障显示,液压站启动,励磁电流上升。

⑤ 将运行方式旋钮旋至手动位置,根据信号指令进行开车。

7）应急情况处理

当出现重故障时,提升机将自动完成安全制动过程,但当发生如下情况,提升机未实现自行制动,司机可用右台急停按钮来实现人工紧急制动。

① 速度表指示高于设定速度的10%时。

② 电枢电压表指示超过额定电压的10%时。

③ 励磁电流突增或突减时。

④ 实际速度与给定速度不符时。

⑤ 电控室发生异常爆炸声时。

⑥ 司机台指示灯全灭时。

⑦ 深度指示不随提升机运转指示时。

⑧ 液压站油压值或毫安表值大幅度波动时。

⑨ 速度表指示大幅振荡时。

⑩ 钢丝绳突然窜动时。

⑪ 错向运转时。

⑫ 高压突然停电。

⑬ 其他异常情况。

三、风险隐患

(1) 提升装置的信号装置不完好造成发生人身事故。

(2) 主提升机司机未做启动绞车前的准备,造成设备损坏。

(3) 主提升机司机未对提升钢丝绳进行日检,钢丝绳断绳造成人员伤亡。

(4) 主提升机司机升降物料过快造成设备损坏或人员伤亡。

四、防范或应急处置措施

(1) 及时向调度室、机电部及机电队值班人员汇报事件的详细信息。

(2) 初步判断事故的原因,并进行汇报。

(3) 必须设置从井底信号工发给井口信号工和从井口信号工发给绞车司机的信号装置,井口信号装置必须与绞车的控制回路相闭锁,只有在井口信号工发出信号后,绞车才能启动。

(4) 提升机司机每班启动绞车前,应先开1次空车,检查绞画动作情况(连续运转时,不受此限)。绞车触摸控制屏若出现故障报警,必须立即停止绞车的运行,将绞车制动好,再通知专业维修人员检查处理故障。

(5) 机电部每年对主提升机司机进行专业培训。

(6) 提升钢丝绳必须每天检查1次(即日检),防坠器制动绳(包括缓冲绳)必须至少每周检查1次(即周检)。

(7) 提升绞车的加、减速度和最大速度必须符合《煤矿安全规程》规定。

第十二节 主要通风机司机

一、岗位责任制

(1) 主要通风机司机是本岗位安全生产第一责任人,对本岗位安全生产负直接责任。

(2) 立足本职,熟练掌握本岗位设备的结构、性能、技术特征、动作原理,掌握《煤矿安全规程》有关规定及各项规章制度,并经考试合格后,持证上岗。

(3) 做好作业前和作业后的安全检查,发现事故隐患立即排除或上报。

(4) 严格执行《煤矿安全规程》、本岗位操作规程、巡回检查制度及岗位责任制等规章制度,保证设备正常运转,认真填写本岗位各项记录。

(5) 积极参加各类安全生产教育和培训活动,掌握本职工作所需的安全生产知识,提高安全生产技能,掌握应急处置措施,增强事故预防和应急处理能力。

(6) 发生故障时,应当立即向机电队值班人员或矿调度管理人员汇报。

(7) 熟知本岗位规程、危险有害因素和风险管控措施,确保安全作业。

(8) 作业过程中切实遵守"四不伤害"原则,即不伤害自己、不伤害他人、不被他人伤害、保护他人不受伤害。

(9) 发现事故隐患或者其他不安全因素,立即向现场安全生产管理人员或者相关负责人报告。

(10) 发现危及人身安全的紧急情况时,可以停止作业或在采取可能的应急措施后撤离作业场所。

(11) 按规定穿戴劳动防护用品,使用安全用具,会使用各类应急救援器材,掌握应急救护知识。

(12) 有权拒绝违章指挥,有权劝阻违章作业。

(13) 自觉接受各类安全监督检查。

二、岗位作业流程标准

(一) 主要通风机司机交接班作业

1. 作业流程

交接班→询问工作情况→检查电气→检查风机及附属设备→检查监测系统→检查工具及作业区域→履行交接手续。

2. 作业标准

(1) 交接班

现场交接班;接班人员状态良好。

(2) 询问工作情况

了解设备状态;事故隐患得到处理。

(3) 检查电气

保护齐全、完好；运行回路正常，备用回路热备；润滑良好，无异响，无异常振动；电气设备齐全、完好；防鼠板完好。

(4) 检查风机及附属设备

检查风机紧固件螺栓齐全，无松动；检查风门启闭装置完好，不失爆。

(5) 检查监测系统

风压监测系统正常；运行监测系统正常；应急照明完好。

(6) 检查工具及作业区域

工具数量齐全；消防器材齐全、完好；作业区域整洁，无杂物。

(7) 履行交接手续

字迹清晰、准确、无涂改、无缺项；签字交接。

(二) 主要通风机司机巡视作业

1. 作业流程

准备工作→巡视电气设备→巡视风机→抄表→检查应急照明及通信设备→作业区域卫生→填写记录。

2. 作业标准

(1) 准备工作

带上红外线温度计或点检仪。

(2) 巡视电气设备

开关柜完好、温升不超限、无放电异声；控制设备完好、可靠、无异常；负压正常。

(3) 巡视风机

轴承温升不超限、无异常，振动无异常、不超限，无异响。

(4) 抄表

按规定时间准确抄表。

(5) 检查应急照明及通信设备

应急照明设备完好、可靠；通信设备完好、可靠。

(6) 作业区域卫生

环境整洁、无浮尘、无杂物。

(7) 填写记录

字迹清晰、准确，内容无涂改、无缺项。

(三) 主要通风机切换作业

1. 作业流程

汇报→检查电气→检查→送电→运行风机停止→运行风机风门关闭→打开备用风机风门→备用风机启动→停运风机高压柜断电→汇报→记录。

2. 作业标准

(1) 汇报

接到主要通风机切换指令，向调度室汇报，经调度室同意后开始切换操作。

(2) 检查电气

高压柜、直流屏、PLC 柜、变频器保护齐全、完好;电动机润滑良好;绝缘用具齐全、完好。

(3) 检查

备用风机紧固件螺栓齐全,无松动;备用风机风门完好,无卡阻;备用风机风门启闭装置完好,不失爆。

(4) 送电

隔离开关合闸良好。

(5) 运行风机停止

运行风机停止运行。

(6) 运行风机风门关闭

启动运行风机风门启闭装置,关闭风门。

(7) 打开备用风机风门

启动备用风机风门启闭装置,打开风门。

(8) 备用风机启动

按下备用风机启动按钮。

(9) 停运风机高压柜断电

分开停运风机电动机高压柜隔离开关,闭锁,挂牌;依次分开停运风机对旋风机二级电动机、一级电动机高压柜隔离开关,闭锁,挂牌。

(10) 汇报

向调度汇报。

(11) 记录

填写主要通风机切换记录。字迹清晰、准确,无涂改、无缺项。

(四) 主要通风机反风启动作业

1. 作业流程

接受指令→锁闭防爆门及防爆盖→运行风机停止→启动风机→汇报→监视运行→记录。

2. 作业标准

(1) 接受指令

接到调度室反风命令,开始反风操作。

(2) 锁闭防爆门及防爆盖

锁闭防爆门及防爆盖,锁闭可靠。

(3) 运行风机停止

按下风机停止按钮,风机停止运行。

(4) 启动风机

风叶惯性转动停止;放下主要通风机手刹拉杆,制动刹车,停转后提起手刹拉杆并闭锁;点击变频器控制画面反转程序;点击风机启动按钮。

(5) 汇报

向调度汇报。

(6) 监视运行

密切监视风机运行状况;密切注视风流情况;保持与调度通信畅通。

(7) 记录

填写主要通风机反风记录,字迹清晰、准确,无涂改、无缺项。

(五) 主要通风机反风停机作业

1. 作业流程

接受指令→反风风机停止→防爆门及防爆盖解锁→启动风机→汇报→记录。

2. 作业标准

(1) 接受指令

接到调度室恢复正常通风命令。

(2) 反风风机停止

按下反风风机停止按钮。

(3) 防爆门及防爆盖解锁

解除防爆门及防爆盖闭锁。

(4) 启动风机

风叶惯性转动停止;按下风机启动按钮;依次按下对旋风机一级、二级启动按钮;检查防爆门漏风情况。

(5) 汇报

向调度汇报。

(6) 记录

填写主要通风机恢复正常通风记录,字迹清晰、准确,无涂改、无缺项。

三、风险隐患

(1) 未进行日常检查,风机出问题不能及时发现,出现无计划停风。

(2) 停电时未戴绝缘用具或未断开断路器隔离开关。

(3) 切换主要通风机,未在 10 min 内完成操作,造成井下无风、缺氧、有毒有害气体积聚。

(4) 启动风机前,未先检查开关工作情况,不能正常启动风机,影响启动时间。

四、防范或应急处置措施

(1) 检修工每日进行一次主要通风机的检查工作,发现问题及时处理。

(2) 主要通风机司机操作电气设备应穿戴好绝缘手套和绝缘鞋,并站在绝缘台上进行操作。

(3) 主要通风机切换过程中,跟班队长对主要通风机切换进行实时监督;主要通风机司机的切换操作时间不得超过 10 min。

(4) 主要通风机司机开通主要通风机要严格按照操作步骤进行操作。

第十三节 进网电工

一、岗位责任制

(1) 具有电工职业资格证书。

(2) 具备熟练的操作技能。

(3) 具有一定的专业知识。

(4) 严格遵守进网作业电工管理制度。

(5) 进网电工负责人具有中级电工以上职业资格证书;具备一定的工作经验;具有良好的安全意识和管理能力。

二、岗位作业流程标准

1. 作业流程

准备工作→工作操作→工作结束。

2. 作业标准

(1) 准备工作

① 查看工作指导书、工作设计图纸,工作场所布置、设备及接线情况,警示标志、隔离标志、警戒线、隔离障碍物。

② 检查工具、器材、仪表、设备正确性,抢救、医疗用品、应急工具设备的完好性。

(2) 工作操作

① 操作前,严格按安全操作规程操作,先用电感应棒或带电检测仪测电压,确保安全后再进行工作。

② 使用工具、器材、仪表、设备时,如发现异常,应及时报告并按规程处理。

③ 在操作过程中,应注意观察工作情况,保持互相配合,密切沟通,确保工作质量。

(3) 工作结束

① 结束检查:检查现场是否无人、无物、无安全隐患,拆除警示标志、分合闸跳闸器隔离标志及警戒线。

② 结果确认:向进网作业电工负责人报告工作结果,并经确认后返还运行管理部门。

三、风险隐患

(1) 不了解工作性质,对工具、设备不熟悉。

(2) 不严格按照安全操作规程操作,不遵守有关作业法规、电气安全规程。

(3) 在工作中不认真观察、不密切沟通、不严格遵守操作规范。

(4) 无证无批准操作,带电作业。

(5) 未在负责人的指导下进行工作,不严格按照工作指导书进行操作。

(6) 从事超出岗位职责的工作。

(7) 工具使用不符合要求,不定期检查和保养。

(8) 操作完成后不将设备压缩开关拉至分闸位,电源不断开,不在场内交接单上签字盖章。

四、防范或应急处置措施

(1) 立即停止相关操作并向负责人汇报。

(2) 确立风险等级,并采取相应措施。

(3) 返工补救,及时消除隐患。

(4) 对相关责任人进行追究,防止类似事故再次发生。

(5) 事先了解工作性质,对工具、设备熟练而熟悉。

(6) 严格按照安全操作规程操作,遵守有关作业法规、电气安全规程。

(7) 穿戴合适的劳动保护用品。

(8) 在工作中认真观察、密切沟通,严格遵守操作规范。

(9) 在工作中认真排查隐患和事故风险,并及时向负责人报告,接受他人的监督和检查。

(10) 无证无批不准操作,禁止带电作业。

(11) 仅在负责人的指导下方可进行工作,严格按照工作指导书进行操作。

(12) 不准从事超出岗位职责的工作。

(13) 工具使用应符合要求,应定期检查和保养。

(14) 操作完成后应将设备压缩开关拉至分闸位,电源断开,并在场内交接单上签字盖章。

第十四节　高压电工

一、岗位责任制

(1) 高压电工是本岗位的安全生产直接负责人,必须经过相关专业培训,经考试合格且持证上岗。

(2) 辖区内不准闲杂人员进入,且高压柜必须上锁,避免意外安全事故发生。

(3) 做好作业前和作业后的安全检查,发现事故隐患立即排除或上报。

(4) 对供电线路、生产设备进行定期检查,确保线路和生产电气设备能正常使用,并做好巡查记录。

(5) 线路和电气设备检修时,必须切断电源,并在明显位置设置安全标志警示牌。

(6) 对电力的正常供给和电气设备正常运行负责。

(7) 严格执行用电安全操作规程,熟练掌握检修技术和质量标准,熟悉矿井设备的结构、性能、技术特征及各项原理图。

(8) 严格遵守《煤矿安全规程》及本岗位安全操作规程,对大型运转设备的有关规定应熟练掌握，保证设备安全运转。

（9）发现问题要及时处理，若不能处理的则应及时请示值班队长解决；发现事故的萌芽状态又不能及时处理，需继续进行观察，监视发展动态，填写维护、检修等各种记录。

（10）严格执行煤矿及本单位安全生产管理制度、规程，严格遵守劳动纪律，杜绝违章作业。

（11）熟知本岗位规程、危险有害因素和风险管控措施，确保安全作业。

（12）作业过程中切实遵守“四不伤害”原则，即不伤害自己、不伤害他人、不被他人伤害、保护他人不受伤害。

（13）接受安全生产教育和培训，掌握本岗位所需的安全生产知识、安全生产技能、应急处置措施，增强事故预防和应急处理能力。

（14）发现事故隐患或者其他不安全因素，立即向现场安全生产管理人员或者相关负责人报告。

（15）发现危及人身安全的紧急情况时，可以停止作业或在采取可能的应急措施后撤离作业场所。

（16）按规定穿戴劳动防护用品，使用安全用具，会使用各类应急救援器材，掌握应急救护知识。

（17）有权拒绝违章指挥，有权有责任劝阻违章作业。

（18）自觉接受各类安全监督检查。

二、岗位作业流程标准

（一）高压电工检修作业

1. 作业流程

准备工作→安全控制→检查电力设备→故障排除→对工作进行检查→后续措施。

2. 作业标准

（1）准备工作

工作前必须进行安全考核和工作证件查验，确定工作人员的身体状况和工作资质，了解工作区域的情况和电力设备的运行状态，携带必要的工具和设备。

（2）安全控制

在进行任何维修工作前必须确保现场的安全，如倒顶、顶板松动等状况必须得到处理；确保煤矿井下高压电气设备的运行安全；发布安全警告，要求其他工作人员保持安全距离。

（3）检查电力设备

进行设备检查，看是否有常规故障，如设备控制面板的损坏、电缆的断裂、接线的短路等问题，并进行必要的维修和更换，以确保设备的正常运行。

（4）故障排除

准确判断煤矿井下高压电气设备出现的故障原因，采取相应的措施进行维修处理；修复电缆、接头等出现的断裂、短路等问题，消除故障点。

（5）对工作进行检查

确定维修工作的正确性，并进行必要的功能性测试，获得电力设备的安全运行；进行可视化检查，以确保所有的组件都处于预期状态。

(6) 后续措施

做好维修工作的记录，在技术和设备更新时推广最新的安全技术，争取在下次维修中更好地提高工作效率和质量。

（二）高压电工停送电作业

1. 作业流程

准备工作→高开、移变检修→高压接线盒防潮、接线检修→电缆、接线盒吊挂整理→停电及送电。

2. 作业标准

(1) 准备工作

5 kV 摇表 2 块、万用表 1 块、高压验电笔、电工刀、螺丝刀、扳手等电工工具 1 套；棉纱、涤特纯、凡士林、干燥剂(硅胶)适量。

(2) 高开、移变检修

① 通电状态下，检查高开、移变开关参数是否合理，整定值是否与标志牌相符。

② 高压停电后，检查高开外部喇叭口螺丝是否松动，接线装置有无亲嘴，电缆是否可靠压实，是否有失爆和不完好现象，发现问题及时处理。

③ 将隔离手把打到闭锁位置，打开高开前门，拉出小车；将移变高压侧打开。

④ 验放电，检查各保险管是否正常，对于损坏的保险管按照规定的电压和电流规格进行更换。

⑤ 将高开、移变内部损坏缺失的零部件更换补齐。

⑥ 检查腔室内部各接线柱是否有松动、毛刺及锈蚀，发现不合格项及时处理。

⑦ 将高开、移变内部高压线路用涤特纯擦拭干净，内部线路及器壁出现的水雾用棉纱彻底擦拭干净。

⑧ 高开、移变防爆面擦拭干净重新涂抹适量凡士林后关闭门盖。

(3) 高压接线盒防潮、接线检修

① 高压侧停电后，断开开关，挂停电牌，验放电。

② 检查喇叭口螺栓是否有松动、螺栓长度是否合适，有无喇叭口亲嘴，压线头是否可靠压实，对发现的不合格项及时整改。

③ 打开盖板，检查接线腔内各相线长度是否合适，相线之间无交错，出现不合格项及时修改，保证走线合理、美观。

④ 电缆头进入接线腔内部是否合理，检查高压侧接线端子压线是否可靠压实，线头有无毛刺、锈蚀等，对发现的不合格项及时整改。

⑤ 用棉纱及涤特纯将腔室内的电缆绝缘外皮擦拭干净。

⑥ 用摇表摇测绝缘值是否大于 200 兆欧姆，当绝缘值过低(小于 10 兆欧姆)时，查找出故障点并及时处理。

⑦ 清理接线腔室内的卫生,取出铜线碎屑等各种杂物,保证腔室整洁。

⑧ 取出失效的干燥剂,将适量新干燥剂放入接线腔内部。

⑨ 防爆面擦拭干净,重新涂抹适量凡士林后盖好盖板,压实螺栓,保证螺栓长度合适,弹垫有效。

(4) 电缆、接线盒吊挂整理

① 高压停电后,将凌乱电缆重新吊挂。

② 从上到下按照低压线(检测监控线、电话线等)、高压供电线路、低压负荷线路进行吊挂。

③ 将电缆弯曲或凌乱处从电缆钩上取下,按照从外向里的顺序将电缆重新挂到电缆钩上,保证电缆平直。多余的电缆匀到接线盒处后,将高压接线盒向里移动,使多余的电缆拉直。

④ 高压接线盒必须用细钢丝绳吊挂,将其固定好位置后,重新做好接地极。

⑤ 保证吊挂后的电缆整齐、美观。

(5) 停电及送电

① 人员就位后,由带班队长确认可以停电后,汇报调度室,征得同意后,方可停电。

② 停电后由班长在现场确认后,通知班组各点成员,方可开始检修。

③ 沿线检修完毕后,班组成员统一汇报班长,待班长确认检修完毕后,方可汇报带班队长,由带班队长汇报调度室和通知送电人员。

④ 当沿线有分线盒时,班长只有接到两边负责人员都汇报完毕后,方可通知送电。

三、风险隐患

(1) 未锁或没锁好隔离开关手把,其他人误送电造成触电事故。

(2) 检修完毕后,未通知作业人员或通知不到位,造成人员触电。

(3) 检修完毕后,未验电、未放电,造成人员触电。

(4) 未执行工作票流程,人员误送电,造成触电事故。

(5) 未按操作规程停电,带负荷拉隔离开关产生电弧,造成短路,烧毁设备。

(6) 开关绝缘不好,不能送电。

(7) 高压接线盒吊挂不牢,掉落碰伤作业人员,并造成设备损坏。

(8) 开关送电未检测瓦斯,发生瓦斯爆炸事故。

四、防范或应急处置措施

(1) 高压开关、移变等检修操作时,需将隔离开关把手锁好,无法上锁的需安排专人看守,其他人员不得送电。

(2) 严格执行停送电制度,坚持"谁停电、谁送电"的原则。

(3) 矿井维修电工,每人需携带开关停电锁头,谁检修谁上锁,并在高压隔离操作手柄上挂"有人工作,禁止合闸"标志牌。

(4) 矿井维修电工在送电前,必须通知调度及作业人员,清点人数确认无误后,方可送电。

(5) 检修完毕后，送电前需对检修部位再次确认，避免因工器具遗留在设备内，送电后造成人员触电或烧毁设备。

(6) 矿井维修电工停电后使用与验电电压相符的验电器按照先低压后高压的顺序进行验电，当确认无电压后，利用接地线进行放电。

(7) 使用的接地线、验电器等必须经过打压试验合格，并不得有损坏、不完好等缺陷。

(8) 高压线路检修，必须认真执行工作票流程，按照工作票注明的安全措施执行。

(9) 停电两路及以上检修的，送电时相互联系好，尽量使两回路同时送电。无法同时送电的，一回路送电时，另一回路停止作业。

(10) 送电人员接到调度室通知后，应再次确认工作票停电的线路，无误后再送电。

(11) 矿井维修电工必须先分断路器，再拉隔离开关手柄。

(12) 操作高压电气设备必须戴绝缘手套，穿绝缘靴或站在绝缘平台上。

(13) 操作高压开关停电时，需一人操作，一人监护。

(14) 每年春检对各配电柜进行打压试验，不低于相应额定电压的 2.5 倍对设备进行耐压试验，合格后方可使用。

(15) 矿井维修电工每季度使用高压摇表对电气设备、电缆相间和对地进行绝缘测试，低于 50 兆欧姆绝缘值时，应采用清洗剂进行处理。

(16) 高压开关、电缆等由于受损，绝缘值降低到 50 兆欧姆以下时，不得使用。

(17) 吊挂高压接线盒使用长度不小于 1 m、直径不小于 16 mm 螺纹钢固定在煤壁上，螺纹钢外漏长度 15～25 cm，外端使用 20 mm 螺母焊接牢固。

(18) 固定高压接线盒也可使用直径 10 mm 多股钢丝绳，固定锚杆吊挂，不得用单根 8 号铁线进行吊挂。

(19) 高压设备检修时，人员需佩戴便携瓦检仪，检修过程中，严格按照检测瓦斯、停电、验电、放电、装设接地线等流程操作。

(20) 检修高开地点及 20 m 范围内瓦斯浓度不超过 0.5%时，方可进行检修、停送电作业。

(21) 设备检修及现场检测瓦斯过程中，需有二人进行，不得单岗作业。

第十五节 低压电工

一、岗位责任制

(1) 进行电气设备的检修。定期进行设备的巡视，发现问题及时进行维修。

(2) 维修运行故障设备。负责对电气设备进行安全操作，发现设备故障及时予以修理，确保设备正常运行。

(3) 详细记录设备的运行情况。做好设备的运行记录，发现问题及时通报相关人员，进行协调处理。

(4) 安全使用电气设备。负责对电气设备进行人员培训，使其正确使用设备，避免安全隐患的发生。

(5) 维护设备操作的区域。维护电气设备所在区域,保证设备区域的清洁,使得设备的运行无外在物体干扰。

(6) 计划检修维护。负责制定定期检修计划,对设备进行检修和维护,保证设备的可靠性和连续性。

(7) 发挥团队协作能力。参与团队维修工作,根据团队工作计划完成设备维修任务,发挥个人维修技能和团队协作精神。

(8) 学习新技能。认真学习电气设备的新技术和新应用,积极参加培训和学习,提升专业技能和工作水平。

二、岗位作业流程标准

1. 作业流程

上岗前准备工作→停电→检修→送电→试车。

2. 作业标准

(1) 上岗前准备工作

① 戴好安全帽,穿好绝缘鞋、戴好绝缘手套及护目镜,站在绝缘垫上。

② 带齐使用工具,检查所用工具绝缘良好无缺陷。

③ 认真填写检修任务工作单,要求写清楚要检修的设备名称和编号。

(2) 停电

① 由工作许可人签字,在有人监护下方可工作。

② 看清要停电的设备名称,自然站立在设备前 0.3 m 处。

③ 右手握住断路器绝缘手柄,面部侧开,右手用力迅速拉下断路器开关。

④ 检查操作断路器确在"断开"位置。

⑤ 用验电笔测试设备确无电压。

⑥ 挂上"有人工作,禁止合闸"警示牌。

⑦ 变频器停电后需等 5 min,待变频器放电后方可工作。

(3) 检修

① 遵照《电气作业安全技术规程》和说明图纸要求等进行。

② 查找原因及分析原因,按照图纸要求认真修理完好。

③ 清理并检查现场,严防遗漏工具备件等。

(4) 送电

① 与操作工联系,在条件许可情况下,方可送电。

② 看清要送电的设备名称,自然站立在设备前 0.3 m 处。

③ 右手握住断路器绝缘手柄,面部侧开,右手用力迅速合上断路器。

④ 检查所操作断路器确在"合闸"位置。

⑤ 拆除"有人工作,禁止合闸"警示牌。

(5) 试车

① 与车间主控工、操作工联系，在条件许可情况下，方可送电试车。

② 由车间运行电工送电，由操作工开车，检修人员自然站立在安全区域，认真观察设备运行情况是否正常，待正常后方可离开。

③ 由车间电工或领导在检修工作任务单上签字验收。

三、风险隐患

(1) 检修时未检查是否彻底断电。

(2) 操作未佩戴绝缘工具。

(3) 绝缘工具到期未报检。

(4) 未定期点检。

(5) 未按照点检要求进行点检。

(6) 未按照操作规程操作。

(7) 人员无证上岗。

四、防范或应急处置措施

(1) 操作人员到有关部门培训，考取电工作业证书。

(2) 定期参加矿内、矿外的安全、技术培训。

(3) 严格执行操作规程。

(4) 绝缘工具管理落实责任人。

(5) 制定严格的监督制度。

第十一章 运输提升作业岗位应知应会知识

第一节 架空乘人装置司机

一、岗位责任制

井下架空乘人装置类似于地面旅游索道，通过电动机带动减速机上的摩擦轮作为驱动装置，采用架空的无极循环的钢丝绳作为牵引承载。钢丝绳主要靠尾部张紧装置进行张紧，沿途依托绳轮支撑，以维持钢丝绳在托轮间的挠度和张力。抱索器将乘人吊椅与钢丝绳连接并随之做循环运行从而实现运送人员的目的。

架空乘人装置司机是利用架空乘人装置在矿井斜巷、平巷运送人员的安全生产责任者。

(1) 负责架空乘人装置的安全运行、检修工作，是架空乘人装置安全运行的主要责任人。

(2) 依法参加地方、集团公司及各矿组织的各项安全生产学习及培训，熟练掌握本岗位安全生产所涉及的知识，合格后持证上岗。

(3) 贯彻执行《矿山安全法》《职业病防治法》《煤矿安全监察条例》《煤矿安全规程》等安全生产法律、法规，《煤矿安全生产标准化管理体系基本要求及评分办法(试行)》等行业标准等规定。

(4) 践行安全生产理念，完成安全生产目标。

(5) 认真学习职业病危害防治知识，按要求正确佩戴个人劳动防护用品。

(6) 熟悉岗位及作业环境安全风险及管控措施、熟悉隐患排查治理工作流程，做好岗位风险辨识、管控确认及隐患排查、整改工作。

(7) 执行安全生产责任制、计划、措施、制度等内容。

(8) 对架空乘人装置进行全面的日常巡检和维护，并且完善维护检修记录，及时消除安全隐患。

(9) 严格按照《煤矿安全规程》和“安全技术操作规程”操作，坚决杜绝习惯性违章，确保设备的安全运转。

(10) 规范填写好保护试验、钢丝绳检查、巡回检查、岗位作业流程标准现场确认表等。

(11) 积极推广学习新技术、新材料、新工艺、新设备的知识，并应用到实际工作中。

(12) 根据事故应急救援预案职责分工，参与事故应急救援预案演练，及时对救援预案进行总结评价。

(13) 坚决制止和纠正违章指挥、强令冒险作业、违反操作规程的行为，对现场发生的安全生产事故，及时、如实按流程汇报、记录。

(14) 对井下架空乘人装置的安全运行进行持续改进。

二、岗位作业流程标准

1. 作业流程

交接班→运行前检查→运行操作→运行后检查。

2. 作业标准

(1) 交接班

① 顶帮支护完好，无安全隐患。

② 持证上岗，交接班记录齐全。

③ 运转中出现隐患处理情况。

④ 各仪表指示灯指示正确，各按钮、手柄完好、灵敏、可靠。

⑤ 硐室内卫生清理干净，设备表面无浮煤、杂物。

⑥ 询问安全保护、通信设施及信号指示情况。

⑦ 接地极完好并符合标准。

(2) 运行前检查

① 驱动装置各部位连接牢固，无破损、变形。

② 驱动轮无异常、无开焊裂纹变形，衬垫无缺失、磨损不超限。

③ 主绳轮、导向轮绳槽磨损不超限。

④ 钢丝绳完好，直径磨损、断丝不超限。

⑤ 电机固定牢固、无松动。

⑥ 闭锁停送电开关正常工作，通信装置完好。

⑦ 操作台显示屏显示正常，按钮操作灵活，无误动作。

⑧ 减速器油窗显示清晰、油位适中，无异响。

⑨ 液压泵站油窗显示清晰、油位适中，无异响。

⑩ 安全制动和工作制动装置动作灵敏、可靠。

⑪ 各类安全保护装置齐全、有效。

(3) 运行操作

① 启动时，先把电源开关手把合上，然后按启动按钮整机运转。

② 注意乘车人员乘坐情况。

③ 注意钢丝绳与驱动轮运转情况。

④ 注意钢丝绳与托绳轮运转情况。

⑤ 对检修工作进行检查验收时，拆除临时接地线和摘掉停电牌，清点工具。

(4) 运行后停机与检查

① 按动停止按钮或动作机头、机尾上下人处的越位开关，整机停止运转。

② 切断电源，必须把开关手把打到“0”位，并闭锁。

③ 填写检查运行等记录。

三、风险隐患

(1) 工作地点顶板不完好,可能造成冒顶伤人事故。

(2) 未持证上岗,交接班记录不齐全,可能造成隐患事故。

(3) 运转中出现隐患处理情况未及时交接,可能造成隐患事故。

(4) 各仪表指示灯指示不正确。各按钮、手柄不灵敏可能造成设备损坏现象。

(5) 卫生清理不干净,设备表面有浮煤、杂物造成质量标准化工作不达标。

(6) 安全保护、通信设施及信号指示情况无法使用,可能造成设备损坏现象。

(7) 接地极不符合标准,可能造成设备损坏现象。

(8) 驱动装置各部位连接不牢固、破损、变形可能造成设备损坏和伤人现象。

(9) 驱动轮异常、开焊裂纹变形,衬垫缺失、磨损超限可能造成设备损坏和伤人现象。

(10) 主绳轮、导向轮绳槽磨损超限可能造成设备损坏和伤人现象。

(11) 钢丝绳直径磨损、断丝超限可能造成设备损坏和伤人现象。

(12) 电机固定不牢固、松动可能造成设备损坏和伤人现象。

(13) 闭锁停送电开关不能正常工作,通信装置不灵敏可能造成设备损坏和伤人现象。

(14) 操作台显示屏显示不正常,按钮操作不灵活,可能造成误动作。

(15) 减速器异响、缺油可能造成设备损坏现象。

(16) 液压泵站异响、缺油可能造成设备损坏现象。

(17) 安全制动和工作制动装置动作不灵敏,可能造成设备损坏和伤人现象。

(18) 各类安全保护装置不齐全,可能造成设备损坏和伤人现象。

(19) 启动时,未按操作程序整机运转可能造成设备损坏现象。

(20) 不注意乘车人员乘坐情况,可能造成设备损坏和伤人现象。

(21) 未注意钢丝绳与驱动轮运转情况,可能造成钢丝绳与驱动轮损坏现象。

(22) 未注意钢丝绳与托绳轮运转情况,可能造成钢丝绳与托绳轮损坏现象。

(23) 对检修工作进行检查验收时,未拆除临时接地线和摘掉停电牌,可能造成设备误动作现象。

(24) 未正常按动停止按钮,可能造成设备损坏现象。

(25) 切断电源,未把开关手把打到“0”位,可能造成设备误动作现象。

(26) 未做好当班运行记录和工作日志,造成质量标准化工作不达标。

四、防范或应急处置措施

(1) 上班前保证精力充沛,休息好。

(2) 正确佩戴和使用劳动保护用品。

(3) 严格执行敲帮问顶制度,及时处理危岩、活石。

(4) 驱动装置固定牢固。

(5) 认真检查钢丝绳完好情况。

(6) 杜绝脱离岗位,暂时需离开岗位应汇报当班领导。

(7) 严格按照操作步骤及规定作业,熟悉信号操作。

第二节　带式输送机维修工

一、岗位责任制

(1) 自觉遵守各项规章制度,严格执行“三大规程”。

(2) 持证上岗,按时上下班,不无故脱岗。

(3) 了解带式输送机工作原理、构造及性能,掌握维护和保养技术,不违章作业。

(4) 认真落实规定的日检、周检、月检项目,并记录在册。

(5) 对带式输送机的各运转部件有计划地定期维检、加油、更换,提高检修质量,保障设备达到完好标准。

(6) 对带式输送机的所有配件、工具、材料加强管理,确保维修使用。

(7) 及时处理带式输送机各种突发故障。

(8) 对带式输送机的各类管线、巷道沿线电缆的吊挂整理。

(9) 检修完毕后,对设备进行联合试运转,保障设备正常运行。

二、岗位作业流程标准

(一) 正常运转作业

1. 作业流程

作业前准备→检修设备→设备运行→检修完毕。

2. 作业标准

(1) 作业前准备。认真检查作业场所环境,确认安全方可进行作业,作业前掌握所要维修设备的拆卸及装配工艺要求、检修内容、检修标准、安全技术措施,检修前要将检修用的备件、材料、工具设备和安全保护用具准备齐全,并认真检查和试验。作业前要切断或关闭所检修设备的电源、水源等,并挂“有人作业,禁止送电(送水)”警示牌。

(2) 检修设备。做好设备的日常检查维护工作,重点检查、试验各种安全保护装置,对设备运行中发现的问题,要及时进行检查处理。拆下的零部件要妥善放在指定的位置,不得影响作业和人员车辆通行,打开机盖或换油时,必须做好防护,以防落入杂物或淋水。更换的油脂型号、用途和质量应符合规定,并做好数据记录工作。维修机械装置及液压系统时,拆卸的主轴、轴承、齿轮及液压构件等应使用金属清洗剂清洗并摆放好。确认维修的零部件无问题后,使用标准的紧固件按照装配顺序进行组装,确保装配质量符合检修标准的要求。

(3) 设备运行。检修中被临时拆除的安全防护装置,应指定专人进行恢复,检修后应将工具、材料、换下的零部件等进行清点核对,确认无误后,联系相关操作人员进行设备试运行。

(4) 检修完毕。清理工作地点的工具、杂物,认真填写检修记录,包括检修部位、内容、结果及遗留问题等。

（二）控制输送带打滑作业

1. 作业流程

了解输送带打滑的原因→制定措施→控制输送带打滑。

2. 作业标准

(1) 了解输送带打滑的原因。常见的输送带打滑原因有超载、输送带淋水、张紧力下降。

(2) 制定措施。观察滚筒包胶、托辊运行情况，寻找淋水点，保持滚筒和托辊干燥，设置张紧力下降保护。

(3) 控制输送带打滑。更换滚筒包胶，增大摩擦力以防止打滑，安装疏水挡板，防止输送带淋水，导致与托辊之间的摩擦力减小，设置张紧力下降下限、声光报警参数值，做到打滑及时停车。

三、风险隐患

(1) 作业前未对现场作业顶板、巷帮等周围环境进行检查。

(2) 检修时发生机械部件伤人。

(3) 设备检修时，人身接触转动部位。

(4) 更换轴承时使用硬物敲击，造成设备损坏。

(5) 检修带压设备前未泄压。

(6) 起吊作业安全防护不到位。

四、防范或应急处置措施

(1) 认真检查，防止顶板冒落和片帮伤人。

(2) 严格执行岗位操作规程。

(3) 不得触摸运转部位，转动部位必须安设防护罩或防护栏。

(4) 更换轴承可采用预热或者软金属垫衬敲击。

(5) 检修带压设备前必须释放残压。

(6) 起吊作业时安全防护到位，人员站在安全位置。

第三节 带式输送机司机

一、岗位责任制

(1) 带式输送机司机必须经过专业技术培训考试合格，取得上岗证后，方可操作。非操作人员严禁操作带式输送机。

(2) 熟悉设备构造、性能、工作原理、完好标准，做到三好四会一安全(三好：用好、管好、修好。四会：会使用、会保养、会检查、会排除故障。一安全：保证安全运转)

(3) 带式输送机运行之前，司机要检查工作环境，如工作地点的底板情况、支架完整情况，检查机器各部件的完好情况和牢固情况，输送机各种保护是否完好。

(4) 负责保管好岗位必备工具、备用零配件等。

(5) 刻苦钻研技术,努力提高思想及业务水平,爱岗敬业,增强工作责任心,牢固树立“安全第一”的思想,对本岗位人身及设备安全负责。

(6) 严格遵守设备操作规程,不违规操作。

(7) 严格执行交接班制度,按照交接班制度要求,做好交接班工作。

(8) 遵守各项劳动纪律,不得擅自离岗、串岗,上班期间不干与工作无关的事情。

(9) 操作工必须按规定的信号开、停输送机,未使用集中控制的多台带式输送机联合运转时,应按逆煤流方向逐台启动。

(10) 必须经常检查输送机巷道内的消防及喷雾降尘设施,并保持完好有效。

(11) 运转中注意电动机、滚筒及轴承的温度变化情况,保持其温度在行业标准规定的范围内。

(12) 运转中注意检查缓冲托辊、调偏托辊的工作情况,发现有脱落时,做好记录,待停机时及时更换。检查各紧固件的紧固情况,若有松动,待停机时及时处理。

(13) 运转中注意检查来料中是否夹杂大块铁器、石头等坚硬器物,防止撕破输送带,导致生产中断事故。

(14) 接到停车信号后,将带式输送机上的煤完全拉净,待上一台输送机停机后,将控制开关手柄扳到断电位置,锁紧闭锁螺栓。

(15) 关闭喷雾降尘水的阀门,清扫电动机、开关、液力耦合器、减速器等部位的煤尘。

(16) 按相关要求搞好设备日常保养工作,发现异常情况时要及时向有关部门反映并采取有效措施处理,并将故障情况如实写入运行日志中。

(17) 保持本岗位的环境卫生,做到文明生产。

二、岗位作业流程标准

(一) 正常运转作业

1. 作业流程

交接班→作业前准备→试运行→运行→停机。

2. 作业标准

(1) 交接班。确认作业环境完好,无安全风险和隐患,向交班人询问设备运行情况,将岗位卫生清理干净,保证各部位防护装置齐全有效。

(2) 作业前准备。通信信号、保护完好可靠,控制系统无故障显示,减速器、液压站油位正常,张紧绞车张紧力正常,各部位连接紧固,无漏油,托辊齐全完好,滚筒无脱胶,清扫装置完好,清扫效果良好。

(3) 试运行。发出启动信号,信号回复正确有效,供电及控制系统正常,无故障显示,电机、减速器声音、温度正常,无异常振动,集控输送带启动顺序正常,降尘喷雾系统正常开启,雾化效果好,输送带张紧情况适宜,各转动部位轴承声音、温度正常,润滑良好。

(4) 运行。输送带运行无跑偏、打滑,输送带接头完好,上、下托辊运转正常,无异响或筒皮破损,设备不超负荷运行,各传动部位轴承温度、声音及润滑效果正常。

(5) 停机。输送带货载拉空、开关闭锁,岗位卫生干净整洁,设备运行记录完整真实。

(二) 控制输送带跑偏作业

1. 作业流程

确定输送带跑偏方向→制定调整方案→调整跑偏。

2. 作业标准

(1) 确定输送带跑偏方向。观察输送带空载和重载运行情况,记录输送带跑偏方向。

(2) 制定调整方案。根据记录的跑偏方向,采用调整托辊、支架或者落煤点中心等方式进行纠偏。

(3) 调整跑偏。调整托辊角度,使输送带向中心位置运行,调整输送带支架水平高低,使输送带平稳运行,纠正落煤中心点位置,保证输送带受力均匀。(此项工作在停机时进行)

三、风险隐患

(1) 个人安全防护用品穿戴不规范、不齐全。

(2) 现场作业环境存在不安全因素(片帮、悬顶、淋水隐患)。

(3) 作业现场防护设施、各类保护装置及警示装置缺失或失效。

(4) 人员站位不当,煤块飞溅造成人员被砸伤。

(5) 违章跨越、蹬、乘运行中的带式输送机导致人员卷入输送带受伤。

(6) 带式输送机运行期间,检查带面站位不当或着装不整齐,导致人员被卷入输送带受伤。

(7) 误操作伤人。

(8) 输送带打滑摩擦着火。

四、防范或应急处置措施

(1) 按照国家及行业标准正确佩戴个人防护用品。

(2) 认真排查作业环境,处理不安全因素。

(3) 各种防护设施及保护装置齐全有效,固定牢靠。

(4) 人员站位要避开煤块飞溅方向。

(5) 在带式输送机运行过程中严禁跨越、蹬、乘输送机。

(6) 带式输送机司机必须穿着整齐,扎紧袖口,并站在距输送带 500 mm 以外的位置观察输送带运行情况。

(7) 先点动以警示输送带范围内的人员,严格执行回信号开机制度;检修带式输送机时,必须停止本机并对本机开关进行停电闭锁。

(8) 保证输送带阻燃、抗静电,保证烟雾、自动洒水保护装置动作灵敏有效。

第四节 绞车司机

一、岗位责任制

(1) 绞车司机必须持证上岗。

(2) 检查绞车周围帮顶情况有无异常,绞车固定是否牢靠,清除绞车前方杂乱异物,以利于安全运行。

(3) 检查制动系统是否灵敏可靠,各部螺栓、销、轴、拉杆螺栓及背帽等应完整齐全。

(4) 检查钢丝绳有无弯折、硬伤、打结和严重锈蚀,卷筒及大齿轮和刹车有无裂纹及油污。

(5) 必须熟悉设备的结构、原理、性能和各项技术参数,并会一般的检查、维护及故障处理。

(6) 检查操作开关和控制按钮是否完好,检查负荷线、操作线有无破损。

(7) 认真检查确认绞车制动、钢丝绳、声光信号完好可靠,护网、地锚等安装到位。

(8) 操作绞车时要集中精力,认真操作。当遇有紧急停车信号时,要立即停止设备的运转,迅速查明情况。

(9) 按照绞车的运行状况,认真填写各种记录,字体端正、清晰。

(10) 清理现场环境卫生,擦拭设备灰尘、油垢,不准在设备安全范围内堆放杂物。

二、岗位作业流程标准

(一) 正常运转作业

1. 作业流程

隐患排查→作业环境确认→检查设备完好情况→设备试运行→运行设备→停机→清理设备。

2. 作业标准

(1) 隐患排查。接班并对上班作业情况进行隐患排查,发现问题及时进行处理。

(2) 作业环境确认。绞车安装地点(硐室)无喷层开裂等隐患,绞车周围卫生整洁,30 m内无障碍物、杂物,不影响操作与视线,挡车设施齐全、完好、可靠。

(3) 检查设备完好情况。绞车固定牢靠,制动闸和工作闸符合规定,且灵敏可靠,钢丝绳整齐排列,无打折、锈蚀,磨损量未超限,按钮、电铃操作灵活有效,无失爆现象,绞车信号声光兼备、清晰、准确可靠,护绳板固定牢固。

(4) 设备试运行。启动电机,电机无异响,正反转正常,停止按钮正常。

(5) 设备运行。车辆连接完好,护绳悬挂到位,听到清晰、准确的信号后,先向行人示警,做到"行人不行车,行车不行人"。操作时必须站在护绳板后,严禁站在侧面或卷筒前面,缓缓压紧工作闸,同时缓缓松开制动闸,使绞车慢转,平稳启动,最后压紧工作闸,松开制动闸,达到正常运行速度。绞车运行中应集中精力,注意信号,观察钢丝绳,手不离闸把,注意绞车各部情况,发现特殊情况,立即发出停车信号,并采取措施处理。

(6) 停机。接近停车位置,应先慢慢闸紧制动闸,同时逐渐松开工作闸,使绞车减速,听到停车信号后,闸紧制动闸,松开工作闸,停车、停电。矿车到位不运行时,必须将供电开关停电并闭锁,授权装置上锁。

(7) 清理现场卫生。使用完毕后清理绞车周围及硐室内外的卫生,并做好现场记录。

（二）防止绞车咬绳作业

1. 作业流程

了解所拉车辆及线路情况→制定措施→防止咬绳。

2. 作业标准

(1) 了解所拉车辆及线路情况。开车前了解所拉车辆重量及轨道坡度情况。

(2) 制定措施。根据拉车数量和重量的多少，以及轨道坡度的大小，确定拉车个数，严禁超拉超挂。

(3) 防止咬绳。在拉车过程中要缓慢松开制动闸，闸紧工作闸，防止突然加力而造成咬绳情况；在上坡或者下坡时要提前预收紧绳，防止突然施力而造成咬绳现象。

三、风险隐患

(1) 绞车安装地点顶板喷层开裂不完好。

(2) 绞车底座固定不牢固。

(3) 绞车运行中未按规定安设警戒。

(4) 运行轨道线路(道岔)方向扳错或不到位。

(5) 斜巷不带电放飞车、超拉超挂车运行。

(6) 摆灯、喊话等发信号开车。

四、防范或应急处置措施

(1) 严格执行敲帮问顶制度，及时清理开裂喷层。

(2) 绞车底座固定牢固。

(3) 绞车运行前设好警戒，严格执行“行人不行车，行车不行人”作业的规定，制止行人进入绞车运行区域。

(4) 按行车方向扳道岔，并保证岔尖与基本轨密贴。

(5) 严格按照操作规定作业。

(6) 使用信号装置按规定发送信号。

第五节 把 钩 工

一、岗位责任制

(1) 上岗人员必须熟悉本职工作，具有熟练的操作技术，必须按照规定发送信号。信号发送准确、清晰、响亮。

(2) 上岗人员必须经过培训，经考试合格，持证上岗。

(3) 上岗人员必须严格遵守劳动纪律，上班时精神集中，不做与岗位无关的事，坚守工作岗位，不擅离职守。

(4) 不准非把钩工替岗操作，不准自行停电或擅自拆修信号装置和其他电气装置。

(5) 必须严格执行操作规程、交接班制度等有关规章制度。

（6）各地点把钩工之间、把钩工与信号工之间，一定要加强联系，团结协作，密切配合。

（7）按时在工作现场交接班，履行正规交接程序，搞好本岗位环境卫生。

（8）把钩工对本岗位安全生产负责。必须及时准确地与信号工配合发送信号。发送信号前应检查以下主要事项：

① 仔细查看提升容器、钢丝绳、连接装置及井口或井底所有安全装置设施等，是否完好可靠。

② 检查是否有安全隐患障碍物。

③ 斜井把钩工检查车辆情况，装卸捆绑情况，安全设施完好情况，信号系统完好情况，插销闭锁是否起作用，链环是否合格，保险绳是否完好、固定好。提升机运行期间，把钩工严禁离岗。

（9）提升期间发生异常情况，首先应立即发送紧急停车信号，并立即汇报。

（10）要保持井口、井底作业范围内的清洁卫生，做到井口无杂物、存放物件要整齐、不影响人员安全通行和井口作业。

二、岗位作业流程标准

（一）作业流程

作业前准备→班前检查→班中作业→交班。

（二）作业标准

1. 作业前准备

把钩工必须经过专业安全技术培训，考试合格，持证上岗。

2. 班前检查

（1）提升信号、声光信号齐全，通信设备可靠。

（2）检查钩头 15 m 以内的钢丝绳不得有打结、压伤、死弯等安全隐患，如不符合提升要求，严禁提升。

（3）认真检查井巷内，确认无障碍或影响安全提升的安全隐患，以及无其他工作人员进行工作，确认无误后，方可提升。

（4）认真检查设备、材料，必须捆绑固定牢靠，重心必须稳定。

（5）认真检查核对所挂车辆的重量和数量，应符合规定。

（6）运送超重、超高、超长、超宽设备、材料等物件应有专项提升措施，经有关部门批准方可提升。

（7）斜井运送爆炸物品应符合以下要求：

① 首先检查信号装置是否可靠，如信号不清晰或信号装置不完好、不可靠，严禁运送。

② 运输硝化甘油类炸药和电雷管必须装在专用的、带盖的车厢内，车厢内部铺有胶板或麻袋等软质垫层，并只准放一层爆炸物品，如检查不合格或不符合要求，拒绝运送。

③ 炸药和雷管必须分开运输，堆放高度不得超过矿车边缘。

④ 运输前必须通知提升机司机和各水平把钩工，注意车辆运行速度不得超过 1 m/s。

⑤ 运送爆炸物品时，不得同时运送人员和其他设备材料或工具。

3. 班中作业

(1) 把钩工在列车停稳后方可进行操作，严禁车未停稳摘挂钩。

(2) 把钩工操作时站立的位置应符合下列要求：

① 严禁站在道中心，头部和身体严禁伸入两车之间进行操作，以防两车滑动碰伤身体。必须站立在轨道外侧，距外侧钢轨 200 mm 左右进行摘挂钩。

② 在单道操作时，应站在信号位置同一侧或巷道较宽一侧。

③ 在双道操作时，应站在双道之间进行摘挂钩，如果车场双道之间安全间隙达不到要求，应站在人行横道一侧进行摘挂钩。

④ 摘挂完毕需穿过串车时，必须从车辆运行上方行走，严禁从两车之间或车辆运行下方通行。

⑤ 把钩工摘挂钩时，如遇到摘不开或挂不上时，严禁蹬绳操作，必须采用专用工具操作，以防车辆移动使身体倾斜摔倒，造成事故。

⑥ 挂人车时，首先应检查人车各部位，特别是人车所带的防坠器、保险绳、连接装置，确认完好、灵活可靠，然后挂好钢丝绳进行试车。试车时除跟车工外，其他人员禁止乘车，确认安全可靠后，方可运送人员。

4. 交班

(1) 清理现场

清理责任区域、作业区域地面和信号硐室设备、设施，无浮煤、杂物等。

(2) 岗位交接

① 检查设备情况，确认电话、语音报警器、声光信号装置完好。

② 认真向下一班司机交接设备运行情况以及存在的问题，必须真实全面反映当班设备运行情况和存在问题，坚决杜绝隐瞒。

三、岗位风险

(1) 开始作业前未对安全装置和设施、信号系统、连接装置、保险绳、钩头等的完好情况进行检查。

(2) 未按规定使用保险绳、钩头连接。

(3) 人员头部和身体伸入两车之间摘挂钩头。

(4) 车辆运行过程中摘挂钩头。

(5) 从两车之间或车辆下方通过串车。

(6) 运输期间不设警戒，中间甩道不设警示信号或警示红灯。

(7) 保险绳挂设不规范。

(8) 阻车器、连锁挡车栏未处于常闭状态。

(9) 把钩工和信号工相互兼任。

(10) 信号发出后人员未进入躲避硐室。

(11) 无措施运送“四超”(超长、超宽、超高、超重)车辆。

(12) 违反规定挂钩。

(13) 未按规定使用安全设施。

(14) 在斜巷中摘挂钩、装卸材料不采取安全措施。

(15) 提升前未对车辆的完好情况、装载情况进行认真检查。

四、防范或应急处置措施

(1) 每次提升前,必须检查安全装置和设施、信号系统、连接装置、保险绳、钩头完好情况,发现隐患必须进行处理,严禁未排除隐患就进行提升运输作业。

(2) 斜巷绞车的每个钩头都必须配有保险绳,保险绳钩头必须紧固可靠,保险绳与提升钢丝绳采用鸡心环与鸡心环成套组合使用,鸡心环、绳卡与钢丝绳匹配,绳卡不松动。斜巷绞车提升期间,必须使用保险绳。

(3) 在两矿车之间摘挂作业时,严禁站在道心及轨道上,身体各部位严禁伸入两碰头之间。

(4) 严禁车辆运行过程中或车辆调整过程中摘挂车辆及摘挂钩。摘挂钩作业必须在平巷中进行,等车辆停稳后,在车辆(列车)前后两端打上阻车器或掩车装置后,方可进行作业。

(5) 摘挂钩完毕,严禁从两车辆之间穿越,斜巷提升摘挂钩后严禁从串车车辆上方穿越。

(6) 斜巷运输时必须严格执行"行人不行车,行车不行人"制度。各通道口必须设有"行人不行车,行车不行人"警示牌和语音报警装置;斜巷上下车场和各甩道口必须安设与绞车联动的声光报警装置。

(7) 斜巷提升时必须按规定使用保险绳,保险绳放在车的上部,必须绑扎牢固,绑扎点不得少于两处,把钩工检查确认连接情况和插销防脱性能无误。

(8) 必须确保斜巷阻车器及上下挡车杠处于常闭状态,使用后要及时复位。

(9) 信号工、把钩工严禁替岗操作,严禁擅自停电或擅自拆修信号装置和其他电气设备。

(10) 把钩工每次挂钩完毕后,必须对车辆各部位、保险绳、连车装置等再详细检查一遍,看是否完全正确、牢固可靠,观望车辆运行方向有无阻碍和隐患,确认安全后,打开挡车器或挡车杠(栏),进入躲避硐室、信号硐室或安全地带后,方准给信号工发开车指令。

(11) 运送"四超"物料的车辆必须制定专门的安全措施。

(12) 必须按照挂钩操作程序操作,用专用插销和专用三链环从前往后依次连接好一列矿车,用专用插销连接主绳钩头,最后连接保险绳钩头,保险绳必须放在车的上部,由把钩工依次检查确认连接情况和插销防脱性能无误。

(13) 立井、斜巷提升时必须按规定使用各种安全设置。

(14) 在斜巷中摘挂钩、装卸材料时,必须制定专项措施,并严格按照措施规定进行施工。

(15) 每次提升前必须对车辆的完好情况、装载情况、绑扎情况等进行认真检查,检查是否存在超重、超长、超高和超宽车辆,确认安全无误后方可进行提升作业。

第六节 信 号 工

一、岗位责任制

(1) 热爱本职工作，具有高尚的职业道德，全心全意为人民服务，具有高度的责任感。经过培训，经考试合格，持证上岗。

(2) 具有熟练的操作技术，严格执行操作规程的规定，按照规定发送信号。

(3) 严格遵守劳动纪律，上班时精神集中，不做与岗位无关的事；不看手机或无关资料，不与他人闲谈、打闹。

(4) 严格执行信号工的岗位责任制、交接班制和有关规章制度。

(5) 不准闲人进入信号室摆弄信号装置，不准非信号工替岗操作，不准自行停电或擅自拆修信号装置和其他电气装置。

(6) 信号工短时间离岗时，应向井口主信号工打好招呼，由井口主信号工通知井口或井底信号工；必要时应通知提升机司机，再发出停车信号，待罐笼停稳后，方可离岗。在信号工离岗期间，提升机不准运行。信号工返回岗位后，应报告井口主信号工，再由他通知井口或井底信号工和提升机司机。

(7) 及时准确地发送信号，必要时，必须先经过联系，才允许改发信号。

(8) 信号工之间，信号工与把钩工之间，主信号工与提升机司机之间，信号工与井口、井底各工种之间，一定要加强工作联系、团结协作、密切配合。

(9) 发生异常情况时，不要慌张、不必忙乱，首先应立即发送紧急停车信号。

(10) 要保持井口、井底作业范围内的清洁卫生，做到井口无杂物；存放物件要整齐，不影响人员安全通行和井口作业。

(11) 精心维护、保养好信号及通信装置，以及其他安全设施等。

二、岗位作业流程标准

(一) 作业流程

作业前准备→信号试验→信号发送→交班。

(二) 作业标准

1. 作业前准备

(1) 必须持有效证件上岗，熟知主井装、卸载设备、信号设施的性能、结构和工作原理。

(2) 接班时必须试验舌板闭锁、满仓信号保护灵敏可靠。

(3) 每次动罐前，先将大钩放下，舌板收回，当动罐信号发出后，绝对不允许随意更改信号，如遇特殊情况时，应先打停点，并确认绞车不动后，再进行处理。如箕斗未停稳或不到位时，不准放出舌板或提起大钩。

(4) 提煤时，要做到目接目送，运行中要视、听集中，发觉异常立即打停点并汇报，待查明处理后，方可提升。

(5) 信号规定：一点停，二点快提，三点快下，四点慢提，五点慢下，均以主罐为主。

(6) 当检查罐道或吊运特殊物件时，井上、下信号工应首先互相联系好，并向绞车司机交代清楚施工任务，按规定速度运行。

(7) 正常情况下，只准使用主信号系统。只有当主信号系统发生故障时，才准使用备用信号系统，同时应立即通知有关人员修复，修复后，立即恢复使用主信号系统。

(8) 信号发出后，不得离开岗位，并应密切监视提升容器及信号显示系统的运行情况，如发现运行与发出信号不符等异常现象，应立即发出停车信号，查明原因处理后，方可重新发送信号。

(9) 发出开车信号后，一般不得随意废除本信号，特殊情况需要改变时，须先发送停车信号后再发送其他种类信号。

2. 信号试验

(1) 电话联系

与提升机司机、井底信号工联系，注意信息传达清晰准确。

(2) 试验

试验信号装置，信号发送准确无误。

3. 信号发送

(1) 信号工在上岗期间，应主动与把罐工(把钩工)密切配合，当把钩工向信号工发出发送信号指令后，信号工有责任监视乘人和装罐等情况，在确认一切正常后，方可发送信号。

(2) 信号工发出信号后，应不离开信号工房(室)，并密切监视提升容器、钩头及信号显示系统的运行情况，如发现运行与发送信号不符等异常现象，应立即发出停车信号，待查明原因处理后，方可重新发送信号。对事故隐患情况，还应随即上报有关领导查处。

(3) 信号工必须严格按照统一规定的信号种类标志发送信号。严禁用口令、敲管子等非标信号。

(4) 在井筒运送爆炸物品时，信号工应严格按规定操作，必须事先通知提升机司机按相应的升降速度运行。严禁在交接班及人员上下井时间内发送运送爆炸物品的信号。

(5) 多层罐笼或多水平提升时，井口上、下各层或各水平信号工，必须按下列程序操作：

① 各水平信号工直接向井口信号工发送信号。

② 井口总信号工在收齐各岗位信号工发来的信号后，方可向提升机房司机发送信号。

③ 井口总信号工收到任何不明信号，均不得发出开车信号，此时可用备用信号或专用通信设备联系判断，以准确无误地发送信号。

(6) 信号把钩工发出开车信号后，一般不得随意废除本信号，特殊情况需要改变时，须先发送停车信号再发送其他种类信号。

(7) 信号工在上岗期间，严禁脱岗。

4. 交班

(1) 罐笼等提升容器在运行中，一律不准进行交接班，须待罐笼到位停稳，并打停点信号后才准交接。

(2) 信号工应现场交接清楚以下内容:

① 主、备用信号及专用联络电话等通信讯号的完好状况。

② 其他有关设备、设施的完好状况。

③ 上班有关运行工作情况。

④ 当班有关注意事项。

(3) 发现以下两种情况,交接班双方均不得私自交接,须立即汇报当班班长妥善解决后方准交接:

① 接班人有不正常精神状态。

② 交班人交代不清当班情况。

(4) 交接班双方均履行正规交接手续。

(5) 信号工接班后,应首先与提升机司机及其他信号工联系好,仔细检查试验有关信号设备、设施是否正常,待一切安全可靠后,方可正式提升操作。

三、风险隐患

(1) 安全装置和设施、信号系统、连接装置、保险绳、钩头不完好仍发信号开车。

(2) 出现紧急情况未及时发送停车信号。

(3) 运输期间不设警戒,中间甩道不设警示信号或警示红灯。

(4) 把钩工和信号工相互兼任。

(5) 信号发出后人员未进入躲避硐室。

(6) 无措施运送“四超”(超长、超宽、超高、超重)车辆。

(7) 未按规定使用安全设施。

(8) 在斜巷中摘挂钩、装卸材料不采取安全措施。

(9) 误发开车信号。

(10) 未听清信号就发送信号。

(11) 信号工发送信号后擅自离开工作岗位。

四、防范或应急处置措施

(1) 每次提升前,必须检查安全装置和设施、信号系统、连接装置、保险绳、钩头完好情况,发现隐患必须进行处理,严禁未排除隐患发出信号开车。

(2) 信号工必须坚守工作岗位,发生紧急情况必须立即发送紧急停车信号。

(3) 斜巷运输时必须严格执行“行人不行车,行车不行人”制度。各通道口必须设有“行人不行车,行车不行人”警示牌和语音报警装置;斜巷上下车场和各甩道口必须安设与绞车联动的声光报警装置。

(4) 信号工、把钩工严禁替岗操作,严禁擅自停电或擅自拆修信号装置和其他电气设备。

(5) 每次挂钩完毕后,必须对车辆各部位、保险绳、连车装置等再详细检查一遍,看是否完全正确、牢固可靠,观望车辆运行方向有无阻碍和隐患,确认安全后,打开挡车器或挡车杠(栏),进入躲避硐室、信号硐室或安全地带后,方准发给信号工开车指令。

（6）运送“四超”物料的车辆必须制定专门的安全措施。

（7）立井、斜巷提升时必须按规定使用各种安全设置。

（8）在斜巷中摘挂钩、装卸材料时，必须制定专项措施，并严格按照措施规定进行施工。

（9）信号工必须集中精力按照指令发送信号。

（10）信号工坚决执行安全操作“三准”“三不发”。三准：看准、听准、发准信号。三不发：罐门或罐帘未拉好，不发信号；改变信号时，使用方法未联系好，不发信号；信号未看准，未听清，不发信号。

（11）信号发出后，信号工必须将手放在停车信号按钮上，密切注视提示容器和信号的运行情况，一旦发现异常情况，立即发出停车信号，严禁擅离职守。

第七节　运　料　工

一、岗位责任制

（1）领取生产材料装车入井，入井前清点数目，做好记录。

（2）运送物料时，必须按作业规程要求对所装载的物料规格、品种、数量进行检查，对本岗位开工前、施工过程中的危险源辨识、安全确认等现场情况进行落实。

（3）确认所装物料的类别、外形尺寸、重量，做到不超高、不超宽、不超重，安全、平稳，及时完成本班运送任务。

（4）装运超高、超宽、超长、超重物料时，必须使用专用车辆并制定专门措施。

（5）在架线巷道装卸、运送物料时，必须注意人员或物料不要碰触架空线，或采取相应安全措施，并注意观察顶板。

（6）斜巷运料时，必须捆绑牢固，做到“行车不行人，行人不行车”，下口设好警戒，严禁自溜下料或放飞车。

（7）运料过程中，注意不要刮碰电气设备及管线。

（8）车辆通过风门时，必须开一关一，不得同时打开两道风门，更不能用车撞风门。

（9）两人以上装卸车时，必须相互配合好，做到轻拿轻放，不准盲目乱扔，以防物料反弹伤人或砸坏设备。

（10）同车内的物料长短应一致，否则必须长料在下、短料在上，重心位置在车辆中央，并必须用绳索或手拉葫芦捆绑牢固。

（11）负责所运材料的装卸，放到指定地点，并分类码放整齐。

二、岗位作业流程标准

（一）正常运转作业

1. 作业流程

隐患排查→作业环境确认→检查设备完好情况→运送物料→完成收尾。

2. 作业标准

（1）隐患排查。接班对上班作业情况进行隐患排查，发现问题及时进行处理。

(2) 作业环境确认。作业环境周围顶板、两帮支护安全可靠,行驶路线周围卫生整洁,50 m 内无障碍物、杂物,便于操作和观望,挡车设施齐全、完好、可靠。

(3) 检查设备完好情况。常闭式跑车防护装置操作灵活、完好、可靠,车辆完好,连接装置可靠,钢丝绳、保险绳完好、可靠,销子链环完好,无变形、无裂痕,信号装置准确可靠,声光兼备。

(4) 运行设备。工作人员按照规定车速和车距行驶,时刻注意观察运行线路及巷道状况,注意车辆运行情况,发现异常情况及时发送停车信号,在平巷需要人力推车时,注意保持安全距离,且遵守相关规定。

(5) 完成收尾。在指定的地点停车,确保物料车辆安全放置在阻车器上,清理现场卫生。

(二) 控制车辆掉道作业

1. 作业流程

熟悉作业线路情况→制定安全运行措施→防止车辆掉道。

2. 作业标准

(1) 熟悉作业线路情况。熟悉车辆运行线路上道岔、挡道器、捕车器等设施的位置情况。

(2) 制定安全运行措施。运送物料前应派专人进行道路巡检,对运行线路上的挡车设施进行安全检查,排除安全隐患。

(3) 防止车辆掉道。按照规定的速度行驶,路遇挡车设施应提前减速,防止因速度过快而碰撞掉道。

三、风险隐患

(1) 车辆所经路线道岔未扳到行车路线上。

(2) 挡车器未打开或未关闭。

(3) 未按规定连接车辆或不使用合格的连接装置。

(4) 未按规定发送开(停)车信号。

(5) 跑车防护装置不起作用,在坡度大于 7% 时人力推车。

(6) 存在"爬、蹬、跳"现象。

(7) 人力推车数超过规定。

(8) 在矿车两侧推车。

四、防范或应急处置措施

(1) 工作人员提前将道岔扳回车辆行驶路线。

(2) 及时打开或关闭挡车器。

(3) 必须按规定使用检验合格的连接装置连接车辆。

(4) 严格培训、持证上岗,按操作规程作业。

(5) 检修工认真检修,确保装置动作可靠,在坡度大于 7% 时严禁人力推车,按规定使用好挡车设施。

(6) 严禁爬坐梭车、矿车等非乘人运输设备。

(7) 人力推车时,一次只准推一辆车,推车间距符合要求。

(8) 严禁在矿车两侧推车。

第八节 无极绳绞车司机

一、岗位责任制

(1) 无极绳绞车司机必须持证上岗作业。

(2) 认真学习业务技术知识,熟练掌握无极绳绞车的"结构、性能、基本原理",做到"会使用、会维护、会保养、会处理一般性故障"。

(3) 严格执行运输安全管理规定,与跟车工密切配合,做好本区段运输安全管理工作。

(4) 严格遵守劳动纪律、操作规程、交接班制度等有关规章制度,坚守工作岗位、集中精力、谨慎操作。

(5) 了解本班运输任务,熟悉现场作业环境,完成好本班工作任务。

(6) 严格执行"行车不行人、行人不行车"的规定,有权制止违章操作和违章作业行为。

(7) 巡查本岗位设备、防护设施,发现隐患及时处理,不安全不运输。

(8) 负责本班绞车及安全设施的维护和管理,配合检修人员搞好设备的检修。

(9) 负责绞车及周围作业地点的文明卫生,做到设备无浮煤、无积尘、无油渍,作业地点干净整洁。

(10) 严格执行交接班制度,认真填写交接班记录。

二、岗位作业流程标准

(一) 正常运转作业

1. 作业流程

交接班→作业前准备→设备试运行→设备运行→停机。

2. 作业标准

(1) 交接班。交接班并对上班作业情况进行隐患排查,发现问题及时进行处理。

(2) 作业前准备。通信信号声光齐全,各保护完好可靠,控制系统各数据显示正常,无故障显示,张紧装置固定牢固、无漏油,钢丝绳各项数据符合要求,绳衬、导向轮磨损不超限,制动装置灵敏可靠,防护栏杆齐全且固定牢固。

(3) 设备试运行。绞车运行正常,无异响,导向轮转动灵活,油管连接正确、无漏油,压力表油压正常。

(4) 设备运行。按照信号启动绞车,声光语音报警装置联动运行,各仪表读数正常,运行速度合理。

(5) 停机。按照信号停止运行,停止液压泵站,关闭主电源,绞车停止工作。

（二）控制钢丝绳张力下降作业

1. 作业流程

确定钢丝绳松绳拖地运行→制定防范措施→调整松绳拖地。

2. 作业标准

（1）确定钢丝绳松绳拖地运行。观察绳在滚筒上的缠绕情况，张紧装置的压力和张紧情况。

（2）制定防范措施。停车状态下，根据压力表显示数值和钢丝绳的松动情况调整液压站张紧压力。

（3）调整松绳拖地。操作张紧压力手柄控制张紧油缸收绳到合适位置，做到巷道中不拖绳、不飘绳。

三、风险隐患

（1）发出不明确开车信号，车辆掉道挤伤跟车人员。

（2）油泵压力不够或制动油缸发生故障，不能及时停车，造成伤人事故。

（3）钢丝绳有断丝、断股现象。

（4）非跟车人员进入无极绳绞车运行区域。

（5）作业过程中出现注意力不集中、瞌睡等情况。

（6）操作台上摆放与工作无关的水、饮料等油液致使设备进水损坏。

四、防范或应急处置措施

（1）确认信号准确可靠，不清晰不开车，防止错误运行发生伤人事故。

（2）检修人员认真检修，确保油泵、制动油缸完好。

（3）检修工按时检查钢丝绳情况。

（4）严禁非跟车人员进入无极绳绞车运行区域。

（5）严禁工作期间睡觉，下班后按时休息，保证精力充沛。

（6）规范职工操作行为，确保操作设备密封完好。

第九节　轨道维护工

一、岗位责任制

（1）负责巷道路轨的巡道、养护和维修工作。

（2）树立“安全第一，预防为主”的思想，不违反劳动纪律，坚守工作岗位，集中精力，保证安全生产。

（3）熟知本系统知识和负责范围内的轨道质量标准、施工设计，按照《煤矿安全规程》、操作规程、质量标准、施工设计，进行轨道的铺设及维修。

（4）铺设和维修轨道时，必须设置好施工防护，在施工点前后悬挂警示牌和警示灯，严格执行“作业不行车，行车不作业”，并设专人管好、使用好安全设施，以防坠物跑车事故的发生。

(5) 维护做到轨距、水平合格,扣件齐全紧固,接头平整规范,道床平整,道砟厚度、宽度符合要求,夯实捣固。

(6) 负责辖区的轨道、道岔及巷道卫生等达标工作。做到施工完毕质量达标,材料堆放整齐,杂物、废料清理运走,保持环境卫生干净整洁,实现文明生产。

(7) 认真填写检查维修、事故、轨道质量验收评定等记录。

(8) 接受安全生产教育和培训,掌握本岗位工作所需的安全生产知识,提高安全生产技能,增强事故预防和应急处理能力。

二、岗位作业流程标准

(一) 正常运转作业

1. 作业流程

使用工具的完好性检查→作业地点环境检查并设警戒→作业过程中按照钉道标准进行作业→作业结束整理使用工具并清理现场卫生。

2. 作业标准

(1) 使用工具的完好性检查。施工所使用工具如撬棍、水平轨距尺、大锤、起道机、弯道器、铁锹等完好,符合使用要求,施工中所需材料的数量、规格、质量应符合使用要求。

(2) 确保作业地点安全可靠,进入施工地点前,加强作业地点环境检查并设警戒,严格执行专人检查巷道中有害气体和支护情况,排除安全隐患后方可施工。

(3) 作业地点处,在作业地点前后 60 m 处醒目位置设好警戒并吊挂施工警示牌。

(4) 作业过程中按照钉道标准进行作业,确保作业人员站位正确,根据运输线路状况平整巷道底板及道床,按规程要求的间距摆放轨枕、衬垫,正确抬运钢轨,按规定安装鱼尾板、螺栓,钉好一侧轨条之后,以轨距尺为准钉另一侧轨条,确保螺栓紧固,安装质量符合要求。矫直钉好的轨道,在轨枕间的空隙位置装填道砟或石子,平整且捣固均匀。

(5) 作业结束整理使用工具并清理现场卫生。清点使用工具数量,整齐摆放至工具箱中,清理作业现场卫生并撤除警示标志。

(二) 轨道安装质量不合格

1. 作业流程

确定安装质量不合格点→制定整改措施→按措施整改。

2. 作业标准

(1) 确定安装质量不合格点。两道高低误差超过 2 mm,两轨顶高低误差超过 5 mm。

(2) 制定整改措施。通过轨距尺测量,并用起道器抬道等工具调整轨道高度。

(3) 按措施整改。使两道高低误差不超过 2 mm,两轨顶处于同一水平面,容许误差不超过 5 mm。

三、风险隐患

(1) 作业地点巷道顶板、片帮不牢靠。

(2) 作业区域及运输线路有车辆运输。

(3) 未设警戒,未执行“作业不行车,行车不作业”的规定。

(4) 未按标准吊挂警戒牌板。

四、防范或应急处置措施

(1) 严格执行“敲帮问顶”制度,及时清理危岩、活石。

(2) 了解作业区域及运输线路上车辆运行状况并且进行安全检查。

(3) 作业前设好警戒,严格执行“作业不行车,行车不作业”的规定。

(4) 及时按标准吊挂施工警示牌。

第十节　单轨吊司机

一、岗位责任制

单轨吊司机是在井下采掘工作面、井巷用单轨吊作为辅助运输设备,从事井巷辅助运输工作的安全生产责任者,对工作范围内的安全负责,单轨吊司机必须掌握相关专业知识,熟悉避灾路线,保证安全。

(1) 单轨吊司机必须掌握单轨吊的性能、结构、原理,并会一般性的维修、保养和故障处理,负责单轨吊的操作、维护保养工作。

(2) 参加安全生产学习及培训,掌握本岗位安全生产知识,合格后持证上岗。

(3) 执行《安全生产法》《矿山安全法》《煤矿安全监察条例》《职业病防治法》和“矿井电气防爆管理制度”“矿井运输材料管理制度”等安全生产法律、法规及制度。

(4) 践行安全生产理念,完成安全生产目标。

(5) 认真学习职业病危害防治知识,按要求正确佩戴劳动防护用品。

(6) 熟悉岗位及作业环境安全风险及管控措施、隐患排查治理工作流程,做好岗位风险辨识、管控确认及隐患排查、整改工作。

(7) 执行本岗位“安全生产责任制”“安全技术操作规程”“交接班制度”“隐患排查治理制度”等制度。

(8) 坚持班检,接班后首先对单轨吊进行全面检查,保证单轨吊符合质量要求。

(9) 负责在单轨吊运行中观察轨道状况,掌握车辆运行情况,上、下坡要慢速运行。

(10) 单轨吊发生故障应及时停车,并帮助检修工处理故障,处理不了应及时向队组汇报。

(11) 起吊物料时,必须吊稳、吊平衡、货载不得超过规定,否则严禁开车。

(12) 学习新技术、新工艺、新设备、新材料的知识并现场应用。

(13) 根据《事故应急救援预案》职责分工,参与事故应急救援预案演练,及时对救援预案进行总结评价。对现场发生的安全生产事故,及时、如实按流程汇报。

(14) 对单轨吊的操作、维修保养工作进行持续改进。

(15) 熟悉避灾路线,发生灾害后能安全撤离。

（16）熟知本岗位安全风险，排查消除安全隐患。

二、岗位作业流程标准

1. 作业流程

隐患排查→作业环境确认→对单轨吊车各部位完好情况进行检查→给单轨吊机车供电、液压站建立压力→单轨吊机车运行中的操作→停车→清理现场卫生、填写运行记录。

2. 作业标准

（1）隐患排查

接班对上班作业情况进行隐患排查，发现问题及时处理。

（2）作业环境确认

① 检查巷道顶板情况是否完好，有无片帮现象。

② 检查运输轨道线路是否符合要求，单轨吊梁是否完好。

（3）对单轨吊车各部位完好情况进行检查

① 瓦斯断电仪完好情况，照明、喇叭是否完好。

② 机车各驱动部承载轮、导向轮、驱动轮是否完好。

③ 制动夹紧油缸、驱动夹紧油缸是否完好。

④ 司机室控制开关完好情况。

⑤ 司机室照明灯、信号灯、通信设备完好情况。

⑥ 电控箱油泵及接头情况。

⑦ 液压站压力表、油泵、电磁阀、油位检查。

⑧ 起吊部起吊马达、起吊链、保险绳完好情况。

⑨ 蓄电池及防爆电池箱完好情况。

（4）给单轨吊机车供电、液压站建立压力

① 合上蓄电池隔离开关，变频器、司机室照明、喇叭已供电。

② 电控箱上电，液压站油泵启动，液压站建立压力。

（5）单轨吊机车运行中的操作

① 检查蓄电池电量是否符合要求，起吊装置是否完好。

② 踩住运行脚踏，扳动司机室操作盒操作杆，驱动部制动油缸打开，夹紧油缸让驱动轮夹紧在轨道上，驱动电机转动，通过驱动轮与轨道摩擦，实现机车运行。

（6）停车

松开运行脚踏，机车失去开车信号，夹紧油缸回油，驱动电机停止转动，制动油缸回油抱紧轨道。

（7）清理现场卫生、填写运行记录

① 蓄电池隔离开关断开，清理现场卫生。

② 填写运行记录。

三、风险隐患

（1）劳保用品佩戴不齐全、不规范。

(2) 未持证上岗、未按规定现场交接班。

(3) 未进行启动前检查,易造成机车的毁坏或影响机车性能。

(4) 启动设备后未检查蓄电池电量是否符合要求。

(5) 直接启动设备,未提前试车。

(6) 起吊物件时直接起吊,未检查起吊装置是否完好。

(7) 停车后蓄电池隔离开关未断开。

(8) 停车后未填写运行记录。

(9) 机车运行时未安排跟车工进行运输轨道线路检查。

(10) 单轨吊机车各零部件不齐全、不完好,运行过程中发生故障,易造成单轨吊掉道及单轨吊轨道的损坏和人员伤亡。

(11) 单轨吊预警系统不完好,前方作业人员不了解机车运行情况。

(12) 单轨吊机车开车前未检查蓄电池电量情况,导致无法满足正常运输要求。

(13) 接班时未对上班作业情况进行隐患排查,发现问题未及时进行处理,造成隐患事故扩大。

四、防范或应急处置措施

(1) 正确佩戴和使用劳保用品。

(2) 持证上岗,按规定现场交接班。

(3) 严格按照各队点检标准进行开车前检查,存在不完好情况严禁开车。开车前检查机车预警系统。

(4) 开车前电池电量不足严禁运行。

(5) 启动设备前应提前试车。

(6) 起吊物件时不能直接起吊,应先检查起吊装置是否完好。

(7) 停车后应及时断开蓄电池隔离开关。

(8) 停车后及时填写运行记录。

(9) 机车运行时必须安排跟车工进行运输轨道线路检查。

(10) 检查单轨吊机车各零部件,防止运行过程中发生故障。

(11) 检查单轨吊预警系统。

(12) 开车前检查蓄电池电量情况,满足正常运输要求。

(13) 安排跟车工进行轨道线路隐患排查。

第十一节 叉车司机

一、岗位责任制

(1) 叉车司机应经专业培训合格,持证上岗。

(2) 负责严格执行叉车操作规则,出车前要做好对车辆安全性能的例行检查和维护工作,确保安全运行,杜绝安全事故的发生。

(3) 正常驾驶和操作叉车,确保叉车操作安全和货品安全,货物码放规范,做好原材料及成品出入库的装卸、库位调整、产品的整理等工作内容。

(4) 取、堆垛物料托盘时,应小心谨慎缓慢操作,防止造成托盘或物料的损坏。

(5) 车启动时,注意观察周围是否有其他车辆、行人或障碍物,转弯时要看倒车镜及观察左右侧的情况,亮指示灯并鸣喇叭,倒车时应先看倒车镜及回头观察情况,无障碍物时才能行驶。

(6) 作业应注意规范操作,驾驶时必须集中精神,不可麻痹大意,多视角观察,确保库区其他作业人员的安全。

(7) 根据叉车日常保养规定和使用说明,及时清洁保养叉车及其附属部件,并做好记录。

(8) 严格遵守国家安全法律法规和公司安全规定,工作中贯彻执行安全第一的思想。

二、岗位作业流程标准

(一) 正常运转作业

1. 作业流程

交接班检查→正常作业→作业完毕。

2. 作业标准

(1) 交接班检查,接班后对叉车的冷却水、机油、手刹、脚刹、大灯、转向灯、倒车灯、倒车蜂鸣器、危险警示灯、风扇窗、外观等进行检查。

(2) 正常作业,搬运货物时,应先对周围环境进行检查,叉装货物时要小行程起重,叉运货物重心要稳,不准超速行驶,卸货时,确保卸下的料架摆放稳固,不倾斜。

(3) 作业完毕,叉运完毕后,要清理现场环境,将叉车放到指定位置,叉铲落地,熄火拉紧制动装置。

(二) 货叉门架自动下降维修

1. 作业流程

了解叉车基本性能→制定措施→故障维修。

2. 作业标准

(1) 了解叉车基本性能。参照叉车使用说明书,了解叉车各项数据。

(2) 制定措施。根据说明书,找到液压油箱以及对应液压油缸和油管,检查是否有不足或损坏的地方。

(3) 故障维修。检查液压油箱油位,若有不足适当进行补充,观察液压油缸和油管,若有漏油及时更换。

三、风险隐患

(1) 叉车超载搬运货物发生翻倒事故。

(2) 起步前未认真观察四周,发生碰撞或伤人事故。

(3) 载物时起步速度快,致使货物掉落。

(4) 装载货物超高,遮挡司机视线。

(5) 叉车停止作业时发生溜车。

四、防范或应急处置措施

(1) 搬运前应先了解货物重量,不超载搬运或叉起。

(2) 起步前观察四周确认无妨碍行车安全后,先鸣笛后起步。

(3) 起步应缓慢平稳,不急加速或急拐弯。

(4) 载物高度不得遮挡驾驶员视线,特殊情况物品影响前行视线时,倒车时要低速行驶。

(5) 叉车司机停止作业下车时,必须熄火、拔钥匙、拉手刹。

第十二节 给煤机司机

一、岗位责任制

(1) 给煤机司机必须参加安全培训,取得相应培训合格证后,持证上岗。

(2) 司机应熟悉给煤机基本知识,清楚设备的结构、性能和原理,会熟练操作设备和排除一般故障。开机前仔细检查作业环境和设备设施情况,确认安全后方可开机。

(3) 开机前检查闸门、托轮轴、摇臂轴等是否变形、损坏,连接螺丝是否完好、紧固,转动部位是否润滑,电机变速箱是否紧固。

(4) 检查信号装置是否灵敏完好,检查开关和按钮是否灵活可靠。

(5) 等带式输送机正常运行后,司机要按照信号及时开停给煤机,并调节闸门到适当位置。

(6) 若信号不清,要及时取得联系,确认后,再进行操作。

(7) 机器运转中,应随时注意各部声音是否正常,润滑是否良好。

(8) 认真进行班中巡回检查,发现给煤口堵塞时,严禁触碰传动转动和带电部位,需停机处理,但不得单人操作,必须有人监护。

(9) 做好本岗位的安全风险辨识、隐患排查、设备日常维护保养及岗位安全生产标准化工作。

(11) 如有水煤时,给煤量应适当给予控制。

(12) 确保本岗位附属设施、用具的完好、齐全,认真交接班,并按规定认真填写各种记录。

(13) 确保本岗位消防器材完好有效,掌握一般的消防知识,做到“四懂四会”,即:懂本单位生产过程中火灾危险性,懂预防火灾的措施,懂扑救火灾的措施、方法,懂逃生自救;会报警,会使用灭火器,会扑救初期火灾,会组织人员疏散逃生。

二、岗位作业流程标准

(一) 正常运转作业

1. 作业流程

班前准备→接班→开机前检查→开机作业→停机操作→特殊问题处理→交班。

2. 作业标准

(1) 班前准备

① 按规定穿戴劳保用品，持证上岗。

② 按时参加班前会，认真听取当班工作任务、安全注意事项。

(2) 接班

① 现场接班，认真听取设备运行和遗留问题。

② 交接班双方共同对设备设施等进行检查交接并做记录。

(3) 开机前检查

① 检查开关、按钮是否完好、灵活，信号是否灵敏可靠，电话是否畅通清晰。发现问题及时汇报并处理，同时要做好记录。

② 向上班司机了解上班设备运行的各种情况。

③ 检查设备的运转部位紧固件是否完整、齐全、牢固，防护装置是否闭合紧固。

④ 检查给煤机，检查油缸、钢丝绳、簸箕是否完好。

⑤ 检查给煤机周围有无妨碍其运转的障碍物，出煤口是否被堵，输送带中间导料槽各部分是否完好、牢固。

⑥ 检查电机、激振器运转是否正常，连接皮带是否齐全、完好。

⑦ 检查现场安全情况及隐患，确认无误后通知主输送带控制室准备开车。

⑧ 检查洒水装置、消防管路、灭火器材是否齐全完好。

(4) 开机作业

① 给煤机司机要经常同控制室用电话取得联系，了解煤仓中的储煤情况。

② 试运行：给煤机司机在听到开车信号后，注意观察带式输送机启动过程及运转情况，发现异常情况立即拉闭锁停车，并向控制室汇报。

③ 带式输送机正常运行后，点动给煤机，无异常情况后，正式开机，煤量较小，煤质不稳定（包括水煤、大块较多或有矸石）时，给煤机司机必须通知控制室将带速降低到70%以下，机尾巡检人员必须提高警惕，防止大矸、水煤伤人。同时出干煤要打开喷雾灭尘装置。若出水煤，则不准开启喷雾装置。

④ 带式输送机与给煤机采用集中控制，给煤机司机为双人多岗，必须加强动态巡回检查。

动态检查内容如下：

a. 给煤机闸板或激振器的运动情况，是否有卡堵现象，对轮有无窜动现象。

b. 电动机、激振器的声音、温度有无异常。

c. 给煤机出口有无异物、杂物卡堵。

d. 电动机、激振器有无异常振动，机底螺丝有无松动。

e. 溜煤眼中严禁大量积水，出水煤时，要根据情况及时放空煤仓，以防淹没机尾造成事故。

(5) 停机操作

① 就地开车时，接到停车信号后，立即按下停车按钮停车。

② 集控开车时，由控制室集中控制停车。

③ 停车后关闭给煤机附属设施(闸板、喷雾等设施)。

④ 将运行中发现的问题向控制室汇报。

(6) 特殊问题处理

① 班中发现异常情况应先停车，汇报集控后，等待值班干部安排进行处理。

② 当发现有铁器、杂物时，应立即停给煤机，然后打信号通知主带式输送机司机。

③ 发现给煤机无料时，应及时判明原因(空仓、蓬仓、异物卡堵等)，以便采取相应的措施进行处理。

④ 给煤机发生跑水煤情况时，给煤机司机将闸板快速放下，并将主带式输送机闭锁。闸板关闭、主带式输送机停机后，给煤机司机下到平台下检查主带式输送机、滚筒等有无异常，如果有异常情况及时处理，无异常情况通知控制室开启主带式输送机。

(7) 交班

① 清理工作现场。

② 向接班人员交待当班设备运行和存在的问题。

③ 交接班双方对设备设施等进行检查交接并在交接记录上签字。

④ 参加班后会。

(二) 处理给煤机蓬仓作业

1. 作业流程

观察蓬仓具体情况→制定处理措施→处理蓬仓。

2. 作业标准

(1) 观察蓬仓具体情况。停止并闭锁运行的设备，通过观察孔查看蓬仓情况。

(2) 制定处理措施。根据蓬仓情况，使用撬棍、钩棍等工具撬动大块物料，并有专人监护。

(3) 处理蓬仓时，当班班组长要及时到达现场，根据现场实际采取相应对策，并及时向车间值班干部汇报，值班干部通知跟班干部到场。跟班干部要安排现场项目负责人、安全负责人。项目负责人负责分配人员和任务，统一指挥协调，是安全第一责任者。

① 由安全负责人将给煤机开关打到“零”位，并闭锁输送带。

② 用长铁器从观察口伸入，所用工具要放在人员侧面，不得对准自己和他人。

③ 捅完仓后，开启给煤机，看仓口是否通畅。

④ 如果还处于蓬仓、卡堵，仍按上述步骤操作，直至处理通畅为止。

⑤ 处理煤仓蓬仓过程中，无论是否处理通畅，严禁任何人员进入给煤机内部处理。

⑥ 处理过程中，现场要有专人负责传递信息，现场信号要保证通畅，处理进度要及时向值班干部汇报。

⑦ 处理时，现场要有专人负责瓦斯检测，瓦斯浓度大于 0.5%时要及时汇报，严禁现场烧焊作业。

⑧ 人工处理不通时，要采取爆破处理，爆破要严格执行爆破专门措施的相关规定。

三、风险隐患

(1) 未履行岗位交接班,下一个班次人员无法清楚了解设备运转情况。

(2) 用身体的任何部位触摸设备的运动部件,卷进转动设备造成人身伤害。

(3) 给煤机闸门开启过大,造成设备无法正常开动。

(4) 处理蓬仓时人员进入给煤机内部,砸伤或埋压工作人员。

(5) 精神不集中,易造成堵眼冒煤等事故。

四、防范或应急处置措施

(1) 严格执行交接班制度,并对设备运转情况如实记录。

(2) 检查设备前应先停止运行的设备,防止运动部件对人体产生伤害。

(3) 检查有无妨碍设备运行的障碍物、闸门的开启量是否合适。

(4) 运行中发现堵口时立即停机,打开观察孔,用撬棍处理。

(5) 工作中应精神集中,严密监视设备运转情况,严禁工作时睡觉。

第十三节　矿车修理工

一、岗位责任制

(1) 矿车检修人员必须经专业培训考试合格后,方可上岗作业。

(2) 必须熟悉矿车的结构、性能、技术特征,掌握所使用的设备、工具的正确使用方法;熟知矿车检修质量标准、完好标准和《煤矿窄轨矿车安全性测定方法和判定规则》的相关规定,按照要求进行操作。

(3) 负责全矿所有井下运输车辆的检测、修理及维护工作,对所有矿车进行统一编号,并留有型号、编号记录台账,检修日期、内容、人员等检修记录。

(4) 运转中的机械设备,禁止人员接触转动部位,处理故障时必须在停止运转的情况下进行。

(5) 多人工作的场地,要分工明确,统一指挥,行动一致,但不得平行作业。

(6) 有关车、钳、锻、铆、电(气)焊、起重等工作,应由经过专业技术培训合格的人员承担,并遵守相关工种的操作规程。

(7) 操作电力设备时,禁止带负荷停、送电。

(8) 操作吊车时,必须看清周围有无障碍,认清操作按钮,防止误操作,重物起吊后,重物下方和运行前方严禁有人行走、停留或工作。

(9) 运转中的设备,若发现异声、异状等不正常现象时,应立即停止运行,检查处理。

(10) 工作时必须按规定穿戴工作服、安全帽、防护用品等。

二、岗位作业流程标准

(一) 正常运转作业

1. 作业流程

交接班检查→正常维修→检修完毕。

2. 作业标准

(1) 交接班检查

进入工作岗位后应先检查电气设备的停送电情况,以及上班遗留问题,并检查当班任务所需工具、材料、备品、配件等是否齐全、完好、可靠。

(2) 正常维修

矿车维修应在指定位置,使用拔轮器、大锤、撬棍、千斤顶等专用工具进行维修,安装轴承时应使用软金属垫衬敲击,更换碰头、弹簧、螺栓应按型号配套使用,矿车整形应使用防脱防滑装置,需要电、气焊时应在可动火区域进行。

(3) 检修完毕

应及时清理现场环境卫生,各类工具摆放到指定位置,完善检修记录台账。

(二) 矿车整形作业

1. 作业流程

了解矿车各项数据→制定措施→进行调整。

2. 作业标准

(1) 了解矿车各项数据

通过参阅矿车相关标准,了解矿车的长、高、宽、碰头、瓦座、轮轴等的参数。

(2) 制定措施

使用手拉葫芦或液压千斤顶等工具对矿车外形进行修正,用气焊对碰头、铆钉、瓦座等进行修整或更换。

(3) 进行调整

矿车总长误差±10 mm,总宽误差±5 mm,总高±8 mm,碰头弹簧齐全、弹性适中,铆钉连接紧密无松动,瓦座平整,安装后四个车轮中三个与轨面接触,另一个车轮与轨面间隙不大于 2 mm。

三、风险隐患

(1) 人员站位不当,发生误伤事故。

(2) 停电检修时,未进行安全确认,发生触电事故。

(3) 使用气焊作业时,氧气瓶、乙炔瓶随意摆放。

(4) 安装碰头时未使用专用工具,发生弹簧崩落伤人事故。

四、防范或应急处置措施

(1) 使用大锤、撬棍等工具时,其他人员应与工作人员保持安全距离。

(2) 严格执行停送电制度,停电时断电闭锁并挂有人工作牌,送电时与现场工作人员确认安全后方可合闸。

(3) 在进行气焊前,应使乙炔瓶垂直立放,且两瓶距离大于 5 m,与动火点距离大于 10 m。

(4) 使用防脱防滑工具,配合千斤顶,确认各部件在合适位置后插入螺栓。

第十四节　无轨胶轮车司机

一、岗位责任制

(1) 必须进行专业技术培训，考试合格后，方可上岗。

(2) 必须熟悉本设备的结构、性能、参数及完好标准，并会一般的检查、维修、保养及故障处理。

(3) 必须熟悉行驶路线范围、巷道参数、支护形式，掌握各种安全标志和信号的有关规定。

(4) 驾驶员必须经常对车辆进行安全检查和保养，确保车辆处于良好的运行状况，并保持车辆的清洁卫生。

(5) 行车时要集中精力，谨慎驾驶，确保行车安全。

(6) 当进入或离开驾驶室时不要把操作阀杆当扶手。

(7) 开车时要按响喇叭提醒车下人员。

(8) 停车时车辆需停止在安全位置，油门处于怠速状态，发动机停转后司机才可离开架驶座位。

(9) 在行车过程中必须注意巷道顶底板及沿线情况，注意来往车辆及行人以确保行车安全。

(10) 不要让发动机空转时间过长。

(11) 车辆故障未排除不得操作。

(12) 行车时避免超载、超速。

二、岗位作业流程标准

(一) 作业流程

交接班→启动→运行→停车→收车。

(二) 作业标准

1. 交接班

(1) 进入交接地点，到达指定作业地点。

① 准时到达本岗位规定的接班地点。

② 精神状态良好。

(2) 询问工作情况

上班工作任务完成情况，作业内容，车辆运行与完好情况，作业环境安全情况，工器具齐全、完好情况，交接清楚，不清楚不准交接班。

(3) 检查车辆

① 检查车体状况：车辆状况完好、外观清洁。

② 检查各部油位：油脂洁净量足。

③ 检查液压系统:液压装置灵活可靠。

④ 检查冷却系统:风扇及三角带完好,冷却液量足。

⑤ 检查各连接部位:各连接螺栓、销轴紧固完好。

⑥ 检查电气及保护系统:外观完好,保护齐全,无失爆,电缆无破损。

(4) 检查工具及环境卫生

① 检查专用工具:工具数量齐全。

② 检查消防器材、阻车器、三角警示架:消防器材、阻车器、三角警示架齐全。

③ 检查车辆卫生:整洁,无杂物。

(5) 履行交接手续

① 查看上班运行记录:字迹清晰、准确、无涂改、无缺项。

② 办理交接班手续:签字交接。

2. 启动

(1) 观察仪表:观察发动机转速表、压力表、油温表等仪表显示,各种仪表显示正常。

(2) 检查转向:转动方向盘,方向盘的转动方向与转向轮一致、同步。

(3) 检查制动系统:试踩制动踏板和试拉停车制动手柄,工作制动闸和停车制动闸系统灵敏、可靠。

(4) 检查声光系统:检查声光信号,喇叭鸣响正常,车灯明亮。

(5) 检查倒车装置:踩住离合器把挡位放置到倒挡,倒车声光报警正常。

(6) 检查车辆其他部位:检查车辆其他部位状况,车辆各部无异响。

3. 运行

(1) 开车前准备

① 检查瓦斯浓度:瓦斯浓度超过1%时,禁止开车。

② 准备操作:确认车辆完好。

(2) 启动操作

无轨胶轮车司机进入驾驶室,做好行车准备,解除停车制动(松开手刹);水温不低于55 ℃,四周无异常,鸣笛起步;车载瓦斯断电仪与主机闭锁。

(3) 正常行驶

① 行车操作:时刻注视前方,行车靠右,遇有人或障碍物时,鸣笛减速,做好停车准备。

② 出现异常,停车检查处理。

③ 主巷道车速不超过20 km/h,其他巷道车速不超过15 km/h,巷道交叉口、拐弯处车速不超过10 km/h。

④ 人与车相距10 m时,机车停稳刹紧,人员通过后方可运行。

⑤ 两车在同巷、同向行驶时车距不小于50 m。

(4) 特殊区域行驶

① 通过弯道、风门、交叉点、乘车点:提前30 m开始减速,速度不大于5 km/h。

② 坡道运行:上坡低速行驶,下坡低挡低速行驶;下坡时严禁空挡滑行。

③ 涉水运行:积水区低速行驶,水深超过排气管时,禁止通过;车辆涉水后要注意试刹车。

④ 通过水幕:车辆通过水幕时必须减速慢行、鸣笛预警,车速不得超过 5 km/h。

⑤ 回风巷内行车:车辆在回风巷内行车,要开启前后雾灯,车速不超过 10 km/h。

(5) 故障行驶

制动失灵,正确使用避险车道、防撞沙箱、防撞网及防撞绳索避险。

(6) 倒车运行

车辆完全停止后,观察车后和周围情况,开启倒车语音,方可换入倒挡倒车。

(7) 会车

① 入井车让升井车、空车让重车、下坡车让上坡车、作业车让参观车,靠近躲避硐室的车辆主动避让、有管道一方让行无管道一方。

② 两车相距 50 m 处将远光变为近光,同时鸣笛减速,让行车辆停车关闭大灯。

③ 会车车速不超过 5 km/h,车与车、车与两帮的间距不小于 0.5 m。

4. 停车

(1) 减速操作

① 鸣笛:鸣笛对周围的人员示警。

② 缓慢制动:车辆逐渐减速。

(2) 停车位置

选择停车位置:停放处无淋水、无积水;巷道支护完好,无漏顶、无片帮;行人通行畅通。

(3) 坡道停车

① 上坡挂前进挡,并将驻车制动手柄拉到有效位置,在轮胎后加阻车器楔住;操作正确,阻车器放置位置合适、有效,车辆不下滑。

② 下坡挂倒退挡,并将驻车制动手柄拉到有效位置,在轮胎前加阻车器楔住;操作正确,阻车器放置位置合适、有效,车辆不下滑。

(4) 停车操作

① 使用驻车制动停车:驻车制动有效。

② 检查启动压力:低于规定值充压,启动压力正常。

③ 车辆怠速运行 2～3 min 降温:车温达到规定值熄火。

5. 收车

(1) 清洗车辆

车辆到指定地点清洗,清洗擦拭干净,整洁有序。未清洗车辆卫生或清洗不到位容易导致车辆使用寿命降低;影响驾驶员视线或导致灯光不亮,造成事故。机动车驾驶员必须在每日归队时对车辆进行清洗,清洗干净后方可停入车位。跟班队长每日对车辆进行检查,发现有未清洗的车辆不准入库,进行处理。

(2) 检查车辆

未检查或车辆情况检查不到位容易导致车辆损坏。机动车驾驶员在收车后必须全面检查车辆的完好情况，车辆的“四漏”现象，转向、刹车、底盘部分都是否完好，检查完毕后将车辆停入车位。发现存在问题的进行记录和上报，并及时修复。

(3) 整理工具

清点好使用工具和配件，放置好指定位置：工具及配件数量清点齐全。

(4) 交车

填写车辆运行记录，并汇报车辆运行情况，记录填写清晰、完整，无涂改、无缺项，汇报内容清晰。交接不清楚，导致接班司机对车辆情况了解不清，可能造成运行中出现事故。驾驶员填写记录时必须认真仔细，填写问题时字迹清晰、准确。

三、岗位风险隐患

(1) 未按制度进行交接班，造成人员伤害及车辆损坏。

(2) 瓦斯浓度超限时开车，可能会造成瓦斯爆炸，导致人员伤害或设备损坏。

(3) 未观察四周状况，未鸣笛起步，可能会造成周围人员伤害或设备损坏。

(4) 驾驶员注意力不集中，如遇人员工作，锚杆过长、铁丝网破损、电缆吊挂不整齐的巷道，可能导致人员伤害、车辆损坏或电缆、水管、皮带架等损坏。

(5) 车辆出现异常或前方出现异常情况，强行行车，可能会造成人员伤害或车辆损坏。

(6) 违章驾驶、不规范操作，导致发生事故，造成人员伤害、车辆损坏。

(7) 水位过深，强行通过使发动机进水，引起车辆损坏。

(8) 车辆涉水后致使制动不灵，可能造成事故，导致车辆损坏和人员伤害。

(9) 车辆通过水幕时速度过快造成人员伤亡、车辆损坏。

(10) 交接不清楚，导致接班司机不能对车辆完好情况有所了解，可能造成运行中出现事故。

四、防范或应急处置措施

(1) 严格按照车队驾驶员交接班制度交接班。

(2) 检查瓦斯浓度达到 1%时，必须熄火，且人员撤离。

(3) 起步前必须观察四周有无人员活动和异常情况，鸣笛示警后方可起步。

(4) 司机必须提前观察巷道，遇到巷道狭窄或巷道有障碍物影响正常通过时，谨慎驾驶，小心通过。

(5) 发现异常应及时停车，检查处理，确认安全后方可通过。

(6) 加大培训教育力度，提醒司机按章操作。

(7) 安监员随机对车辆进行检查，对不按规定行驶人员视情节严重给予警告或进行相应处理。

(8) 定期对机动车驾驶员进行车辆安全操作理论与技术培训，经理论与实践考试合格后方可上岗。

(9) 停车时必须选择巷内无淋水、无积水，顶底板平直，顶板无离层、无活矸、无鳞皮，支护完好，巷帮无裂缝处停放。

(10) 驾驶员填写记录时必须认真仔细，填写问题时字迹清晰、准确。

第十二章　通风安全作业岗位应知应会知识

第一节　测　尘　工

一、岗位责任制

(1) 积极参加安全生产教育与培训，并经考核合格取得测尘工资格证。

(2) 积极参加矿、区本部组织的各类培训，认真贯彻学习有关安全生产的法律法规、标准、规定等。

(3) 认真执行作业场所粉尘测定方法和安全生产标准化相关规定。

(4) 按照指定路线、地点进行井下空气中以及地面特殊地点作业场所空气中的粉尘采样、粉尘浓度测定及粉尘中游离二氧化硅含量的分析工作。

(5) 及时准确地将采集到的粉尘浓度报告相关领导和部门，提出控制粉尘的意见、建议。

(6) 负责仪器日常维护保养，定期对仪器进行年检标校。

(7) 负责编制测尘报表，分析整理测尘资料。

(8) 履行法律法规规定的其他岗位职责。

二、岗位作业流程标准

(一) 作业流程

入井前准备→现场安全确认→现场采样→采样要求及报表上报。

(二) 作业标准

1. 入井前准备

(1) 个人防护用品齐全完好。

(2) 测定范围确定：

① 采煤、掘进、开拓工作面、维护作业地点、主要硐室和井下其他接尘作业场所。

② 同一煤层有两个或两个以上作业方式、粉尘性质相同的采煤、掘进、开拓工作面，可测定其中的部分工作面，但测定的工作面个数不得少于25%。

(3) 采样工种的确定：

① 确定采样工种时，要选择粉尘浓度高、作业时间长的工种。

② 按照作业规程规定确定采煤、掘进、开拓工作面主要采样工种。

③ 按照作业规程规定确定井下不同地点测点的布置。

2. 现场安全确认

(1) 作业地点附近巷道支护牢固、可靠，无片帮、空顶、离层现象。作业地点附近无行车运输作业。

(2) 作业地点通风良好,通风系统正常运行。严禁擅自进入盲巷、独头巷道或已失修巷道内。

(3) 熟悉避灾路线,工作面出入口畅通。

3. 现场采样

首先将测尘仪充足电,充电时间为 14～16 h。采样前,将采样头安装到仪器采样头接口上(在采集呼吸性粉尘时,采样前应先在冲击板上涂上硅脂,再将冲击板装入采样头;采集全尘时采样头里不装冲击板),按下推杆,同时把装上滤膜的滤膜夹从测尘仪滤膜插口处插入,使滤膜夹到位(注意:严禁未加好滤膜就开机采样)。然后打开测尘仪电源开关,测尘仪进入提示界面,选择进入设定界面,进行时间、粉尘性质、粉尘系数、采样地址等设定。最后进行数据采样。

(1) 选择测尘位置注意事项

① 采样地点应在回风侧。

② 采样高度在人的呼吸带,一般为 1.5 m 左右。

③ 在掘进工作面采样时,应在巷道未安装风筒的一侧距装煤(岩)、打眼或喷浆等地点 4～5 m 处进行。

④ 在采煤工作面采样时,应在采煤机回风侧,距采煤机 10～15 m 处进行。

⑤ 采煤工作面多工序同时作业时,应在回风巷距工作面回风口 10～15 m 处进行。

⑥ 在转载点采样时,应在其回风侧距转载点 3 m 处进行。

⑦ 在其他产尘场所采样时,在不妨碍工人操作的条件下,采样地点应尽量靠近工人作业的呼吸带。

⑧ 测尘时,仪器的采样口必须迎向风流。

⑨ 对测尘开始时间的要求是:对于连续性产尘作业的,应在生产正常状态 5 min 后再进行采样;对于间断性生产作业的,应在工人作业时采样。

(2) 测尘时注意事项

① 测尘仪在携带和使用后应放置在皮盒内,注意保持清洁,避免剧烈碰撞,用过的冲击板要冲洗干净。

② 测尘仪在第一次开机使用时,首先应开机预热 200 秒,在开机预热前应将空白滤膜插入检测装置中。

③ 测尘仪停止使用或存放时,应从检测装置中取出滤膜夹单独存放,以免因碰撞变形而影响使用。

④ 测尘仪使用过程中出现故障,应返回地面由专业人员进行检修。

⑤ 测尘仪使用结束后应妥善保管,连续 2 个月不用,应充电一次。

⑥ 测尘仪所使用的电池应符合标准的规定,具有过流保护、过充电保护和过放电保护功能,并通过检测部门火花试验,严禁随意拆卸或更换。

⑦ 测尘仪配套的充电器为非防爆产品,严禁在矿井下使用。

⑧ 测尘仪应贮存于空气流通，无腐蚀性气体、无滴水和液体侵袭，空气相对湿度不大于90%，温度为0～40 ℃的仓库中。

4. 采样要求及报表上报

(1) 个体采样的时间按要求应为8 h。如采样时间超过8 h，一律按8 h计算。

(2) 采样器携带人员在采集样品过程中，不得将采样分离装置卡在腰间，不得将采样器转给其他作业工种人员，不得从身上取下悬挂或放置一边，不得随意打开采样分离装置，不得随意开关采样器，不得拆卸和污染样品，尽量避免碰撞。

(3) 通风(区)科要责成专业人员负责矿井个体呼吸性粉尘的测定工作，测尘工必须按照统一的要求，进行测尘采样前的准备工作，确保测定质量。

(4) 进行采样时，必须连续采样，不得中途停机。

三、风险隐患

1. 作业前准备不足

(1) 个人防护用品不齐全、不完好。

(2) 下井所带的仪器、工具、专用记录本不齐全、不完好，未检查。

2. 作业环境安全确认不到位

(1) 作业地点的顶板支护不完好，掉渣、片帮造成伤人。

(2) 作业地点存在行车运输作业，造成伤人。

(3) 作业地点通风情况不良，造成人员窒息。

(4) 不熟悉避灾路线，安全出口不畅通。

3. 检查作业不规范

(1) 仪器使用不熟练，检测精度无法保证。

(2) 检测地点不规范，造成检查粉尘浓度结果不准确。

(3) 测量点设置不当，存在漏检现象。

(4) 粗心大意，作业过程中存在漏检现象。

(5) 责任心不强，存在漏检假检现象。

(6) 使用仪器保护不周，造成仪器磕碰，摔坏设备。

(7) 内容记录不全，缺失记录，导致测定粉尘浓度不清、不准。

(8) 作业完成后未清点仪器，造成仪器遗落丢失。

4. 数据整理记录不规范

作业人员粗心大意，导致记录数据出错，造成数据失真。

四、防范或应急处置措施

(1) 正确佩戴和使用劳动保护用品。

(2) 严格按照《煤矿安全规程》和操作规程准备工具、材料，制定防尘设施安装、维护管理规定，加大检查和监督力度。

(3) 认真执行作业场所粉尘测定方法和安全生产标准化相关规定。

(4) 严格执行“敲帮问顶”制度,并对作业地点进行加强支护。熟悉避灾路线,发现问题及时撤出人员,并进行处理汇报。

(5) 严格按照采掘工作面作业进度进行防尘设施回收。

(6) 做好采掘工作面防尘设施的验收、移交工作。

(7) 加强业务学习,提高技术水平。

第二节 测 风 工

一、岗位责任制

(1) 按照规定对矿井的风量进行测定及调配,保证各巷各工作面的风量合理。出现矿井风量丢失和漏风现象要及时汇报,查明原因,迅速处理。

(2) 按时测定矿井风量、温度、粉尘浓度,按时测定局部通风机出口风量,数据真实可靠,报表填写规范准确,及时报出并存档。

(3) 按规定要求挂设说明牌、测风牌,内容的填写要求准确清晰。

(4) 参加矿井反风演习和瓦斯等级鉴定,认真负责各类数据的检查整理工作。

(5) 风速调配不能超过规定,局部通风机严禁循环风。

(6) 负责旬、月、季、年度报表及本区的有关报表制作,及时报出。

(7) 按规定测定主通风机外部漏风率,经常掌握水柱变化,及时更换蒸馏水。

(8) 要爱护仪表,正确使用,妥善保管。

(9) 加强角联巷道、串联通风管理,发现不合理通风及时汇报。

(10) 各项工作要认真细心,严禁粗心大意,保证数据没有问题。

(11) 及时发现通风设施、通风质量、综合防尘及防灭火等问题并汇报。

(12) 因工作失误造成通风事故,特别造成伤亡事故的情况要负相应责任。

(13) 若发现重大隐患,要及时汇报并有记录。

(14) 要积极参加抢救事故。

(15) 严格遵守劳动纪律,服从分配,听从指挥,拒绝违章指挥。

二、岗位作业流程标准

1. 作业流程

检查测风仪器、工具→作业环境检查→开始测风→风量、风速计算→填写测风牌板→填写测风手册→汇报风量异常情况→根据测风结果进行风量调整→交回测风仪器、测风手册。

2. 作业标准

(1) 测风的仪器、工具携带齐全,确认完好。

(2) 测风区域通风设施完好,通风系统稳定、合理,安全出口畅通。

(3) 测风地点顶、帮支护完好。

(4) 测风地点气体正常,无超限、无异常。

(5) 测风地点选在前后 10 m 范围内无拐弯、无分岔、无障碍物的地段。

(6) 测风期间避开巷道行人、行车频繁的时间,不得有人员、车辆经过。

(7) 测风仪器(风表、秒表、加长杆)能熟练、正确使用。

(8) 测风方法(六线法、定点法)准确,按规定次数进行测定,取其平均值。

(9) 风速、风量计算准确。

(10) 测风手册、测风牌板填写规范,并对牌板卫生进行清理,牌板随工作面进度及时调整、标准吊挂。

(11) 发现设施损坏、风机循环风,及时汇报通风调度,并配合通风工进行处理。

(12) 根据测风结果及时调整风量。

(13) 测风期间,若发生事故,能正确使用自救器,按避灾路线撤离。

(14) 出井后,及时将测风手册整理、汇总后交至通风区。

三、风险隐患

(1) 测风的仪器、工具,未携带齐全,有损坏,入井后不能进行测风工作。

(2) 测风区域通风设施被破坏,安全出口不畅通,影响逃生。

(3) 测风地点的顶板支护不完好,脱皮、片帮伤人。

(4) 测风地点有毒有害气体超限,造成人员中毒。

(5) 测风地点前后 10 m 范围内有拐弯、分岔、障碍物,测风数据不准确。

(6) 在巷道行人、行车频繁的时间测风,测风数据不准确。

(7) 测风仪器使用不正确,测风数据不准确。

(8) 测风方法不准确,未按规定次数进行测定,测风数据不准确。

(9) 风速、风量计算不准确,采用公式计算的数据不准确。

(10) 测风手册、测风牌板填写不规范,数据容易丢失。牌板未随工作面进度及时调整、吊挂不标准,导致牌板体现的数据不真实。

(11) 发现设施损坏、风机循环风,未进行处理,造成部分区域的风流紊乱。

(12) 未根据测风结果及时调整风量,矿井总风量出现误差。

(13) 出井后,测风手册未及时整理、汇总,造成矿井风量不能及时体现是否正常。

四、防范或应急处置措施

(1) 入井前严格检查测风仪器、工具完好情况,携带是否齐全,严禁损坏、带病的仪器入井使用。

(2) 熟悉井下避灾路线,保证安全出口畅通情况下再施工。

(3) 严格执行敲帮问顶制度,观察测风地点的顶板是否支护完好,避免脱皮、片帮伤人。

(4) 测风前检查有毒有害气体,避免测风地点有毒有害气体超限,造成人员中毒。

(5) 选择前后 10 m 范围内无拐弯、分岔、障碍物的地点为测风地点,以免造成测风数据不准确。

(6) 避免在巷道行人、行车频繁的时间测风,以免造成测风数据不准确。

(7) 熟悉各种测风仪器使用方法,保证测风数据的准确性。

(8) 熟练掌握测风方法和测风次数,保证测风数据的准确性。

(9) 严格按照风速、风量的计算公式计算,保证数据的准确性。

(10) 严格按照规定填写测风手册、测风牌板,及时跟随工作面进度调整牌板距离,严格按照标准吊挂。

(11) 加大巡检力度,发现设施损坏、风机循环风,及时汇报并处理,以免造成部分区域的风流紊乱。

(12) 及时根据测风结果调整风量,保证矿井总风量。

(13) 出井后,及时整理、汇总测风手册。

第三节 防 尘 工

一、岗位责任制

(1) 认真贯彻执行安全生产有关的法律法规、规章、规程、标准和技术规范,牢固树立"安全第一"思想,全面贯彻落实公司有关安全工作指示、指令及各项规定,做好职责范围内各项安全工作。

(2) 按时按期参加通防工专项培训及其他相关培训工作,熟悉本岗位安全生产责任制和队组各项管理制度,做到持证上岗。

(3) 具备基本的防尘标准化知识,确保各类设施、设备严格按照标准化要求安装和维护。

(4) 负责井下各采掘地点防尘设施施工现场安全生产标准化具体工作,严格按照专项设计、安全技术措施施工作业,杜绝"三违"现象,确保防尘设施施工质量。

(5) 负责井下主要进回风巷及其他责任区域的洒水冲尘工作。

(6) 负责对当班出现的各类隐患进行处理,做好隐患处理、汇报,同时根据措施要求积极整改,做到不安全不生产。

(7) 执行和处理当班施工现场出现的各类特殊情况,要严格执行请示汇报制度。

(8) 按时参加班前会、例会,不断总结现场施工经验,努力提升自我安全综合管理水平。

(9) 参加职工自救、互救和现场急救知识的普及教育,熟悉各工作面的避灾路线。

(10) 履行法律法规规定的其他岗位职责。

二、岗位作业流程标准

(一) 作业流程

入井前准备→现场安全确认→洒水防尘/防尘设施施工、维护或回收→清理作业现场。

(二) 作业标准

1. 入井前准备

(1) 个人防护用品齐全完好。

(2) 准备冲尘作业、安装隔爆棚、铺设管路、煤层注水等工具。

2. 现场安全确认

(1) 作业地点附近巷道支护牢固、可靠,无片帮、空顶、离层现象。作业地点附近无行车运输作业。

(2) 作业地点通风良好,通风系统正常运行。严禁擅自进入盲巷、独头巷道或已失修巷道内。

(3) 熟悉避灾路线,工作面出入口畅通。

3. 洒水防尘/防尘设施施工、维护或回收

(1) 冲尘作业

① 巷道冲洗水量要适当,喷洒要均匀,水管出水口设专用喷嘴,保证巷道无积尘。

② 在轨道、候车巷冲洗时要提前通知调度室,并在冲洗地点设置警戒、观察行人和行车,有人或车通过时要停止作业。

③ 洒水冲尘要避开电气设备,电气设备上的粉尘要在不漏电或停电的情况下用棉纱等擦干净。

④ 冲洗巷道用的胶管长度要和管路上三通阀门的距离相适应,洒水后要关好阀门,把胶管撤走或盘放在适当位置,不得乱扔、乱放。

⑤ 对积尘较厚的地点,应先洒水湿润煤尘,然后将煤尘装车或用输送带运走。

(2) 安装隔爆棚

① 水棚的用水量按巷道断面积计算,主要隔爆棚不小于 400 L/m^2,辅助隔爆棚不小于 200 L/m^2。

② 水棚的排间距应为 1.2～3.0 m,主要棚的棚区长不小于 30 m,辅助棚的棚区长不小于 20 m。

③ 水棚挂钩位置要对正,相向布置(钩尖与钩尖相对)挂钩角度为 $60°\pm5°$,钩尖长度为 25 mm。

④ 水棚之间的间隙与水棚同支架或巷壁之间的间隙之和不得大于 1.5 m,棚边与巷壁之间的距离不得小于 0.1 m,水棚距巷道轨面不应小于 1.8 m。

⑤ 棚区内各排水棚的安装高度应保持一致。棚区巷道需挑顶时,其断面积和形状应与其前后各 20 m 长度的巷道保持一致。

(3) 防尘管路铺设

① 管路要吊挂在牢固的棚柱上,或吊挂在电缆下方 300 mm 处,不准与电缆缠绕,且管路最突出部位距道心距离满足运输安全要求,并保持平直。

② 吊挂与接管时,两人抬一根水管到要求的高度与前一根水管平直对正,另一人用管钳紧固。

③ 采、掘工作面管路吊挂在离地高度 1～1.2 m 处,随巷道坡度安设。

④ 管路吊挂平直且牢固,拐弯处设弯头,严禁拐小于 90°的弯。

(4) 煤层注水

① 注水前,要全面检查注水泵、阀门、仪表、水枪、供水及供电系统,发现问题及时处理。

② 注水前，班组长要仔细查看注水周围顶帮、支护情况，有隐患要及时排除。

③ 注水准备工作完成后，将水箱加满水，把手动阀定在卸载位置，启动注水泵，待泵升压关闭手动卸载阀，同时打开高压阀门向注水孔注水，并记录好水表初始读数和终止读数，记好压力表上的数字。在注水过程中，要严密观察水泵运转、仪表灵敏度、水位、水压、机油位状况，发现异常立即停泵处理。

④ 注水时，严禁操作工正对注水孔口，必须站立在注水孔侧面。

⑤ 动压注水停止后，要立即关闭孔口阀门，然后拔掉动压注水水管。

⑥ 待注水完毕后整理相关工具，并记录好各项数据。

⑦ 注水地点附近发生片帮、冒顶时，应停止注水，待处理维护好后再进行作业。

⑧ 注水孔在超前采煤工作面的距离一般为 40～100 m，注水要在正常的地压区段内进行。

⑨ 有下列情况之一的工作面可不采取煤层注水防尘措施：

a. 围岩有严重吸水膨胀性质、注水后易造成顶板垮塌或底板变形，或者地质情况复杂、顶板破坏严重，注水后影响采煤安全的煤层。

b. 注水后会影响采煤安全或造成劳动条件恶化的薄煤层。

c. 原有自然水分或防灭火灌浆后水分大于 4%的煤层。

d. 孔隙率小于 4%的煤层。

e. 煤层很松软、破碎，打钻孔时易塌孔、难成孔的煤层。

f. 采用下行垮落法开采近距离煤层群或分层开采厚煤层，上层或上分层的采空区采取灌水防尘措施时的下一层或下一分层。

4. 清理作业现场

将冲尘作业、隔爆棚安装、防尘管路铺设、煤层注水等施工现场清理干净整洁，将工具收入工具箱存放。

三、风险隐患

1. 作业前准备不足

(1) 个人防护用品不齐全、不完好。

(2) 下井所带的工具不齐全、不完好，未检查。

2. 作业环境安全确认不到位

(1) 乘坐猴车未坐稳，可能发生伤人事故。

(2) 活矸、活石未挑落，可能发生伤人事故。

(3) 未执行“行车不行人，行人不行车”，可能发生伤人事故。

(4) 输送带附近作业未闭锁输送带开关，可能发生伤人事故。

(5) 管路抬运不牢、不稳，可能发生伤人事故。

(6) 梯子、工作台未放稳，可能发生伤人事故。

(7) 登高作业未系安全带，可能发生伤人事故。

(8) 管路维护时，未及时放风、放水，可能发生伤人事故。

(9) 管路、隔爆架起吊时未固定牢靠,可能发生掉落伤人事故。

(10) 洒水作业前未对管路连接情况进行巡查,可能发生管路断开伤人事故。

(11) 倾斜巷道作业未设警戒,可能发生作业工具、材料滑落伤人事故。

3. 防尘业务不到位

(1) 洒水作业未按标准作业,可能发生局部地段煤尘堆积。

(2) 管路连接不到位,可能发生跑冒滴漏。

(3) 隔爆水袋安装高度不符合规定,可能影响人员行走和轨道运输。

(4) 煤层注水不到位,工作面作业时不能起到降尘作用。

四、防范或应急处置措施

(1) 正确佩戴和使用劳动防护用品。

(2) 严格按照《煤矿安全规程》和操作规程的要求准备工具、材料,制定防尘设施安装、维护管理规定,加大检查和监督力度。

(3) 认真执行作业场所粉尘测定方法和安全生产标准化相关规定。

(4) 严格执行"敲帮问顶"制度,并对作业地点进行加强支护。熟悉避灾路线,发现问题及时撤出人员,并进行处理汇报。

(5) 严格按照《煤矿安全规程》规定进行煤层注水。

(6) 严格按照采掘工作面作业进度进行防尘设施回收。

(7) 做好采掘工作面防尘设施的验收、移交工作。

(8) 加强业务学习,提高技术水平。

第四节　监测监控维护工

一、岗位责任制

(1) 负责按照标准规定对监控系统进行巡检、维护、标校工作,以保证系统正常运行,同时认真填写各种记录。

(2) 负责按要求安装各类传感器。

(3) 负责对停采工作面、停掘掘进面的系统回收工作。

(4) 负责井下监控系统电缆的标准化吊挂、设备完好维护工作。

(5) 负责系统巡检,瓦斯探头每 15 天调校一次。

(6) 中心站要 24 小时值班,负责机房卫生、整洁、安全工作。

(7) 按时打印瓦斯监测报表,并对超限值加以说明。

(8) 要及时填写各类台账、资料,字迹工整,内容准确。

(9) 完成领导交办的临时任务。

二、岗位作业流程标准

(一) 作业流程

作业前准备→现场标校→记录。

（二）作业标准

1. 作业前准备

（1）发送传真：调度指挥中心值机员提前一天向上级有关部门发送写明标校时间、标校区域及测点的传真，注意内容完整清晰，发送及时。

（2）准备标校装置：准备甲烷气体空气体气瓶、遥控器、秒表等，注意装置齐全完好。

2. 现场标校

（1）电话确认。到达测试地点后先联系到队组负责人，再给调度指挥中心值机员打电话，询问是否可以进行标校，得到确认后方可开始操作，确认信息准确。

（2）传感器清尘。取下甲烷传感器，清理表面及外罩上积尘，观察传感器通信是否正常，表面是否干净整洁。

（3）标校模式进入。连接标气瓶，长按遥控器“CH_4”键，传感器显示窗闪烁，长按标校键，传感器显示“U”进入标校模式。

（4）传感器调“零”。传感器先接入通气罩，通入氧气，逆时针缓慢调节流量计开关，控制气体流量在 200 mL/min，数值稳定后依次按归零键、确定键，调零结束传感器标校数值归“零”。

（5）调零结束。通入甲烷气体，逆时针缓慢调节流量计开关，控制气体流量在 200 mL/min，在传感器显示最高值并稳定不变后，保持 60 秒，当传感器显示数值与标准气样浓度不符时，按“增益＋/增益－”使显示数值与标准气样浓度一致，按确定键，标校结束（标校周期为 10 分钟，操作期间可随时按标校键重新延长标校周期）。保持稳定时间大于 60 秒，对甲烷传感器稳定显示数值与标气值进行对比，两数值显示不同时，将甲烷传感器调至与标气值同等显示。

（6）标校结束。标校结束后待数值缓慢下降至正常数值后按退出键，传感器显示窗停止闪烁，取下通气罩，关闭流量计和减压阀，标校结束，退出标校模式。

（7）粘贴传感器校验合格证。校验合格证上填写标校人、标校日期，合格证内容清晰，粘贴牢固。

（8）传感器复位。标校完毕后及时按照标准要求将传感器恢复原位吊挂，甲烷传感器距顶不大于 300 mm，距帮不大于 200 mm。

3. 记录

填写传感器标校记录，注意记录清晰完整，并存档保存。

三、风险隐患

（1）工作前未检查周围环境，煤壁片帮、顶板漏矸、有毒有害气体超限导致人员伤害。

（2）未对所有监控设备进行标校，不能及时发现瓦斯等有害气体超限，造成缺氧窒息、有害气体中毒、瓦斯燃烧或爆炸等。

（3）没有按时对甲烷超限断电闭锁和风电甲烷闭锁功能进行测试导致瓦斯事故。

四、防范或应急处置措施

（1）在进入岗位前必须认真检查工作环境，发现有片帮、漏矸、有毒有害气体超限时及时处理。

(2) 监测监控工每15天对监测设备进行调试、校正。通风监控负责人每月对监测监控工标校监控设备的情况进行检查,发现未及时标校,给予相应处理。

(3) 每隔15天对甲烷超限断电闭锁和风电甲烷闭锁功能测试一次并做记录。

第五节　安全仪器监测工

一、岗位责任制

(1) 在部门主管、带班长的领导下,负责完成各项安装检修任务,是本岗位安全生产的第一责任人。

(2) 认真做好井下监控设备的检修工作,定期巡查,做到线路敷设符合规定,吊挂整齐,传感器调校准确,保证监测数据的真实性,并认真及时填写各类表格记录,以备后查。

(3) 遵守各项规章制度和劳动纪律,发现安全隐患,应及时汇报并立即处理。

(4) 负责井下公用巷道监测线路和装置的安全生产标准化工作。

(5) 负责井下各类传感器的定期检修工作,并做好维修记录。

(6) 负责井下生产队组作业地点全电压断电设备的安设、调试、检查、拆除工作,定期对瓦斯电断电闭锁功能进行测试,并有记录可查。

(7) 负责井下突发性监测系统损坏故障的处理与维修工作,负责井下监测设备使用半年后的升井检修工作。

(8) 努力学习专业技术知识,提高调试和处理故障的能力;掌握通风监测系统的安装、设置情况。

二、岗位作业流程标准

1. 作业流程

作业环境确认→故障确认→故障处理→汇报→作业现场清理。

2. 作业标准

(1) 工作地点顶板支护良好,无片帮。

(2) 分站、电源箱、传感器安装地点,无滴水、无杂物。

(3) 线路吊挂标准,未与动力电缆缠绕。

(4) 分站、电源箱运行正常,工作指示灯正确。

(5) 传感器运行正常,数据显示准确。

(6) 线路无破口,接线盒无失爆现象。

(7) 航空插头紧固,未松动。

(8) 传感器标签完好,字迹清晰,日期准确。

(9) 传感器未过期。

(10) 电话通知值班员,准备处理故障,做好系统监护工作。

(11) 对相应故障进行处理

(12) 故障处理完毕,设备上电。

(13) 现场设备恢复正常运行。

(14) 电话汇报值班员故障处理完毕。

(15) 系统运行正常,井上下显示数据均正常。

(16) 故障处理完毕,可以离开。

(17) 传感器吊挂符合标准。

(18) 线路吊挂整齐,接线盒已固定。

(19) 清理工作地点杂物,工作完毕,可以离开现场。

三、岗位风险

(1) 带电操作电气设备,烧伤人员或造成火灾事故。

(2) 装运、卸抬分站、电源等设备,碰伤、划伤人员。

(3) 电气设备漏电,电缆老化,破皮未包扎,导致人员触电。

(4) 需要检测、修理的电气设备没有严格执行停送电规定,造成人员触电伤亡。

(5) 分站、电源安装在有淋水地点,造成漏电。

(6) 吊挂探头监测线或调校探头不观察现场情况,冒顶或片帮伤人。

(7) 吊挂探头监测线或调校探头蹬输送机,摔倒伤人。

(8) 传感器调校不准确,监控系统失灵,造成瓦斯事故。

(9) 仪器、仪表及所取气样不合格,导致测量数据不准确,反映不出现场真实情况,引发安全事故。

(10) 擅自进入盲巷,无风、微风巷道作业,发生气体中毒。

(11) 处理故障时带电作业,导致触电伤人。

(12) 发现故障未及时解决和汇报处理,故障不及时解决,导致引发其他事故。

四、防范或应急处置措施

(1) 严禁带电操作和搬运电气设备。

(2) 捆绑牢靠,轻装轻放,严禁在可能发生设备倾倒的地方走动。

(3) 定期检查电气设备,对老化或有破皮的电线快速进行处理。

(4) 严格执行停送电制度。

(5) 分站、电源必须安装在支护良好,无滴水、无杂物、通风良好的地方。

(6) 工作之前必须观察现场支护及顶帮情况。

(7) 严禁站在输送机上进行作业,或作业时必须与司机沟通好。

(8) 严格按照操作章程对传感器进行调校。

(9) 确认仪器完好,按照相关规定取气样。

(10) 不独自进入盲巷,临时停风地点及时设栅栏,工作面停风停电时,立即停工撤人。

(11) 安装、维护监测设备时,必须断电后进行,一人作业,一人监护,严禁带电作业。

(12) 发现故障必须及时解决,未能处理的要及时汇报请示。

第六节　通　风　工

一、岗位责任制

(1) 通风工必须经过培训,考试合格后,方可持证上岗。

(2) 掌握风筒安装、使用的有关规定和技术要求。

(3) 熟悉所分管区域的掘进工作面情况。

(4) 了解井下各种气体超限的危害及预防知识。

(5) 及时修补现场破损的风筒和整理接好脱节的风筒。

(6) 负责局部通风机和风筒等导风设施的运送、安装、维护、拆除和回收工作。

二、岗位作业流程标准

1. 作业流程

检查仪器、工具→施工地点环境检查→通风设施完好情况检查→标准化施工、维护设施。

2. 作业标准

(1) 检查作业环境

① 通风良好。

② 有毒有害气体不超限,符合相关规定要求。

③ 巷道支护良好,无漏顶、无片帮。

④ 作业环境无杂物,无淤泥、积水。

(2) 密闭

① 密闭前 5 m 范围环境整洁。

② 栅栏平直、连接牢固,栅栏网(200 mm×200 mm)高度不低于 1.6 m。

③ 四周不得留有空隙。

④ 墙面平整、光滑、压实,有不少于 100 mm 的裙边,严密不漏风。

⑤ 牌板整洁,字迹清楚。

(3) 风桥

① 风桥前后 5 m 范围环境整洁。

② 风桥抹面平整,严密不漏风。

③ 牌板整洁,字迹清楚。

(4) 风门

① 风门前后 5 m 范围环境整洁。

② 风门墙面平整,四周严密不漏风。

③ 闭锁和语音报警装置完好。

④ 风门表面干净、整洁。

(5) 栅栏

① 栅栏前后 5 m 范围内无杂物、无积水、无淤泥。

② 栅栏高度不低于 1.5 m，四周不得留有空隙，安设牢固。

③ 警标醒目，牌板吊挂规范。

(6) 收尾工作

符合安全生产标准化标准相关规定，记录规范，内容翔实。

三、岗位风险

(1) 未对规程措施进行贯彻学习，可能造成现场与规程措施不符。

(2) 未检查作业环境(安全出口不畅通，顶板支护不完好，漏顶、片帮，气体超限)作业造成人员伤亡，有毒有害气体中毒、窒息。

(3) 密闭维护不到位，未及时清理杂物、积水，栅栏损坏，导致伤人事故。

(4) 风桥维护不到位，导致风桥漏风严重，工作面风量降低，造成有毒有害气体中毒、窒息。

(5) 风门维护不到位，导致风门漏风严重，工作面风量降低，造成有毒有害气体中毒、窒息。

(6) 作业期间未避开巷道行车频繁的时间，作业时有车辆经过，造成人员伤亡。

(7) 材料码放不整齐，导致人员伤亡。

四、防范或应急处置措施

(1) 认真贯彻学习规程措施，以免出现现场与规程措施不符现象。

(2) 作业前检查作业环境，熟悉井下避灾路线，保证安全出口畅通情况下再施工。严格执行敲帮问顶制度，观察作业地点的顶板是否支护完好，避免漏顶、片帮伤人。作业前检查有毒有害气体，避免人员气体中毒、窒息。

(3) 定时对密闭进行维护，及时清理杂物、积水，维修栅栏。

(4) 定时维护风桥。

(5) 定时维护风门。

(6) 避免在巷道行车频繁的时间作业，严格执行“行人不行车，行车不行人”制度。

(7) 材料码放整齐。

第七节　瓦斯抽采工

一、岗位责任制

(1) 在班组长的领导下，负责井下各采掘工作面瓦斯抽采现场安全管理工作，坚持“安全第一、预防为主”的方针，预防各类事故的发生，实现安全生产。

(2) 按时按期参加瓦斯抽采特殊工种专项培训及其他相关培训工作，熟悉本岗位安全生产责任制和队组各项管理制度，做到持证上岗。

(3) 操作人员要熟知钻机的结构、性能和使用方法，具备基本的钻机检修和故障判断能力，杜绝带病运行，确保施工安全。

(4) 负责井下各采掘地点钻探施工现场安全生产标准化具体工作，根据当月生产计划会任务安排合理组织生产，严格按照钻探施工安全技术措施施工作业，杜绝“三违”现象，确保抽采钻孔施工质量。

(5) 负责责任范围内的安全风险管控和隐患治理措施的落实，对当班出现的各类隐患进行积极处理，做好隐患处理、汇报，同时根据指定的防范措施积极组织整改落实，做到不安全不生产。

(6) 对当班钻孔施工现场出现的各类问题要及时汇报，并立即处理，对现场人员不能处理的问题要及时请示有关领导派人处理，要严格执行请示汇报制度。

(7) 下班前应将本班工作情况及各种数据，如钻孔角度、进尺、设备运转情况等全面准确地记录在交接记录本上。

(8) 参加职工自救、互救和现场急救知识的普及教育，熟悉各工作面的避灾路线。

(9) 不弄虚作假、虚报数据。

(10) 钻孔竣工后，应在班组长的指挥下做好各种善后工作。

二、岗位作业流程标准

(一) 作业流程

入井前准备→现场安全确认→开机前准备→固定钻机→钻机施工过程→钻机施工完成→钻孔封孔。

(二) 作业标准

1. 入井前准备

(1) 个人防护用品(头灯、自救器等)齐全完好。

(2) 作业前，必须明确钻机施工地点、任务和钻孔的施工参数。

(3) 仔细阅读上班交班记录，带齐钻机的备用部件、油脂和钻工专用工具等。

2. 现场安全确认

(1) 作业空间安全

作业地点附近巷道支护牢固、可靠，无片帮、空顶、离层现象；作业范围内无杂物、障碍及其他人员；作业地点排水设施齐全完好。

(2) 作业地点通风

① 作业地点通风良好，并正常运行；钻机附近 20 m 以内风流中瓦斯浓度符合要求。

② 熟悉避灾路线，避灾路线畅通。

3. 开机前准备

(1) 开机前按照规定要求对钻机各有关部件进行检查，包括电气部分、液压部分、仪表、水管、套管、钻头、钻杆及其他零配件、工器具应完好齐全，开关隔离手把打到零位，操作阀灵活可靠；电机要设置合格的接地线和防水罩。钻机各部件转动部位要灵活可靠并将外漏的转动部位及互动表面擦拭干净。

(2) 检查钻机各部位螺丝的紧固情况，对松动的螺丝必须旋紧。

(3) 检查油箱内油量是否充足，油管要按顺序排放，以不影响行人为准，查看各接口处有无漏油现象。

(4) 开机前，应将钻机空运转 5～10 min，确认钻机各部件无问题后，方可开始作业。

(5) 开钻前，应先检查各类电气设备性能完好，确保无失爆现象。同时要求管线(水管、油管)吊挂整齐，钻杆上架码放整齐，严禁损伤电缆，严禁用铁丝代替"U"型卡。

(6) 钻孔施工前，必须提前将防喷孔装置、封孔器、封孔料、注浆泵及连孔材料等准备到位。

(7) 钻孔施工前，钻机下风侧 10 m 范围内必须悬挂甲烷传感器和一氧化碳传感器，传感器应垂直悬挂在巷道上方距顶板不大于 300 mm，距巷道侧壁不大于 200 mm 处。甲烷传感器报警值≥0.8%，断电值≥0.8%，复电值＜0.8%，断电范围为保护巷道所有非本质安全型电气设备。一氧化碳传感器报警值≥0.002 4%，报警后必须立即撤人至安全地点并汇报调度。

4. 固定钻机

(1) 固定钻机前，钻孔施工人员首先要认真检查施工地点巷道顶、底板及煤帮支护情况，严格执行"敲帮问顶"制度，在确认顶、帮支护完好的前提下，方可固定钻机。

(2) 固定钻机时，钻机的支撑立柱必须打压牢固，打在实底实顶上。若钻机支撑立柱需加接加长杆，必须在顶板安装防倒绳，确保钻机稳固可靠、平稳运行。

5. 钻机施工过程

(1) 开钻时先检查瓦斯，并送上排渣用的风或水，待孔口反风或水，正常钻进，扩孔后安装防喷装置，防喷装置不能使用时严禁钻进。

(2) 钻进操作时，先送水送风后开钻；先停钻，后停水停风；先旋转后推进，钻机往复移动将钻杆送入孔内。

(3) 钻进过程中要随时检查瓦斯浓度，出现喷孔、瓦斯异常涌出现象时，必须停止钻进进行应急处置。

6. 钻机施工完成

(1) 钻孔施工完成退杆前，要先通知瓦斯检查工或安全员现场验收，经同意后方准退杆。

(2) 钻孔施工完成后，要继续送水一段时间，以冲洗孔内煤、岩渣，以防堵塞钻孔。

(3) 退杆过程中，必须确保孔口防喷装置处于连续抽采状态，防止退杆过程中发生喷孔事故，退杆完毕后对钻杆数量进行核实。

(4) 钻孔施工完毕后，必须在钻孔验收记录单上如实详细填写钻孔的施工参数，如钻孔深度、倾角、方位角等。瓦斯检查工或安全员确认无误后在钻孔验收记录单上签字。

(5) 对塌孔、卡钻等原因而导致钻孔未能达到设计要求的钻孔，瓦斯检查工及安全员要根据现场实际情况进行核实后，予以验收(但必须在钻孔验收记录单上标明原因)。

(6) 钻孔施工完成后，及时采用"三堵两注"封孔器进行封孔，以防孔内泄漏瓦斯。

(7) 钻孔封孔完成后，要及时进行连接抽采，保证"打一孔、封一孔、连一孔"。

7. 钻孔封孔

(1) 封孔方式及材料

钻孔经验收合格后，采用抽采瓦斯用囊袋式“三堵两注”注浆封孔器进行封孔，封孔有效长度8.2 m。

(2) 封孔工艺流程

① 使用前，先检查封孔器囊袋是否破损，确保囊袋完好无损。

② 连接封孔器并插入钻孔中。

③ 打开气动搅拌器，按水灰比1∶1.2将浆料搅拌均匀。

④ 连通注浆泵与注浆管，开启注浆泵，出浆口压力控制在2兆帕。

⑤ 注浆一段时间后，待回液管返出清水后停止注浆泵运行，注浆完成。

⑥ 注浆封孔完成后，用专用堵头将返浆管封堵，确保不漏浆。

⑦ 打开泄压阀，断开注浆管，清洗注浆泵。

⑧ 待浆料固化后，连接抽采管。

三、风险隐患

1. 作业前准备不足

(1) 个人防护用品不齐全、不完好。

(2) 下井所带的钻具、工具、专用记录本不齐全、不完好，未检查。

(3) 未仔细阅读交班记录台账，未带备用部件。

2. 作业环境安全确认不到位

(1) 作业地点的顶板支护不完好，掉渣、片帮造成伤人。

(2) 作业地点通风情况不良，瓦斯浓度高，且未检查瓦斯，造成瓦斯超限。

(3) 不熟悉避灾路线，安全出口不畅通。

3. 开机前准备不足

(1) 施工前未安设专用电话，当发生险情及事故时，无法及时汇报，导致事故发生或危害程度增大。

(2) 开机前未检查钻机油管、水管等连接情况，管路连接不牢造成伤人。

(3) 开机前未检查钻机操作把手是否复位，送电造成钻机误操作。

(4) 连接风水管路时，未使用专用卡子，造成管路连接脱开伤人。

4. 固定钻机

(1) 作业场地未做到平整，杂物未清理，造成设备倾倒伤人。

(2) 钻机上立柱支撑不实时，造成钻机不稳侧翻或顶住上方垫板掉落伤人。

(3) 钻机下支撑柱支撑不实时，造成钻机位移或侧翻伤人。

(4) 钻机支撑不实时，造成钻机位移导致施工钻孔参数与设计参数有偏差。

5. 钻机施工过程

(1) 施工时，人员站在钻杆正后方或者钻杆摆动范围内发生伤人事故。

(2) 施工时,上杆人员佩戴手套或领口、袖口未扎紧,发生人员被绞伤事故。

(3) 施工时,给进压力过大,发生断钻杆,造成人员伤害或设备损坏。

四、防范或应急处置措施

(1) 按要求正确佩戴和使用防护用品。

(2) 严格按照《煤矿安全规程》和操作规程准备仪器、工具、材料,制定有关仪器、工具携带管理规定,加强检查和监督力度。

(3) 下井人员要认真学习各项规章制度,严格按操作规程和打钻措施作业,保证钻孔的施工质量和施工安全。

(4) 严格执行"敲帮问顶"制度,并对作业地点进行加强支护。熟悉避灾路线,发现问题及时撤出人员,并进行处理汇报。

(5) 应定期参加安全培训和素质能力提升,加强业务学习,提高技术水平,提高安全意识和应急处理能力。

第八节 瓦斯抽采泵司机

一、岗位责任制

(1) 瓦斯抽采泵司机必须熟悉《煤矿安全规程》和《瓦斯抽采泵操作规程》,各项管理制度,以及瓦斯抽采泵运行故障情况分析和判断方法,并严格执行。

(2) 坚守工作岗位,认真履行岗位职责,不得擅自离开工作岗位,严禁在岗时睡觉,应集中精力操作。

(3) 随时检查抽采泵、电机、仪器、仪表及附属装置运行完好情况。

(4) 随时检查抽采泵站环境瓦斯浓度,检查进气、出气管路上有无泄漏情况。

(5) 随时检查、观察、记录抽采瓦斯浓度、压力、流量、温度等参数。

(6) 检查抽采泵供水系统是否正常,泵出水温度是否正常,防爆装置中的水位是否正常,以及高低位水池涌水量情况。

(7) 检查进、出气管中的积水情况并及时排水。

(8) 检查电动机、抽采泵的温度是否正常。

(9) 随时保持记录准确、清楚,物品存放整齐,设备、环境干净整洁。

(10) 发现异常情况,及时汇报处理。

(11) 接受调度室、矿领导安排的其他任务。

二、岗位作业流程标准

(一) 作业流程

作业前准备→班前检查→班中作业→清理现场。

(二) 作业标准

1. 作业前准备

(1) 证件检查

经培训合格持证上岗。

(2) 佩戴个人防护用品

劳动防护用品(工作服、安全帽、耳塞、工作鞋)佩戴齐全。

(3) 准备工具、材料

螺丝刀、扳手、吊链等工具、材料齐全、符合要求。

2. 班前检查

(1) 现场检查

① 检查作业环境。

② 检查进气阀、出气阀、进水阀等阀门开启情况。

③ 检查气水分离器液位指示计显示水位变化情况。

④ 检查循环水储水情况。

(2) 检查设备情况

① 启动前应用工具转动泵轴 3～5 圈,确保泵轴灵活,无摩擦等现象。

② 检查泵体供水管路连接是否完好,联轴器和泵体底座的螺丝连接是否牢靠。

3. 班中作业

(1) 管路的运输

① 运管路时,不得超高,并要捆绑牢固。

② 严格执行斜巷运输管理规定,并有防止管材脱落、撞坏隔音设施的安全措施。

③ 管材、物料运到现场后,应放在指定地点,堆放整齐、稳固,不得妨碍行人、运输和通风。

④ 运输人员要轻拿轻放,搬运时口号要一致,步伐要协调。

(2) 管路的安装、拆卸

① 安装管路前必须制定有针对性的安装、拆卸措施,要严格按设计施工。

② 安装管路时,要检查施工地点瓦斯、顶帮的完好情况等。

③ 管路要托挂或垫起,吊挂要平直,垫起高度不小于 0.3 m。

④ 在倾斜巷道中必须使用管卡固定,防止管路下滑。

⑤ 管路不得与输电线铺设在同一侧,否则两者的间距必须大于 0.3 m。

⑥ 新安装或更换的管路要进行漏气试验。

⑦ 正在使用的管路需要部分拆除或更换时,必须首先与相关部门联系好。

⑧ 发现管路损坏或漏水、漏气,要立即汇报并及时处理。

(3) 开泵操作

① 开泵前,先开进水、排水开关洗泵 30 秒,将泵内的杂物冲净,出水管口必须比气水分离器出水口低。冲洗完毕后,调整出水管口,使之高于气水分离器出水口。

② 泵的启动按照开进、出水开关→开旁通阀→开管路出、进气闸阀→开泵→关闭旁通阀的顺序操作。

③ 运转后,人工调节排水阀,使气水分离器淹没在排水口下 50 mm 左右,人工检测排

水口须无瓦斯泄露。

(4) 封孔

① 工具必须准备全。

② 封孔长度不小于 8 m。

③ 使用聚氨酯配合毛巾等材料封孔。

④ 封孔必须严密不漏气。

⑤ 封孔管采用 DN40 的 PE 管。

(5) 抽采参数的测定

① 采用瓦斯抽采参数测定仪测量抽采管路的各类参数,如负压、瓦斯浓度、温度、混合量、纯量等。

② 用孔板流量计检测混合量、纯量,U 型(水银、水柱)压差计检测负压,光干涉瓦斯检查仪检查瓦斯浓度。

③ 泵房每小时测定一次,井下每周检测,有变化随时检测。

(6) 钻孔

① 施工前必须检查施工地点瓦斯浓度、顶帮稳固、钻机固定和水电接通情况等。

② 钻孔时使用坡度规根据设计确定好角度。

③ 开钻前先开水再开启钻机,停钻前先停钻后停电。

(7) 停泵

先停止电机运转,然后关闭真空泵的进气阀门和出气阀门,最后等待 15 min 进行冷却后关闭泵体进水阀门。

4. 清理现场

① 填写运行记录,内容填写清晰、无缺项。

② 清点工具,确保工具齐全。

③ 清扫现场卫生,做到作业环境整洁、无杂物。

三、风险隐患

(1) 未执行开泵流程,造成设备损坏。

(2) 未对抽采运行进行有效监管,造成设备损坏、数据丢失。

(3) 监测失效,不能报警或是数据不准确,造成其他事故。

(4) 未现场交接班、在岗时睡觉。

(5) 未执行停泵流程。

(6) 管路堵塞不畅通,瓦斯抽采效果不好。

(7) 未填写必要的岗位记录,造成岗位记录不规范、不完整。

四、防范或应急处置措施

(1) 加强抽采泵司机培训,必须持证上岗,严格按照抽采泵的操作程序进行操作。

(2) 严格执行泵站管理制度。

(3) 泵站的监控设备必须齐全,且符合规程要求。

(4) 瓦斯抽采泵司机必须在泵站现场交接班，接班人员未到泵站，交班人员不得擅自离开泵站。交班人员必须将泵的运转情况及泵的安全隐患向接班人员交接清楚，接班人员在交接班本子上签字后，交班人员才能离开。

(5) 瓦斯抽采泵司机停泵前必须向调度室请示，经调度室同意后方可停泵。

(6) 抽采管路放水器必须在巷道低洼处安放。

(7) 按规定填写必要的岗位记录。

第九节　瓦斯检查工

一、岗位责任制

瓦斯检查工在班组长的领导下，严格按照规程操作，岗位责任制如下：

(1) 认真贯彻执行党和国家与安全生产方针有关的法律、法规、规章、规程、标准和技术规范，牢固树立"安全第一"思想，全面贯彻落实公司有关安全工作指示、指令及各项规定，做好职责范围内各项安全工作。

(2) 在班组长的领导下，负责井下各采掘工作面瓦斯、一氧化碳等气体检查工作，坚持"安全第一、预防为主"的方针，预防各类事故的发生，实现安全生产。

(3) 按时按期参加瓦斯检查特殊工种专项培训及其他相关培训工作，熟悉本岗位安全生产责任制和队组各项管理制度，做到持证上岗。

(4) 根据当月测点计划安排，严格按照瓦斯检查巡回路线进行瓦斯检查工作，杜绝"三违"现象，确保瓦斯数据真实，保证当班安全生产。

(5) 负责责任范围内的安全风险管控和隐患治理措施的落实，对当班出现的各类隐患进行积极处理，做好隐患处理、汇报，同时根据指定的防范措施积极组织整改落实，做到不安全不生产。

(6) 当班工作面发现瓦斯、二氧化碳等气体有异常变化时，要及时采取措施进行处理，并严格执行请示汇报制度。

(7) 按时参加班前会、安全例会，不断总结现场施工经验，努力提升自我安全综合管理水平。

(8) 参加职工自救、互救和现场急救知识的普及教育，熟悉各工作面的避灾路线。

(9) 负责责任范围内瓦斯抽采钻孔进尺验收工作，验收合格后方可签字，严禁弄虚作假。

(10) 履行法律法规规定的其他岗位职责。

二、岗位作业流程标准

(一) 作业流程

入井前准备→现场安全确认→检测气体浓度并记录→整理数据并汇报。

(二) 作业标准

1. 入井前准备

(1) 个人防护用品齐全完好。

(2) 作业前,必须明确工作地点、工作任务。

① 采煤工作面检查地点:工作面进风流、工作面风流、采煤机下风流、上隅角、工作面回风流、局部高冒区。

② 掘进工作面检查的地点:工作面风流、工作面回风流、局部通风机前后 10 m 范围内的风流、局部高冒区、机电设备处等。

③ 矿井总回、一翼回风和采区回风在测风站内进行测定。

④ 变电所、水泵房、火药库等在各硐室和仓库回风流中进行测定。

⑤ 电动机等电气设备在其上下风流两端各 20 m 范围内进行。

⑥ 爆破工作检测点:采煤工作面爆破地点的瓦斯测定,沿工作面煤壁上下各 20 m 范围内的巷道风流中;掘进工作面爆破地点的瓦斯测定,爆破地点前后 20 m 范围内巷道风流中及本范围内的瓦斯积聚处。

(3) 瓦检仪、检查棍、胶皮管、温度计、手册及其他规定的仪器、用具等完好、齐全。仪器、工具必须定期进行检校和维修,在生产中对使用的仪器每年必须进行全面的校验。

1) 仪器外观检查。

① 目镜组件:护盖、链条完好,两固定点牢固,固定螺丝齐全;提、按、旋转过程中平稳、灵活可靠,无松动、无卡滞现象。

② 开关:护套贴紧开关,松紧适度、无缺损;两光源开关按时有弹性、完好。

③ 主调螺旋:护盖、链条完好,两固定点牢固;旋钮完好,旋时灵活可靠,无杂音、无松动、无卡滞现象。

④ 皮套、背带:皮套完整、无缺损,纽扣能扣上;背带完好、长度适宜。

⑤ 微调螺旋:旋钮完好,旋时灵活可靠,无杂音、无松动、无卡滞现象。

2) 药品检查。

① 水分吸收管检查:硅胶光滑呈深蓝色颗粒状,变粉红色为失效;吸收管内装的隔圈相隔要均匀、平整,两端要垫匀脱脂棉,内装的药量要适当。

② 二氧化碳吸收管检查:药品(钠石灰)呈鲜艳粉红色,药量适当、颗粒粒度均匀(一般为 2～5 mm)。变浅、变粉白色为失效,呈粉末状为不合格,必须更换,更换后需做简单的气密性和畅通性试验。

3) 检查气路系统。

① 检查胶管、吸气球:胶管无缺损,长度适宜;吸气球完好、无龟裂、瘪起自如。

② 检查仪器密封性:用一只手捏扁吸气球,另一只手堵住检测胶管进气孔,然后放松吸气球,吸气球 1 分钟内不胀起,表明气路系统不漏气。

③ 检查气路是否畅通:放开进气孔,捏放吸气球,吸气球瘪起自如时表明气路畅通。

4) 检查电路系统和光路系统。

① 光干涉条纹检查:按下光源电门,调节目镜筒,观察分划板刻度和光干涉条纹,应光亮充分、视野清晰。

② 微读数检查:按下微读数电门,观察微读数窗口,应光亮充分、刻度清晰。

5) 仪器精密度。

① 主读数精度检查：按下光源电门，将光谱的第一条黑色条纹(左侧黑纹)调整到“0”位，第5条条纹与分划板上“7%”数值重合，表明条纹宽窄适当，精度符合要求。

② 微读数精度检查：按下微读数电门，把微读数刻度盘调到“0”位；按下光源电门，调主调螺旋，由目镜观察，使既定的黑色条纹调整到分划板上“1%”位置；调整微调螺旋，使微读数刻度盘从“0”转到“1.0”，分划板上原对应“1%”的黑色条纹恰好回到分划板上的“0”位时，表明小数精度合格(小数精度允许误差为±0.02%)。

2. 现场安全确认

(1) 作业地点附近巷道支护牢固、可靠，无片帮、空顶、离层现象。作业地点附近无行车运输作业。

(2) 作业地点通风良好，通风系统运行正常。严禁擅自进入盲巷、独头巷、独巷或已失修巷道内。

(3) 熟悉避灾路线，工作面出入口畅通。

3. 检测气体浓度并记录

(1) 仪器调零

进入待测地点前，已在与待测地点温度、压力相近的新鲜风流中对仪器进行换气调零。

(2) 检测气体浓度

按照工作任务对各检测点的气体浓度进行检查(下面以局部通风机处检测点为例)。

局部通风机处的瓦斯检查要求如下：

① 检查局部通风机及其开关附近10 m范围内风流中瓦斯、二氧化碳浓度以及温度情况。

② 检查瓦斯时，将二氧化碳吸收管的进气端胶管置于待测位置，在巷道风流上部，将仪器进气口伸到距顶板200～300 mm处，捏吸气球5～10次，将待测气体吸入瓦斯室，读数，按下光源电门，由目镜观察黑基线位置，若黑基线刚好在某整数上，直接读出该数即为测定的瓦斯浓度；若黑基线在两整数之间，应顺时针转动微调手轮，使黑基线退到较小的整数上，读出整数，再读出微读窗口上的小数，整数加上小数即为测定的瓦斯浓度。连测3次取最大值。

③ 检查二氧化碳浓度时，将二氧化碳吸收管的进气端胶管置于巷道风流下部的待测位置，距底板200～300 mm处。先测下部瓦斯，捏吸气球5～10次，将待测气体吸入瓦斯室，读取下部瓦斯浓度。去掉二氧化碳吸收管，接入进气管，将仪器进气口置于待测位置，捏吸气球5～10次，将待测气体吸入瓦斯室，读取下部混合气体浓度。测定的下部混合气体浓度减去下部瓦斯浓度再乘校正系数0.955，约为所测定的二氧化碳浓度，连测3次取最大值。

④ 测定温度时，在与人体及制冷、制热设备间隔超过0.5 m位置处测定，测定时间不少于5分钟，且在温度计示值稳定后读数。

⑤ 及时将检查结果填入瓦斯检查工手册、巡检记录和现场的瓦斯检查记录牌板上。

(3) 对比检测数据

观察现场甲烷传感器显示值，与光学瓦斯检定器进行比对，当相差较大时，以最大值为依据，记录并汇报调度。

4. 整理数据并汇报

将所有工作任务地点的数据记录整理汇报通风调度，并将责任区域内存在的一通三防隐患记录汇报调度。

三、风险隐患

1. 作业前准备不足

(1) 个人防护用品不齐全、不完好。

(2) 下井所带的仪器、工具、专用记录本不齐全、不完好，未检查。

(3) 检查棍存在堵塞或者漏气等问题未及时修理。

(4) 作业前未检查仪器气路、光路、电路系统，造成检查结果不准确。

(5) 作业前未检查药品是否符合要求，造成检查结果不准确。

2. 作业环境安全确认不到位

(1) 作业地点的顶板支护不完好，掉渣、片帮造成伤人。

(2) 作业地点存在行车运输作业，造成伤人。

(3) 作业地点通风情况不良，造成人员窒息。

(4) 不熟悉避灾路线，安全出口不畅通。

3. 检查作业不规范

(1) 仪器使用不熟练，检测精度无法保证。

(2) 检测地点不规范，造成检查浓度结果不准确。

(3) 测量点设置不当，存在漏检现象。

(4) 粗心大意，作业过程中存在漏检现象。

(5) 责任心不强，存在空班漏检假检现象。

(6) 使用仪器保护不周，造成仪器磕碰，摔坏设备。

(7) 内容记录不全，缺失记录，导致测定浓度不清不准。

(8) 作业完成后未清点仪器，造成仪器遗落丢失。

4. 数据整理记录不规范

作业人员粗心大意，导致记录数据出错造成数据失真。

四、防范或应急处置措施

(1) 正确佩戴和使用劳动保护用品。

(2) 严格按照《煤矿安全规程》和“操作规程”准备仪器、工具、材料，制定有关仪器、工具携带管理规定，加强检查和监督力度。

(3) 严格执行瓦斯巡回检查制度和请示报告制度。

(4) 严格执行“敲帮问顶”制度，并对作业地点进行加强支护。熟悉避灾路线，发现问题及时撤出人员，并进行处理汇报。

(5) 加强现场管理，落实规范操作，严格按照规程规定进行气体浓度检测作业。

(6) 记录时要认真仔细,确保记录无误。

(7) 加强业务学习,提高技术水平。

第十节　风　筒　工

一、岗位责任制

(1) 经过培训合格持证上岗,严格按照煤矿“三大规程”及其他有关规定进行作业。

(2) 熟悉掌握局部通风机吊挂标准,严格执行“五专一化一切换”,实行“定置化”管理。

(3) 保证风筒距工作面不超过作业规程规定,风筒吊挂做到平、直、紧、稳,接口严密不漏风。

(4) 保证按质量标准安设风筒,风筒要压反边,拐弯处设弯头或缓慢拐弯,不准拐死弯,异径风筒要有过渡节。

(5) 认真巡回检查风筒,发现风筒破损、脱节等问题及时汇报并处理。

(6) 及时对接或拆除风筒,巷道掘完后及时拆除、回收风筒,对损坏的风筒及时出井,保证风筒不丢失。

(7) 积极参加业务技术培训,不断提高自身业务水平。

二、岗位作业流程标准

(一) 作业流程

准备工器具及材料→作业环境检查→吊挂风筒→延伸风筒传感器→标准化整理风筒→收尾工作。

(二) 作业标准

(1) 准备工器具及材料

① 工器具齐全、完好。

② 材料充足。

(2) 作业环境检查

① 通风良好。

② 有毒有害气体不超限,符合相关规定要求。

③ 巷道支护良好,无漏顶、无片帮。

(3) 吊挂风筒

① 确保综掘机停机闭锁。

② 梯子安设牢固。

(4) 延伸风筒传感器

① 与相关部门取得联系,汇报准备延伸工作。

② 检查传感器完好。

③ 移设后确保有效、可靠。

(5) 标准化整理风筒

① 对接口做到双反边,无反向反边情况。

② 吊挂平、直。

③ 逢环必挂。

④ 编号。

⑤ 对漏风处进行补漏维护。

(6) 收尾工作

符合安全生产标准化的相关规定。

三、风险隐患

(1) 未对规程措施进行贯彻学习,可能造成现场与规程措施不符现象。

(2) 作业地点安全出口不畅通,影响逃生。

(3) 作业地点的顶板支护不完好,掉顶、片帮伤人。

(4) 作业地点气体超限,造成人员气体中毒。

(5) 在巷道行人、行车频繁的时间作业,造成人员伤亡。

(6) 作业前未检查工具是否准备携带齐全,造成无法顺利安全作业。

(7) 梯子设置不合理,造成人员坠落伤亡。

(8) 未按照施工标准施工,造成人员伤亡。

四、防范或应急处置措施

(1) 认真贯彻学习规程措施,以免出现现场与规程措施不符现象。

(2) 熟悉井下避灾路线,保证安全出口畅通情况下再施工。

(3) 严格执行敲帮问顶制度,观察测风地点的顶板是否支护完好,避免掉顶、片帮伤人。

(4) 作业前检查有毒有害气体,避免作业地点气体超限,造成人员气体中毒窒息。

(5) 避免在巷道行人、行车频繁的时间作业,严格执行“行人不行车,行车不行人”制度。

(6) 作业前检查工具是否携带齐全。

(7) 用梯子时严格按照登高作业规定作业,避免造成人员坠落伤亡。

(8) 严格按照施工标准施工。

第十一节 安全检查工

一、岗位责任制

(1) 依照国家法律、法规和煤炭行业安全规程、规定、技术标准及安全生产规章制度检查煤矿企业的安全生产状况。

(2) 检查煤矿安全生产责任制、业务保安责任制、安全生产规章制度的落实情况和特种作业人员持证上岗情况。

(3) 协助领导组织定期的安全检查和专业检查,对查出的问题进行登记、上报,并督促落实整改。

(4) 协助领导制定、修改安全管理规章制度和临时性危险作业的安全措施。

(5) 负责召开安全例会,开展安全活动日、安全竞赛等活动,总结推广安全生产先进经验。

(6) 制止“三违”(违章指挥、违章作业、违反劳动纪律),对于危及职工生命安全的紧急情况,可以采取临时处置措施。

(7) 参与煤矿建设工程安全设施的设计和工程竣工验收。

(8) 参与煤矿事故的调查、分析、处理,提出防范措施。

(9) 负责事故和“三违”情况的统计和上报。

(10) 法律、法规及煤矿企业规定的其他职责。

二、岗位作业流程标准

(一) 作业流程

作业前准备→班中作业→记录上报。

(二) 作业标准

1. 作业前准备

(1) 按照规定参加班前会,进行安全承诺签字。

(2) 认真学习相关规程和措施,积极配合安全不放心人排查。

(3) 听从值班人对工作内容、安全重点的安排。

(4) 熟悉作业现场安全隐患内容。

(5) 对号领取报表、手册以及工作安排记录单。

(6) 根据情况到本班盯防头面所属区队参加班前会,了解区队当班工作重点和安全薄弱环节。

(7) 按照规定正确佩戴和使用劳动防护用品、用具。

(8) 领取检测、检查仪器(便携式光学瓦斯检测仪、便携式甲烷检测报警仪、一氧化碳检测报警仪等),并检查仪器的完好情况。

(9) 井口整装列队进行入井前的安全确认。

(10) 按照规定秩序候罐(车)、乘罐(车),并自觉维持秩序。

2. 班中作业

(1) 采煤系统安全检查

1) “三违”现象检查

① 从业人员安全教育和培训合格。

② 个人防护用品齐全、完好。

③ 无空顶作业、带电检修、干式打眼、脱岗等“三违”现象。

2) 液压支架安全检查

① 液压管路和阀组连接牢靠,无泄漏。

② 支柱不窜液,无损伤,压力表完好,初撑力合格。

③ 架内无浮矸、浮煤和杂物堆积。

④ 支架前、支架间无杂物,顶梁无冒落。

⑤ 移架滞后采煤机的距离合格，处理得当。

⑥ 支架间空隙背严，移架中无漏矸、漏煤现象。

⑦ 移架完成后，支架操作手把置于“0”位，截止阀关闭。

⑧ 支架与底板垂直，不超高。架设底板无浮矸、浮煤。

⑨ 支架架设牢固，并有防倒措施。

⑩ 支架与顶板接触严密，不空顶，支架前探梁接顶严实，端头支护牢靠。

3）采煤机安全检查

① 检查采煤机安全保护

a. 喷雾、冷却及连接装置完好。

b. 电气控制按钮防护齐全、完好，闭锁可靠。

c. 机载甲烷报警断电仪灵敏、可靠。

d. 信号报警及电气保护装置齐全、可靠，通信联络畅通。

② 检查采煤机运行状态

a. 采高和截割后的空顶距合格。

b. 传动装置运转声音、温度正常。

c. 停机后，电气隔离开关处于断电位置。

4）安全出口安全检查

① 采煤工作面有 2 个或 2 个以上畅通的安全出口。安全出口人行道宽度不低于 0.8 m。

② 采煤工作面安全出口与巷道连接处支护牢固，加强支护的巷道长度不小于 20 m。

③ 综采工作面安全出口巷道高度不低于 1.8 m，其他工作面不低于 1.6 m。

④ 安全出口和与之相连的巷道有专人维护。

（2）掘进系统安全检查

1）“三违”现象检查

① 从业人员安全教育和培训合格。

② 个人防护用品齐全、完好。

③ 无空顶作业、带电检修、干式打眼、脱岗等“三违”现象。

2）顶板支护安全检查

① 工作面迎头支柱完好、支护可靠。

② 巷道控顶距合格，无空顶、空帮现象。

③ 前探梁等临时支护措施落实到位。

3）掘进机安全检查

① 前后照明良好，机头作业处无人员。

② 机身固定牢靠、运转平稳。

③ 电气设备无“失爆”现象。

④ 信号报警和机载喷雾装置等完好。

⑤ 通信联络可靠。

4）运输设备设施安全检查

① 运输轨道牵引绞车完好，安装固定牢靠。

② 斜巷“一坡三挡”、信号报警装置等安全保护装置齐全、可靠。

③ 刮板输送机平直，机头和机尾的压柱、刮板、链、槽和传动装置保护罩等齐全、完好。

④ 带式输送机输送带不跑偏，机道清洁无杂物，信号畅通，各种安全保护齐全、可靠。

⑤ 电气设备接地可靠，无“失爆”现象。

5）爆破安全检查

① 工作面炸药、雷管入箱上锁、退库及时。

② 爆破前，爆破警戒布置到位。

③ “一炮三检”和“三人连锁爆破”制度执行良好。

④ 爆破后，各项检查结果正常。

（3）井下电气系统安全检查

1）三违”现象检查

① 从业人员安全教育和培训合格。

② 个人防护用品齐全、完好。

③ 机电设备硐室内没有非工作人员。

④ 无带电检修、甩保护、脱岗等“三违”现象。

2）电气设备防爆安全检查

① 设备防爆标识清晰、完整，无“失爆”现象。

② 设备功能良好，动作可靠，保护装置齐全、有效。

③ 设备安装上架，固定平稳。

④ 地面无积水、顶板无淋水、周围无杂物。

3）电气设备安全保护装置安全检查

① 检查漏电、过流保护装置

a. 日常检查及试验记录齐全、真实。

b. 接线可靠，整定合格。

c. 接地装置安设、连接良好。

d. 各仪表显示正常。

② 检查保护接地装置

a. 日常检查及试验记录齐全、真实。

b. 保护接地装置各部位间连接可靠、有效。

c. 保护接地装置的材质、规格合格。

d. 接地极安设位置和方式正确、可靠。

4）井下电缆安全检查

① 检查电缆敷设

a. 电缆挂钩、卡子、卡箍、穿墙护管等齐全，悬挂地点正确，高度和间距合格。

b. 通信电缆与电力电缆分挂在井巷两侧。挂在同侧时，通信电缆挂在电力电缆上方，间距合格。

c. 电缆上方无淋水、外皮无机械损伤，未挂靠在风管、水管上；电缆上无任何物件悬挂。

d. 沿钻孔、立井井筒等特殊地点敷设电缆，有专门的安全措施并落实到位。

② 检查电缆连接

a. 电缆连接部位检查、试验记录齐全、真实。

b. 电缆与电缆的连接、电缆与电气设备的连接完好。

c. 电缆整体进入引入装置，并压紧、压实。井下橡套电缆连接完好。

(4) 提升运输系统安全检查

1) “三违” 现象检查

① 从业人员安全教育和培训合格。

② 个人防护用品齐全、完好。

③ 无爬、蹬、跳，行车行人，超载，“放飞车”，带电检修，脱岗等“三违”现象。

2) 主提升机安全检查

① 检查主提升机机房

a. 机房照明充足，温度正常，无与工作无关人员。

b. 无易燃、易爆物品存放。

c. 防护围栏、警示牌、接地保护、防雷电保护装置等齐全、完好。

d. 通信联络畅通。

e. 消防器材类别、标识齐全，在有效期内，放置合理。

② 检查主提升机安全保护装置

a. 信号、过卷保护、减速行程开关等各种安全保护装置齐全、可靠。

b. 制动装置操作灵敏、可靠。

c. 传动防护装置齐全可靠，润滑充足，无泄漏。

d. 检查、维护记录齐全、真实。

③ 检查主提升机运行状态

a. 信号联系畅通，运行声音、工作温度正常，系统无泄漏，仪表显示正常。

b. 提升位置指示装置完好，指示位置正确。

c. 运行过程做到一人操作、一人监督。

d. 提升机运行速度正常。

3) 电机车安全检查

① 检查电机车车身

a. 车身完好，信号、照明正常。

b. 制动装置灵敏、可靠。

② 检查电机车运行状态

a. 机车运行速度正常，两列车同轨道、同向行驶间距不小于 100 m，运行中司机身体各部位未探出车外。

b. 危险运行地段司机能及时减速并发出警告信号。

c. 机车停车位置正确。司机离开机车时，关闭电源、取出换向手把、刹紧车闸，车灯不关闭。

d. 开车前有专人对车体连接、制动等安全装置进行试验性检查并有相关检查记录。

e. 车上无易燃、易爆或腐蚀性物品，不超载。

f. 车辆运行速度正常，不随意停车，无爬、蹬、跳和工具、材料等露出车体外情况。

4）平巷人行车安全检查

① 开车前有专人对车体连接、制动等安全装置进行试验性检查并有相关检查记录。

② 车上无易燃、易爆或腐蚀性物品，不超载。

③ 车辆运行速度正常，不随意停车，无爬、蹬、跳和工具、材料等露出车体外情况。

④ 危险地段司机能及时减速并发出警告信号。

5）辅助运输安全检查

① 检查调度小绞车

a. 固定牢靠，信号畅通，接地保护可靠。

b. 制动装置灵敏、可靠。

c. 滚筒、钢丝绳及连接装置完好、可靠。

② 检查斜巷安全保护装置

a. 斜巷“一坡三挡”安全保护装置安装位置正确，固定牢靠，并处于“常闭”状态。

b. 斜巷“行车不行人”声光警示信号安全保护装置报警正常，警示牌完好。

3. 记录上报

及时填写相关检查记录并上报。

三、风险隐患

(1) 未进行现场检查，导致不能及时发现隐患，造成事故。

(2) 未及时处理接班时的问题，导致隐患未整改、发生事故。

(3) 未严格按要求进行现场监管造成事故发生。

(4) 未按要求汇报。

(5) 未填写必要的岗位记录，造成岗位记录不规范、不完整。

四、防范或应急处置措施

(1) 按照“四位一体”开工准入单列项、分工逐条进行隐患排查。

(2) 及时处理接班时的问题。

(3) 必须严格按要求进行现场监管。

(4) 必须按要求汇报。

(5) 必须按要求填写岗位记录。

第十三章 地测防治水作业岗位应知应会知识

第一节 矿井地质工

一、岗位责任制

(1) 认真贯彻落实安全生产方针、政策、法规和标准、规范，及公司各项安全生产规章制度；认真学习业务知识，提高工作责任心和业务能力。

(2) 了解井田范围内的地质构造和煤层赋存情况、煤层的结构和变化规律；经常收集掌握矿区井上下地质资料，为矿井水害防治提供准确的地质资料。

(3) 通过地质观测，给地质编录提出合理化建议。

(4) 配合地质技术员编写工作面(采、掘)地质说明书。

(5) 负责仪器仪表、工具的安全使用管理。

二、岗位作业流程标准

巷道地质编录的步骤与方法，以巷道一壁剖面图编录为例。

(一) 编录前准备工作

1. 作业流程

熟悉编录巷道→确定编录壁→确定编录高度→检查编录工具。

2. 作业标准

(1) 熟悉编录巷道

下井编录前，要熟悉巷道预想地质剖面、邻近巷道的分布及其地质情况，以便编录时心中有数。

(2) 确定编录壁

与勘探线方向一致的巷道(石门、穿层斜井及上、下山等)，编录壁必须与勘探线剖面图对应，统一看图方向，这样便于利用巷道编录资料来修改、补充勘探线剖面图。

平巷一般是编录煤、岩层倾斜的上壁(帮)；采准巷道则编录紧靠它所服务的采区和回采工作面的一壁。以回采工作面为例，工作面上方的回风巷编录下壁，工作面下方的运输巷编录上壁，切割眼编录工作面推进方向的一壁。

(3) 确定编录高度

巷道编录高度一般是上到棚牙口，下至轨道面。拱形支架或大断面巷道的编录高度视各矿具体情况而定。

(4) 检查编录工具

记录本、笔、锤子、罗盘、放大镜、钢尺、小卷尺、测绳、粉笔、小钉等。

(二) 巷道地质编录

1. 作业流程

对编录巷道进行全面概略观察→巷道壁上挂观测基线→观测、记录、描绘巷道壁地质情况。

2. 作业标准

(1) 对编录巷道进行全面概略观察

① 全面巡视。到达编录巷道时不要急于绘图、描述,应先对编录巷道全面巡视一遍,了解测量点位置,查明巷道所揭露的地质现象,根据岩性进行分层,确定需要设地质观测点的位置,并用粉笔注上标记。在观察时不要限于将要编录的那一壁,而要全面地观察两壁及巷顶。

② 标定编录起点的位置。利用井下测量点或已知巷道标定编录起点位置,丈量并记录起点距测量点或已知巷道的距离,起点要做标记。

(2) 巷道壁上挂观测基线

① 平行于巷道的观测基线。适合于坡度较大,并且坡度不一致的巷道。一般与巷道腰线一致;或者以巷道轨面为准,向上量一定距离,平行巷底布置;或者以巷道顶梁上的测量点为准,向下量一定距离,平行巷顶布置。

② 水平的观测基线。适用于水平的或坡度较小的巷道。为了便于绘图,水平基线的标高最好取一整数。当水平基线与巷顶(底)接近时,可将水平基线垂直向下降低或向上提高一定标高。

③ 既不平行巷道也不水平的观测基线。当巷道在短距离内起伏很大时,采用这种布置方式。

④ 在编录短距离内坡度起伏很大的巷道时,不拉连续的观测基线,在需要控制的地点,就近找一测点,量出控制点与测点的距离和高差,并利用测点的高程、平距资料即可绘图。

挂基线的注意事项:

① 基线的起点与终点应与测量点取得联系,最好以测量点作为基线的起点与终点。这样便于用测量点来校核距离。

② 基线的各种数据(距巷顶、巷底的距离,方向和坡度等),应记录清楚,并绘出草图。

(3) 观测、记录、描绘巷道壁地质情况

观测、记录和描绘巷壁地质情况是井巷地质编录的关键步骤,它们是同时进行的,包括以下三个方面:

① 地质观测点的观测与描述:地质观测点应选在地质特征清楚、地质变化显著的地点,具体地说就是岩层分界面、断层面及褶曲轴部,煤层结构、厚度及顶底板岩性岩相发生显著变化处,岩浆侵入体、岩溶陷落柱及裂隙发育地点,钻孔位置及其他有地质意义的地点。对上述地点必须重点观测描述,准确测定其位置,记录至基线起点或某一测点的距离,并绘在平面及剖面草图中,必要时还须绘出细部素描图,编制地质观测点卡片。地质观测点观测

描述内容应记录在井下地质记录簿中或井下地质观测点卡片上。描述可繁可简,应根据需要而定。

② 实测地质界线及巷壁轮廓:地质界线用地质观测点及附加的控制点来控制。巷壁轮廓的实测方法与实测地质界线的方法相同。在巷道坡度变化处布置控制点,分别测出控制点与基线起点或附近测点的距离及控制点与基线的垂距。巷道延伸方位改变时,必须逐段测量巷道方位。地质观测点之间的地质情况,要进行连续的观测与追索。两点之间的地质界线要按实际情况连接,绝不能机械地连成直线。

③ 绘制巷道实测剖面草图和细部素描图:井下地质观测不但要记录各种实测数据和进行文字描述,而且要测绘巷道剖面草图。草图要简明清楚,不需要严格按比例描绘,但需注明必要的数据和通用的代号,力求简明清晰,说明问题,并整理出正式图件。在实测剖面草图时,如遇褶曲、断层、岩浆侵入体、煤层冲刷等现象,要绘出细部素描图,以反映地质现象的详细情况和细微变化,要抓特征,重点突出,形象真实。细部素描图上要注明图名、编号、位置、比例尺和方位以及各种必要的观测数据,并标在巷道剖面图上,也可直接填绘专门的地质素描卡片。

(三) 其他注意事项

1. 作业流程

注记终点→检核工作→绘制巷道实测剖面图。

2. 作业标准

(1) 注记终点

每次编录的终点要注上记号,写上日期,以便下次接着进行。

(2) 检核工作

上井之前要认真检查记录,核对各种数据。一条巷道编录完毕,必须全面检查一遍,看资料是否收集齐全,如有遗漏和错误,要及时纠正和补充。

(3) 绘制巷道实测剖面图

应在整理好上次观测编录资料的基础上,进行下一次编录。当整条巷道编录完毕之后,应按一定格式绘制 1∶200 的巷道实测剖面图,煤层及构造应附加放大比例尺(1∶10～1∶100)的素描图及煤层小柱状图。

三、风险隐患

(1) 掘进工作面揭露地质构造,未及时采取措施,存在冒顶及水害风险。

(2) 井下观测断层、节理、陷落柱时,由于支护不良,导致破碎带岩石冒落伤人。

(3) 地质编录时,发生冒顶、片帮、煤壁垮落、掉渣及有毒有害气体异常涌出等情况造成人身伤害。

(4) 在岩壁或者煤壁上使用锤子、凿子等工具采集岩样或者煤样或是切割样本时,因工具使用不当或因岩层垮塌、煤层垮落及因飞溅的岩块、岩屑或者煤块、煤屑致伤。

(5) 地面调查时容易掉进地面塌陷坑或者裂缝,特别是暴雨后容易产生地面塌陷。爬山遇陡坎或者在断崖附近容易摔倒、高空坠落,造成人身伤害。

(6) 雨季三防期间，在河道及汇水处行走，上游来水造成人员受伤，雷雨天气易遭受雷电及大风伤害。

四、防范或应急处置措施

(1) 严格执行预测预报、有疑必探、先探后掘、先治后采的原则，加强顶板支护，完善排水系统。

(2) 井下观测断层、节理、陷落柱时，检查巷道支护情况，确认安全后再进行观测。

(3) 地质编录前，首先检查作业环境，进行敲帮问顶，检查周围有毒有害气体浓度，确认安全后再进行编录工作。

(4) 在岩壁或者煤壁上使用锤子、凿子等工具采集岩样或者煤样或是切割样本时，首先应观察周围环境，检查岩层或煤层情况，确认没有垮塌风险后，再佩戴护目镜、手套，使用专用工具沿着煤岩裂隙等煤岩层薄弱处采集煤岩样本。采集或者切割样本过程中，应做好防护，同伴应和采集者保持一定距离，避免受伤。

(5) 地面调查时注意安全，调查人员结伴而行。

(6) 雨季三防期间，在河道及汇水处行走，应注意观察上游来水，调查人员结伴而行，尽量避免雷雨天气进行地面调查，做好防雷击和大风应急预案。

第二节　矿井测量工

一、岗位责任制

矿井测量工是在井下采掘工作面、井巷使用测量仪器等工具从事井巷测量工作的安全生产责任者，对工作范围内的安全负责，要严格按照三大规程施工。测量工必须掌握相关专业知识，熟悉避灾路线，保证安全。安全生产职责如下：

(1) 熟悉《测绘法》、《煤矿安全规程》和《煤矿测量规程》，必须经过安全教育和专业技术培训，掌握本岗位所需的安全生产知识和专业技能，持证上岗。

(2) 严格按照《煤矿测量规程》、技术操作规程、作业规程的各项技术要求和有关管理制度进行测量资料的收集、汇总工作。

(3) 掌握一定的职业病防治知识和本岗位的职业病防治措施，正确佩戴和使用劳动保护用品。

(4) 必须熟悉测绘仪器性能，掌握其操作方法，会使用、会维护、会保养。

(5) 不得在测量原始记录、资料计算、汇总、图纸填绘等工作中弄虚作假。

(6) 能熟练进行井上、下各级导线及水准测量工作。

(7) 能熟练进行各开拓、掘进、零星工程的中腰线标定及延设工作。

(8) 能熟练进行全站仪导线和水准测量记录、计算及数据整理工作。

(9) 能熟练正确地解算和标定一般的测量工程。

(10) 协助技术负责人搞好设计施工图纸的审核及各种测量方案的制定与实施工作。

(11) 深入现场了解施工情况，并向技术负责人正确反映工作现场的情况及存在问题，按要求及时填写相关记录，及时、准确、完整地填绘各类施工测量图纸。

（12）参与月末井巷工程进度验收工作，及时、正确填写验收记录、工作日记等。

（13）及时准确地下发各类安全贯通、透巷、过巷、开口及施工变更给线等业务保安通知单。

（14）参与矿井大型机电设备安装定位及巷修给线工作，做好机电设备安装的抄平、找正及巷修工程的中腰线标定工作。

（15）参与地表移动观测站及矿井大型建构筑物沉降的外业观测工作，熟练进行野外观测及数据收集。

（16）按时完成上级安排的各种临时性测量工作。

（17）严禁空顶作业。不得与整棚、运输、耙装、爆破等工作平行作业。

（18）熟悉避灾路线，发生灾害后能安全撤离。

（19）熟知本岗位安全风险，排查消除安全隐患。

二、岗位作业流程标准

（一）作业流程

入井前期准备→现场安全确认→测量施工→内业。

（三）作业标准

1. 入井前期准备

（1）个人防护用品齐全完好。

（2）测量仪器、工具完好、齐全。

① 作业前，必须明确工作地点、工作任务；根据工程需要合理选择不同级别、不同种类的测绘仪器，并按规程规定进行各项检验与校正；备齐必需的仪器、工具、材料等。

② 检查仪器箱的背带、提手、搭扣是否牢固，锁扣是否完好；三脚架各部螺丝有无松动、损坏，有问题应及时加以修理。

③ 提前对所使用的仪器设备的电池进行充电，保证作业时电池电量充足。

④ 测量仪器、工具必须定期进行检校和维修。在生产中对使用的仪器每年必须进行全面的检校。

（3）携带测量专用记录本。

（4）测量控制点参数检查。接受测量任务后，必须对作业所使用的起始成果资料、设计图纸及标定数据进行检查，确保使用的起始成果资料、设计图纸及标定数据准确无误。

（5）协调施工单位。

① 在主要运输大巷及运输石门等运输繁忙地段，必须提前与有关部门、人员联系，在测量作业区段内禁止车辆通行、机械运转。其他巷道和工作面的运输设施影响观测时，也应立即停止运行。作业中应加强前后瞭望，做好监护，保证人员与仪器安全。

② 在上、下山等坡度较大的巷道内作业时，应事先联系禁止斜巷运输设备运行，必要时停止工作面施工，然后方可施测。

③ 在有架线巷道和电力设施的地点施测时，应特别注意人员和仪器安全，必要时应停

电作业。

2. 现场安全确认

(1) 作业空间安全。测量地点附近巷道支护牢固、可靠,无片帮空顶现象,无离层现象。作业环境照明不影响测量。

(2) 作业地点清理物障。现场清理巷道内浮煤、杂物、障碍物等,保障操作空间。

(3) 作业地点通风。作业地点通风良好,并正常运行。施工作业地点瓦斯浓度低于1%。严禁擅自进入盲巷、独头、独巷或已失修巷道进行测量。

(4) 熟悉避灾路线,工作面出口畅通。

3. 测量施工

(1) 测点检查、选点、挂线绳,延线

复测控制导线。高空定点、挂线作业必须有两人扶梯,高度超过 2.0 m 以上必须系安全带。新打测量点必须牢固,按《煤矿测量规程》要求布点。

(2) 水准仪观测

① 使用补偿或自动安平水准仪时,在观测前,圆水准器应严格校正,观测时必须严格置平。

② 除路线拐弯处外,每测站上的仪器和前后视标尺的位置,应尽可能接近一条直线,并且要求前后视距尽量相等。

③ 工作间歇时,应尽量在水准基点上结束观测,否则应选择两个坚稳可靠、光滑突出、便于放置标尺的固定点作为间歇点,并作出标志。

④ 使用电子水准仪进行水准测量,要选在光线亮度均匀,灰尘、烟尘及雾气小的环境里进行,否则要停止观测,待环境条件符合要求时再进行。电子水准仪观测要有一定的视场范围,前后视距不宜过长,最大视距尽量保持在 50～70 m 之间。

⑤ 井下水准测量,要求巷道的倾角不能超过一定限度,一般情况下,当巷道的倾角不超过 8°时,宜采用水准测量的方法。

⑥ 井下水准测量一般采用两次仪器高法观测。

(3) 全站仪观测

① 全站仪与反射棱镜必须配套使用。若要更换反射棱镜时,必须重新测定仪器的棱镜常数。观测前,将测定的棱镜常数输入仪器。

② 仪器转动要平稳,用望远镜垂直丝照准目标时应将目标置于水平丝附近;照准各方向目标时,应在同样位置。使用微动螺旋照准目标或用测微螺旋对准分划线时,其最后旋转方向应为旋进。观测过程中,照准部水准器的气泡偏离中心不得超过一格,接近一格时,应在测回之间重新整置仪器。

③ 测距时,避免有另外的反光或发光体位于测线或测线的延长线上,否则应采取措施,同时要暂停无线电通话,以免干扰。

④ 在数据采集作业前,要根据工程量情况建立相应的文件名。在作业过程中,观测人员要经常检查数据内存管理器,查看测量数据是否完整、正确记录存储。如发现记录数据

未存储或有问题，及时进行补测或重测。每天作业结束后，要及时将相应文件名下的测量数据传输到电脑或移动存储器上，并备份保存。

⑤ 观测时，补测、联测、重测和取舍及观测限差、记录格式都必须严格执行有关规范的规定。

⑥ 井下导线水平角观测，应按规程规定选用测回法。各测回应均匀分布在度盘的不同位置，度盘的变换位置应按规范规定的度盘数进行设置。

⑦ 风速过大，对中困难的地段，采用挡风措施以确保对中精度。

⑧ 设点困难或边长过短时，为保证精度，可采用三架法施测。

⑨ 垂直角观测，要在垂直度盘的两个位置进行。两个镜位照准目标时，目标的成像应位于垂直丝左、右附近的对称位置。观测过程中，当发现指标差的绝对值大于30秒时应进行校正，已测完的一个完整测回，若其他各项符合限差要求，仍可使用。

⑩ 井下三角高程采用中丝法施测，观测方法与地面三角高程测量相同。井下三角高程测量可与水平角观测同时进行。井下三角高程测量时要测量仪器高和前视高，并量测该点至底板高度。

⑪ 井下标定中腰线时，必须采用两个镜位进行。

(4) 记录

① 外业观测记录必须做到记录真实，注记明确、整洁、美观，格式统一。

② 测量工程必须配备专门记录员，并严格按规定的要求记录，不能自测自记。

③ 一切原始观测值和记事项目必须在现场用铅笔或中性笔记录在规定格式的外业手簿中，严禁凭记忆补记，外业手簿中每一页都须编号，任何情况下都不许撕毁手簿中的记录纸。

④ 数字文字记载正确、清楚、整齐、美观。更正错误，均应将错字整齐划去，在其上方填写正确的方字或数字，禁止涂改、擦改、转抄。

⑤ 对超限划去的成果，注明原因和重测结果所在的页数。导线点、水准点的名称必须记载正确，同一点名称在各种资料中应严格一致。

⑥ 应熟知作业规范的有关规定和限差要求，严格按记录规范计算取位的规定要求进行记录和计算。

⑦ 记录员在记录过程中，要耐心、认真、细致、精力集中。采用复述方法记录，能及时发现观测中产生的错误（如对错度盘、看错方向）和超限情况，掌握好重测及取舍原则，合理进行重测、补测，确保记录、计算正确无误，使观测成果满足各项限差要求，符合有关规范规定。

⑧ 作业观测结束后，应对观测手簿进行全面检查记录、计算正确无误，各项限差及检验项目均符合规范的要求后方可迁站。

⑨ 清点原始测量仪器、整理记录资料，返回。

(5) 外业观测注意事项

① 观测方法及技术要求视等级、工程类别而定。各项观测限差，均应符合《煤矿测量规程》的规定和要求。各种测量结果必须符合不同等级的精度要求，否则必须重新测量。

② 妥善保护仪器、工具，不得磕碰，仪器架设后不准离人，搬站时必须卸下仪器装进仪器盒。仪器箱不准坐人，不得将仪器箱、三脚架腿、标尺等当作“脚手架”使用。

③ 各种仪器应按规定操作，用力要轻，制动螺旋不要拧得太紧，微动螺旋的旋转速度要均匀。仪器使用结束后，须将仪器及其附件及时装箱，并将各个部分固定装置锁好。上井后必须及时打开仪器箱，将仪器晾干、擦净，然后存入仪器柜。

④ 在高空或井筒中设点观测时，作业人员应佩戴保险带。仪器上下搬运应采取有效安全措施，仪器箱和其他用具须放置牢靠，严防坠落，确保仪器和人身安全。

4. 内业

(1) 测量数据计算整理、建立台账

① 内业计算前必须对野外或井下观测记录进行全面审核，确认无误且精度符合规程要求后，方可进入下一阶段工作。

② 计算时，首先应对观测成果进行整理，加入各项改正，按要求填入计算成果表，并进行平差计算。

③ 地面施工放样，井下开口中、腰线标定及其他施工放样标定，井下贯通测量计算应认真核实标定计算所使用的起始数据，并在计算表中注明起始数据的来源，抄录的计算成果表及起始点的等级。

④ 观测成果计算及施工放样标定计算都必须坚持对算。计算者、对算者或检查者、审核者都应在计算表中签字。

⑤ 所有的计算表上都要有草图。计算后的最终成果必须及时填入专门的成果表，并建立台账。

(2) 填绘各类矿图

① 矿图采用计算机绘制，内容、精度符合《煤矿测量规程》要求；图符、线条、注记等符合《煤矿地质测量图例》要求；图面清洁、层次分明，色泽准确适度，文字清晰，并按图例要求的字体进行注记。

② 采掘工程平面图及时填绘，井上下对照图每季度填绘 1 次，图面表达和注记无矛盾；数字化底图每季度备份 1 次。

三、风险隐患

1. 作业前准备不足

(1) 个人防护用品不齐全、不完好。

(2) 下井所带的测量仪器、工具、专用记录本不齐全、不完好，未检查。

(3) 仪器箱的背带、提手、搭扣不牢固，锁扣不完好，三脚架各部螺丝有松动、损坏，有问题未及时修理。

(4) 作业前未根据工作需要检查仪器电池，导致观测时出现电量不足现象。

(5) 起始成果资料、设计图纸及标定数据有误。

(6) 施工单位平行作业，导致测量工作无法施工。

2. 作业环境安全确认不到位

(1) 作业地点的顶板支护不完好,掉渣、片帮。

(2) 作业现场浮煤、杂物、障碍物等未清理。

(3) 有突水征兆,有害气体超标。

(4) 不熟悉避灾路线,安全出口不畅通。

3. 测量施工不规范

(1) 控制导线不验证,精度无法保证。

(2) 导线点使用错误,出现挂错点的现象,发生测量责任事故。

(3) 测量点设置不当,被设置在木棚或者不稳定的顶板上(临时点除外)。

(4) 布置测点登高作业没有安全措施。

(5) 测量仪器安置不牢固,摔坏设备。

(6) 测量错误。读错数据,仪器高或前视高量错或者记反等。

(7) 记录人员不进行回读,导致记错测量数据。

(8) 内容记录不全,缺失注记,导致无法计算。

(9) 忽视复测工作,复测不及时。

(10) 作业完成后未清点仪器,造成仪器部件遗落。

4. 内业计算填图不及时、有错误

(1) 内业计算前必须对野外或井下观测记录进行全面审核。

(2) 放样标定、井下贯通测量计算未核实标定计算所使用的起始数据。

(3) 计算成果不正确或评差超标,导致无法使用。

(4) 观测成果计算及施工放样标定计算没有坚持对算。

(5) 图纸更新不及时,造成图纸和现场不对照。

四、防范或应急处置措施

(1) 正确佩戴和使用劳动防护用品。

(2) 严格按照《煤矿测量规程》和操作规程准备仪器、工具、材料,制定有关仪器工具携带管理规定,加强检查和监督力度。

(3) 严格执行通知单制度。通知单按规定提前发送到施工单位、有关人员和相关部门。

(4) 严格执行"敲帮问顶"制度,确认作业地点顶板支护完好,无掉渣、片帮情况。提前清理好退路,发现问题及时撤出人员,并进行汇报。

(5) 加强现场管理,落实规范操作,严格按照规程规定进行测量作业。

(6) 健全测量控制系统,精度符合《煤矿测量规程》要求;及时延长井下基本控制导线和采区控制导线。

(7) 登高作业时系好安全带,攀爬梯子要有同伴监护。

(8) 记录时要重复回读,确保记录无误。搬站时检查所有数据,确保齐全。

(9) 及时对测量资料复查,对中腰线进行检核。坚持复测复算,直到符合要求为止。

(10) 加强业务学习,提高技术水平。

第三节　水文地质工

一、岗位责任制

（1）必须熟悉《安全生产法》《煤矿安全规程》《煤矿防治水细则》《煤矿地质工作规定》等有关技术规定，经过专业技术培训，考试合格，持证上岗。

（2）必须经过煤矿安全知识培训，掌握煤矿水害防灾和避灾知识。

（3）必须掌握矿井水文地质的观察、分析方法，以及仪器、仪表的定期检校、保养和使用的管理制度。

（4）严格按照《煤矿安全规程》《煤矿防治水细则》《煤矿地质工作规定》中的有关技术要求进行操作。

（5）为煤矿采掘和开拓提供所需的水文资料；在采掘过程中进行水害分析、预测预报；为煤矿防治水提供水文地质资料；为钻探、堵水注浆提供观测资料。

（6）负责水文地质观测，及时、完整地收集水文地质资料；及时进行分析、整理、录制等工作；建立健全矿井各种水文地质台账及图纸，保证符合有关规定要求。

（7）按照《煤矿防治水细则》《煤矿地质工作规定》及相关制度规定，定期观测矿井水文地质钻孔水压、矿井涌水量、降雨量等水文地质参数，绘制矿井涌水量相关曲线图。

（8）原始记录必须在现场进行，并记录在专门的水文地质原始记录簿上，记录簿应统一编号，不得缺页、破损，并妥善保存。

（9）水文地质的观测结果应及时复查、核实，确保提供的水文地质资料真实可靠。

（10）严禁在水文地质观测、计算、资料编录、汇总等工作中弄虚作假。

（11）在专门从事老窑、老空积水区的观测工作时，必须两人以上，不得单人展开观测。不得擅自步入通风不当或空顶区域内观测水情。

（12）发现重大水害隐患，必须及时汇报。紧急情况应直接向矿调度室或矿有关领导报告，做好记录，并建立水文地质异常信息台账。

（13）矿井突然发生水害异常时，立即收集现场资料，采取水样，急送有关单位检验。

（14）协助水文地质工程师做好井下探放水、疏水降压、注浆堵水、放水试验等业务工作。

（15）搞好水文地质方面隐患排查环境治理工作。

（16）做好水文地质技术资料的整理、归档工作。

二、岗位作业流程标准

（一）作业流程

观测前期准备→现场安全确认→水文地质观测→资料整理。

（二）作业标准

1. 观测前期准备

（1）将个人防护用品准备齐全完好。

(2) 根据观测项目及有关规定，确定观测的内容、目的及观测方法。查阅工作地点已有观测资料，其附近标志点。

(3) 带好水文地质专用原始记录簿，不得用其他记录本代记，并且统一编号，妥善保管。现场记录应用铅笔填写，以防水浸后造成记录模糊不清。

(4) 备齐观测工具如雨量器、温度计、流速仪、秒表、水位计、记录本等。

2. 现场安全确认

(1) 检查作业环境

① 作业地点顶板支护完好，无离层现象。

② 地表观测时，巡查周围作业环境是否安全。

③ 作业地点通风良好，瓦斯浓度低于1%。

④ 作业环境照明完好，间距不大于15 m。

⑤ 熟悉避灾路线，工作面出口畅通。

(2) 现场暂停施工

地质观测期间停止生产作业。

3. 水文地质观测

(1) 地表水观测

① 地表水观测项目要符合《煤矿防治水细则》中的相关要求。

② 井田范围内及其附近地表水流系统的观测站应统一编号。

③ 观测站应建立在地基牢固、观测方便并具代表性的地点，并且便于观测。河流、渠道水文站应尽量选择在顺直、稳定、水流集中、便于布设测验设施的河段；堰闸、桥涵等水文站，一般应选在建筑物的下游，避开水流紊动的地方；水库、湖泊、塌陷区水文站，应选在岸坡稳定、水文有代表性且便于观测的地方。所设置的固定观测标尺及测量坐标和标高，每年复测一次，发现有变化应随时补测。

④ 地表水观测时间一般为每月一次，雨季或暴雨后，根据工作需要，增加相应的观测次数。

⑤ 地表水体的水位观测应使用水位标尺或自记水位计。水位标尺读数应读至厘米，记载以米为单位。在有风浪的情况下，应将波浪的峰顶和谷底在水位标尺上所截取的最大和最小值读数都记下来，取其平均值。必须保证测得关键地形点的最高洪水位。

⑥ 使用自记水位观测水位，应定期进行检查和校正。自记纸应按其周期记录形式，每个周期结束时及时更换。

⑦ 汛期或暴雨后要配合有关部门及时观测地面陷落，特别是向井下充水的情况。观测项目与地表水调查内容相同。观测时间一般为每月一次，雨季或暴雨后根据需要增加观测次数。

(2) 井下水文地质观测

1) 井下主要测水点应设站观测，观测站进行统一编号。

2) 对新开凿的井筒、主要穿层石门及开拓巷道，应当及时进行水文地质观测和编录，并绘制井筒、石门、巷道的实测水文地质剖面图或者展开图。

3）井巷穿过含水层时，应当详细描述其产状、厚度、岩性、构造、裂隙或者岩溶的发育与充填情况，揭露点的位置及标高、出水形式、涌水量和水温等，并采取水样进行水质分析。

4）遇裂隙时，应当测定其产状、长度、宽度、数量、形状、尖灭情况、充填物及充填程度等，观察地下水活动的痕迹，绘制裂隙玫瑰花图，并选择有代表性的地段测定岩石的裂隙率。

5）遇岩溶时，应当观测其形态、发育情况、分布状况、充填物成分及充水状况等，并绘制岩溶素描图。

6）遇断裂构造时，应当测定其产状、断距、断层带宽度，观测断裂带充填物成分、胶结程度及导水性等。

7）遇褶曲时，应当观测其形态、产状及破碎情况等。

8）遇陷落柱时，应当观测陷落柱内外地层岩性与产状、裂隙与岩溶发育程度及涌水等情况，并编制卡片，绘制平面图、剖面图和素描图。

9）遇突水点时，应当详细观测记录突水的时间、地点、出水形式，出水点层位、岩性、厚度以及围岩破坏情况等，并测定水量、水温、水质和含砂量。同时，应当观测附近出水点涌水量和观测孔水位的变化，并分析突水原因。各主要突水点应当作为动态观测点进行系统观测，并编制卡片，绘制平面图、素描图和水害影响范围预测图。

10）加强矿井涌水量观测和水质监测：

① 矿井应当分水平、分煤层、分采区设观测站进行涌水量观测，每月观测次数不得少于3次。对于涌水量较大的断裂破碎带、陷落柱，应当单独设观测站进行观测，每月观测1～3次。水质的监测每年不得少于2次，丰、枯水期各1次。涌水量出现异常、井下发生突水或者受降水影响矿井的雨季时段，观测频率应当适当增加。

② 对于井下新揭露的出水点，在涌水量尚未稳定或者尚未掌握其变化规律前，一般应当每日观测1次。对溃入性涌水，在未查明突水原因前，应当每隔1～2 h观测1次，以后可以适当延长观测间隔时间，并采取水样进行水质分析。涌水量稳定后，可按井下正常观测时间观测。

③ 当采掘工作面上方影响范围内有地表水体、富水性强的含水层，穿过与富水性强的含水层相连通的构造断裂带或者接近老空积水区时，应当每作业班次观测涌水情况，掌握水量变化。

④ 对于新凿立井、斜井，垂深每延深10 m，应当观测1次涌水量；揭露含水层时，即使未达规定深度，也应当在含水层的顶底板各测1次涌水量。

⑤ 矿井涌水量观测可以采用容积法、堰测法、浮标法、流速仪法等测量方法，测量工具和仪表应当定期校验。

11）对含水层疏水降压时，在涌水量、水压稳定前，应当每小时观测1～2次钻孔涌水量和水压；待涌水量、水压基本稳定后，按照正常观测的要求进行。

12）对井下的涌（突）水点，必须跟踪观测。掌握其动态特征，并及时收集邻近区域的水文地质资料。

13）如发现突水预兆，立即向矿调度室和矿领导报告并采取针对性的措施，避免酿成大的火害。

（3）井下突、涌、淋、滴、渗水点的观测

① 出水时间（年、月、日、时、分）。

② 出水地点以巷道最近的导线点控制其位置，以便算出准确的坐标、标高，并填绘在采掘工程图和充水性图上。

③ 出水层位、厚度、岩性，喀斯特裂隙发育情况，出水形式、出水点顶底板围岩压力显现变化情况。

④ 出水点水的颜色、温度、透明度、口感、气味等物理性质，并取样进行水质分析。

⑤ 周围出水点和观测孔的水量、水位（水压）变化情况，判断出水水源及影响范围。

（4）对井下水文钻孔进行水量、水位、水压观测

① 测压用的压力表要校验合格，反应灵敏，最好用专用的高精度压力表或高精度压力传感器进行观测，并根据孔口标高及时换算出水位标高。

② 井下水文钻孔在钻进过程中，应记录初见涌水的孔深、水量、水位（压）等，且每进尺 5～10 m 或按设计要求测定水量、水压或水位。发现水量突变时，应停钻测算孔深和进行水量、水位观测，以了解相对隔水层的渗透性。

（5）小煤矿、老窑、老空积水区的观测

① 对小煤矿、老窑、老空积水区的观测，必须安排两人，严禁单人进行观测。

② 进入通风不良的巷道，要有瓦斯检查员进行现场检查，严禁进入空顶巷道观测水情。

③ 必要时应取水样，并作全分析。

（6）现场记录分析

① 观测与记录内容完整、数据准确、表达确切、图文结合、字迹清晰，能客观反映现场水文地质的真实情况。

② 原始记录必须在现场进行，并记录在专门的水文地质原始记录簿上。每次观测必须记录观测的时间、地点、位置和观测者的姓名。记录簿应统一编号，分页编码，附必要的草图，妥善保存。同时记录影响观测实验资料精度、质量的各种因素和主要原因，供分析资料时参考。

4. 资料整理归档

（1）原始资料整理

① 每项观测所用记录本要按时间顺序进行编号，注明目录索引后，归档保存。

② 观测资料应在当天进行计算整理，并将计算结果和计算公式填写在专用台账上。原始资料的计算，必须由两人对算复核，发现问题要及时核实或补测。汇总表要经分管技术科长审核。

（2）填写水文地质观测台账、填绘图纸

① 填写各类台账、图表和成果表时，必须使用钢笔或碳素笔，要求字迹工整、图文清晰、数据准确，影响观测资料精度的各种因素也应同时填写在备注栏内。

② 每一种成果表或台账填写后必须进行校对，并需经技术负责人签字。

③ 各矿矿井水文地质测试台账应按标准化规定的内容填写。

(3) 资料分析及归档保管

当天的资料必须及时整理并妥善保管。图纸、资料不得随便携带到公共场所，不得私自向外单位提供图纸、资料。所有整理好的资料、图纸必须及时上缴归档，防止丢失、泄密。

三、风险隐患

(1) 作业前准备不足，个人防护用品不齐全、不完好；下井所带的工器具、专用记录本不齐全、不完好，未检查。

(2) 在工作面收集资料时，顶、帮破碎没有进行“敲帮问顶”。

(3) 在井下登高作业收集资料时，未采取有效保护措施。

(4) 观测突、涌水，有毒有害气体超标。

(5) 对周边老窑进行调查时，误入盲巷或瓦斯、一氧化碳超限的巷道。

(6) 没有掌握煤矿水害防灾和避灾知识，现场出现水灾情况时未能正确指导防灾避灾。

(7) 高压区段观测探水作业未采取防护措施。

(8) 水仓观测措施不当。

(9) 防水闸门试验，防护措施不到位，发生夹、扭、碰、砸伤害。

(10) 突、透水预兆观测不及时，造成预警不及时。

(11) 对重大事故预兆或者已辨认出的事故隐患没有及时汇报和采取措施。

(12) 未按要求对矿井涌水量进行观测。

(13) 井下观测不准确，无法判定涌水量，排水能力不能确定。

(14) 未按规定留设防隔水煤柱。

(15) 未对矿井范围内采空区、废弃老窑的积水情况进行排查。

(16) 单人观测老窑、老空积水区。

(17) 采集异常水样，未采取防护措施。

(18) 资料编录上图不及时影响生产判定。

(19) 观测、编录不符合要求，搜集的各类水文资料有误，导致错误地指导生产。

(20) 未按时进行水文预测预报。

(21) 在水文地质观测、计算、资料编录、汇总等工作中弄虚作假。

四、防范或应急处置措施

(1) 遵守相关的规章制度、专项工程安全施工方案、安全技术措施，并熟记作业要点及其特性，掌握好相应的安全防范技能。

(2) 进入作业场所后，要进行重新检查，发现异常情况和不安全因素必须及时采取有效措施排除。

(3) 要正确使用和佩戴劳动保护用品，在做好自我防范的同时，还认真贯彻联保互保。

(4) 在水文测量和水文观测前首先对现场进行隐患排查和敲帮问顶，确保现场具备作业条件后再开展水文观测工作。

(5) 掌握煤矿水害防灾和避灾知识,现场出现水灾情况时能要及时正确地指导防灾避灾。

(6) 水文地质类型复杂、极复杂的矿井设立专门的防治水机构和配备专门探放水作业队伍、配齐专用探防水设备。

(7) 严禁擅自行动。每次现场观测不得少于 2 人。

(8) 加强现场管理,落实规范操作,严格按照规程规定进行水文地质作业。

(9) 对矿井范围内的积水情况进行排查上图,掌握矿井范围内的积水量。

(10) 按时进行水文预测预报。

(11) 按要求对矿井涌水量进行观测。

(12) 按规定留设防隔水煤柱。

(13) 加强业务学习,提高技术水平和安全防范技能。

第四节 储 量 工

一、岗位责任制

(1) 掌握储量及相关专业业务知识和储量管理的工作方法,熟知储量管理工作制度,并能够使用工作中所需的各种器具,具备一定的计算机应用能力。

(2) 严格遵守《矿产资源法》,按照《煤矿安全规程》和《生产矿井储量管理规程》中各项技术要求及国家有关规定进行操作、分析、汇总储量资料。

(3) 熟悉矿井地质构造特征、煤层赋存情况,及时分析矿井、采区及工作面的回采率完成情况,提出提高回采率的建议。

(4) 查清生产矿井煤炭资源情况,定期测算并上报储量的变化及开采、损失情况,为矿井生产建设提供技术依据。

(5) 掌握矿井煤炭资源情况及各种损失的原因,发现不合理损失上报并书面通知有关单位。

(6) 对各采煤工作面每旬进行一次产量验收,及时收集各工作面层位和煤厚等资料,当工作面推进较快或者地质构造复杂时,适当增加验收和收集次数。

(7) 深入现场,检查资源回收情况,掌握生产动态,提供准确资料。

(8) 对各采煤工作面丢煤情况进行考核,并下发通知单。

(9) 认真收集工作面剖面图,做好煤层结构情况调查工作,为合理开采提供可靠的资料。

(10) 建立健全和完善各种储量台账,及时编绘各种储量图纸,按规程及标准化的要求及时填绘,数据齐全准确无误。

(11) 编制年度、季度、月度储量报表,并进行上报审批。

(12) 定期测算"三个煤量"数据和矿井、采区和采煤工作面的损失率,准确填报各种储量报表,按时编绘有关"三量"图纸及"三量"报表,并向分管领导汇报。

(13) 储量工提交的各类成果资料必须经地测科长和分管领导把关确认,储量图、表应及时复查、核实,确保提供的数据准确可靠。

(14) 严禁在数据采集及统计工作中弄虚作假。

(15) 根据《生产矿井储量管理规程》,负责各类地质及水文地质损失的分析,做好储量的核减、报损与注销工作。

(16) 熟知本岗位安全风险,排查消除安全隐患。

(17) 严格遵守各项规章制度,认真做好本职工作。

二、岗位作业流程标准

(一) 作业流程

作业前期准备→现场安全确认→工作面验收→资料整理。

(二) 作业标准

1. 作业前期准备

(1) 个人防护用品齐全完好。

(2) 明确工作地点、工作任务。下井之前要明确工作地点、工作内容及工作目的,确定要搜集的储量数据及观测方法。查阅工作地点已观测资料及附近标志点。

(3) 准备储量专用原始记录本。要有正规的储量井下专用记录本,记录本应统一编号,妥善保存。

(4) 工器具准备。备齐必要的验收记录用具,如记录本、铅笔、皮尺、钢卷尺、坡度规等。

2. 现场安全确认

(1) 检查作业环境

① 作业地点附近巷道支护牢固、可靠,无片帮空顶现象,无离层现象。作业地点附近无行车运输作业。

② 作业地点通风良好,并正常运行。严禁擅自进入盲巷、独头、独巷或已失修巷道内。

③ 作业环境照明完好,间距不大于 15 m。

④ 熟悉避灾路线,工作面出口畅通。

(2) 现场暂停施工

储量观测期间停止生产作业。

3. 工作面验收

(1) 工作面观测

① 工作面的验收应每旬一次,当工作面推进较快或构造复杂时,应适当增加验收次数。

② 工作面测量观测的内容有工作面的实际推进度、倾斜长度,采高,煤层厚度以及夹矸的岩性、层数及厚度;留顶、底煤及浮煤厚度、面积;工作面内出现的主要地质构造及出水、冲刷、火成岩等地质现象。

③ 采高丈量的地点应尽量选择在靠近煤壁处,钢尺尽量垂直于顶底板,点位尽量分布均匀。点距一般根据煤层的稳定程度每 10～30 m 丈量一次,煤层不稳定时可适当加密点

位。煤层厚度及采高的测量误差应小于煤层厚度的3%。

④ 浮煤厚度应在工作面放顶回柱前测定。丈量煤层厚度、采高，统计顶、底煤及浮煤厚度、面积时，一般选在同一个测点上，浮煤厚度一定要实际丈量，不准估算或按设计规定套算。除丈量浮煤厚度外，还必须定期测定现场实际浮煤的松散容重，以便计算落煤损失。

⑤ 工作面丈量煤厚、采高、丢顶、底煤及浮煤厚度时一般应选在同一个测点上进行。

⑥ 回采过程遇地质构造时，要及时收集地质构造的影响范围。

⑦ 标定工作面设计停采位置，并填绘验收图。

⑧ 发现工作面存在丢失顶、底煤和浮煤超过规定，要及时下发丢煤通知单。

(2) 现场记录

① 观测记录必须在现场进行，描述采面情况应做到客观准确、数据内容完整、重点突出，真实地反映现场资源回采情况。

② 每次观测必须记录观测的时间、地点和观测者姓名。

③ 储量专用记录本中记录的各种观测数据和地质资料，要及时进行整理，并填绘到相关的图纸、台账上，保证各项数据完整统一。

(3) 注意事项

① 储量工必须随着采煤工作面的推进度及时收集现场资料，确保资料完整统一。

② 在工作面进行储量观测时，必须有2人以上作业。

③ 测量煤层厚度时，必须密切注意上顶情况，同时注意观察工作面刮板输送机和机组运转情况，严禁蹬输送机作业，并防止输送机大链崩人。综采工作面移架时，应避开移架段，防止掉矸伤人。

④ 沿采煤工作面进行资料搜集时，要远离割煤机10 m以外，严禁进入冒顶区和空顶区作业。

⑤ 储量观测计算误差应符合《生产矿井储量管理规程》的规定和要求。搜集储量资料应做到及时、完整、准确、统一。

⑥ 储量的变动必须实事求是，并有足够的工程证实。

⑦ 在工作面观测过程中，发现地质变化异常、有安全隐患或在生产中将造成资源损失时，必须及时向有关部门和人员汇报，以便及时采取措施。

4. 资料整理

(1) 整理验收资料

① 及时整理搜集的数据资料，上井后必须当天将各类数据资料录入计算机进行计算、核算，形成报表后，及时向有关部门上报，并在两天之内填绘相关图纸，整理完成相关台账资料。

② 储量计算必须按标准、规范及规程规定的原则和步骤进行，对储量计算结果必须及时检查验算，超过允许误差时，应查找原因予以更正，确保提供的储量数据准确无误。

③ 每旬验收进尺和产量，每月底统计煤量月报表，每季度统计季报表，每年底进行年报编制；矿井“三量”必须符合有关规定要求，合理摊销工作面顺槽煤柱和矿井永久煤柱，保证

矿井、采区和工作面回采率符合要求。

④ 每月底及时汇总各工作面的验收进尺和产量，并更新储量损失量图及各种台账。

⑤ 申请转入、转出、注销、报损、地质及水文地质损失等，必须实事求是，并有足够的工程证实。凡应一次处理的，不准化整为零分次处理。由于违反开采程序、乱采乱掘等原因，煤层被破坏，或无充分理由丢弃并不能再采的煤层或块段，一律按不合理损失处理，不能报损。

⑥ 申报地质损失要实事求是，必须要有足够的工程控制。严格按照《生产矿井储量管理规程》要求进行审批，经批准后，按规定图例、符号及颜色注记于煤层底板等高线图上，圈定核减范围，并注明批文号、时间及储量数，批复文件要妥善保管。未经批准，不得进行储量变动。

⑦ 由于补充勘探、采勘对比、重算等原因，引起储量数字的变化，经过主管部门审查同意后，可按规定要求进行一般性储量增减处理。

⑧ 根据矿井开采实际，要动态进行矿井、采区及工作面的损失量计算和各类煤柱摊销。各种损失量应按规程要求作出分类，并及时填写台账。储量计算图、损失量计算图的填绘时间要符合规程规定。

⑨ 储量管理人员必须随时掌握矿井、采区、工作面的损失情况，并对损失及损失率的动态、各项损失所占的比重及造成损失的原因等定期进行分析，以便有针对性地采取措施，减少损失。

(2) 总结归档

① 当工作面、采区结束后对其储量、采出量、损失量必须进行全面调查核实，计算验证进行采后总结。工作面回采结束一个月内编制好采后总结；采区回采结束六个月内编制好采后总结，总结报告应附图纸和文字说明；当矿井结束时，提出矿井报废报告，并按规定上报有关上级主管部门审核。

② 对其采出量、损失量进行核查，分析损失的原因，经领导审核签字后按采区分类归档。

③ 做好各级对矿井年审、回采率、标准化、高产高效等检查资料的准备工作。

三、风险隐患

(1) 作业前准备不足，个人防护用品不齐全、不完好；下井所带的工器具、专用记录本不齐全、不完好，未检查。

(2) 储量工在工作面验收时，有活矸危石，没有进行"敲帮问顶"。

(3) 带电物体、机械设备附近作业，防护措施不到位，发生触电等伤害。

(4) 登高作业未采取安全措施。

(5) 作业环境中存在突水危险，有毒有害气体超标。

(6) 上、下山巷道车辆运行时进行储量观测。

(7) 不熟悉避灾路线，安全出口不畅通。

(8) 未及时、完整地收集、整理矿井储量资料。

(9) 一人观测，出现误差不易纠正。

(10) 观测、记录内容不完整,影响储量计算。

(11) 储量统计发生错误或故意隐瞒不报。

(12) 储量计算、核算、上图不及时影响生产判定。

(13) 工作面验收不符合规定要求,搜集的资料有误、不齐全。

(14) 在验收过程中发现采煤队组已丢煤或即将造成丢煤时隐瞒不报。

(15) 未及时在井下悬挂停采线牌板,未及时下发停采通知单。

(16) 各类储量数据上报不及时,或误算回采率。

(17) 在储量观测、记录、计算、汇总等工作中弄虚作假。

四、防范或应急处置措施

(1) 遵守相关的规章制度、专项工程安全施工方案、安全技术措施,并熟记作业要点及其特性,掌握好相应的安全防范技能。

(2) 进入作业场所后,要进行重新检查,发现异常情况和不安全因素必须及时采取有效措施排除。

(3) 要正确使用和佩戴劳动保护用品,在做好自我防范的同时,还要联保互保。

(4) 工作面验收前,对作业环境进行敲帮问顶,发现不安全情况立即安排施工队处理。

(5) 保持与带电物体、机械设备的安全间距,严禁平行作业。

(6) 高空作业,加强自身防护。

(7) 严禁擅自行动。每次现场观测不得少于 2 人。

(8) 在上、下山巷道观测时要注意车辆的运行情况,车辆运行时停止观测。

(9) 加强现场管理,落实规范操作,严格按照规程规定进行储量作业。

(10) 在验收的过程中要按规程要求严格丈量采高、落煤厚度。

(11) 在验收过程中若发现采煤队组已丢煤或即将造成丢煤时应及时制止并上报。

(12) 储量人员应根据保安煤柱边界确定停采线位置,在井下悬挂停采线牌板,并及时下发停采通知单。采煤队组回采至停采位置必须停采。保安煤柱一经留设,严禁开采。

(13) 建立健全各种储量台账,及时编绘各种储量图纸。

(14) 储量工对所提供地质资料及资源情况的可靠性负责。

(15) 加强业务学习,提高专业技术水平和安全防范技能。

第五节 探放水工

一、岗位责任制

(1) 认真贯彻落实安全生产方针、政策、法律法规、标准、规范及公司各项安全生产规章制度;认真学习业务知识,提高工作责任心和业务能力。

(2) 上岗前安全确认。

(3) 在探放水过程中,必须密切配合,彼此呼应,保证探钻安全。

(4) 在探放水过程中,发生异常情况,立即采取相应措施并及时向现场管理人员汇报。

(5) 熟悉钻机设备的技术特征，严格执行安全规程、操作规程、作业规程。

(6) 按照探放水设计和安全技术措施进行作业，认真填写施工记录、牌板，及时汇报工作情况。

(7) 做好探放水设备、材料的安全使用管理，对当班安全生产工作负直接责任。

(8) 负责钻机现场标准化及钻探时的文明卫生工作。

(9) 严格执行现场交接班制度，做好交接班记录。

二、岗位作业流程标准

(一) 入井前检查

(1) 检查劳保用品及工器具。

(2) 作业标准：

① 劳保用品穿戴整齐，衣领、袖口扎紧，矿灯、安全帽、自救器、防尘口罩、人员标识卡齐全完好，持证上岗。

② 严禁携带烟草和点火物品，入井前严禁喝酒，人员精神状态良好。

③ 携带便携式报警仪和扳手、手钳、内六角扳手等工具。

(二) 作业前安全检查与钻机试运转安全操作

1. 作业流程

检查作业环境→检查设备、仪表→钻机试运转准备→钻机试运转。

2. 作业标准

(1) 检查作业环境

① 检查通风情况，施工地点通风良好，工作环境中有毒有害气体不超限，甲烷浓度不超过1.0%。便携式甲烷检测报警仪、甲烷传感器吊挂到位。

② 检查作业地点顶、帮、迎头支护情况，钻场及附近巷道支护完好、可靠。

③ 检查通信设施，作业地点通信联络畅通。

④ 检查撤退路线，巷道无杂物，人员避灾撤离通道畅通。

⑤ 检查排水管路和排水设备，排水设备和排水管路配备符合要求、安设到作业地点并连接完好。

(2) 检查设备、仪表，钻具

① 电气设备无“失爆”现象，供电正常。

② 钻机机具配合良好，钻头、钻杆、油管等完好，各部件连接正确，油箱内油量充足。

③ 钻机支设平稳、压柱齐全，压柱支撑力达标。

④ 静压水管路完好，供水正常。

⑤ 排水设备、仪表完好，可靠。

(3) 钻机试运转准备

① 人员站位安全，确保钻机周围无人。

② 操作台手柄灵敏可靠，处于零位。

③ 钻机机体各部紧固件无松动。

④ 确认油管完好、连接正确。

(4) 钻机试运转

① 打开电源开关,点动电动机,确认转向与油泵一致。

② 确认油泵各部件无漏油现象。

③ 空载运转 3～5 min,确认钻机运转平稳、无杂音。

④ 确认卡盘和夹持器开合灵活、动作可靠。

⑤ 确认试运转正常,关闭电源开关。

(三) 探放水安全操作

1. 作业流程

开孔安全操作→钻孔安全操作→收工安全操作。

2. 作业标准

(1) 开孔安全操作

1) 标孔

① 根据施工设计确定开孔位置。

② 用仪器标定孔位并确定钻孔方位和倾角。

2) 开钻

对准孔位固定钻机→启动钻机点钻慢开→操作钻机将钻头送入钻窝或孔底。

(2) 钻孔安全操作

1) 钻进

打开静压水截门开关→待孔口返水后→打开钻机电源开关,启动钻机运转→操作钻机前进、后退,进行钻进操作。

2) 加、退钻杆

停止给进和回转,夹持器夹紧钻杆→关闭静压水截门开关,取下注水器→检查新加钻杆,与钻机钻杆连接,接上注水器→回转器退至机身最后端增压,夹持器松开钻杆→打开静压水截门开关→待孔口返水后→进行钻进。

3) 正常停钻

停止钻进→冲孔→关闭静压水截门开关,卸下注水器→退杆→关闭钻机电源开关→测定孔深、水量及水压。

4) 紧急停钻

发现突、透水(或瓦斯、其他有毒有害气体异常喷出)征兆时,立即停止钻进,但不得拔出钻杆,立即撤到安全地点,并向调度室汇报,根据调度室指令进行下一步工作。

(3) 收工安全操作

① 清点钻杆数量。

② 测量钻探余尺。

③ 确认实际钻进深度。

④ 填写现场施工记录。

⑤ 向现场负责人报告施工情况。

⑥ 清理作业现场。

（三）套管安装、封孔

1. 作业流程

安装套管→密封套管→安装逆止阀→做耐压试验。

2. 作业标准

(1) 安装套管

清除孔内岩粉→下套管，固定套管孔口。

(2) 密封套管

注入配制好的封孔材料到钻孔内→确认套管壁完全充填密封。

(3) 安装逆止阀

确认逆止阀完好、规格配套→选择孔口位置→安装防喷逆止阀。

(4) 做耐压试验

① 在套管固结后，以高于实际压力的 2 倍进行持续 30 min 以上的耐压试验。

② 确认套管不松动、周围岩层不漏水。

三、风险隐患

(1) 劳保用品穿戴不整齐，可能造成高速旋转的钻机绞伤人员。

(2) 作业地点通风不良，有毒有害气体涌出异常，可能造成人员中毒。

(3) 钻探作业时，孔内可能出渣不利，堵孔时水压增大，可能导致钻杆射出。

(4) 卡钻。钻杆钻进过程中负荷增大，钻杆受阻力影响出现卡钻现象。

(5) 顶钻。钻进过程中钻进速度明显缓慢，压力增大，出现顶钻现象。

(6) 钻进过程中，钻孔内水量突然增大。

(7) 加、取钻杆时，人员站位不正确，造成人员受伤。

(8) 钻杆摆放不整齐滚动倒塌，可能造成人员伤害。

(9) 作业地点发生冒顶、片帮等安全事故，造成人员伤亡和设备损坏。

(10) 钻机支护不稳，固定钻机时受伤。

(11) 履带钻机移动过程中造成挤伤、碰伤，存在侧翻伤人。

(12) 设备确认不到位，造成钻机损坏或意外伤人。

(13) 操作钻机不当，造成钻机损坏或意外伤人。

(14) 维修钻机时操作不当，造成钻机损坏或意外伤人。

(15) 穿透采空区后，有毒有害气体涌出。

(16) 现场作业人员对水灾、火灾、顶板、瓦斯、煤尘事故征兆不明确，发生事故不能妥善处理，造成人员伤亡和设备损坏。

四、防范或应急处置措施

1. 防范措施

(1) 未按要求佩戴劳动防护用品，不得入井上岗作业。

(2) 作业前必须检查通风及有毒有害气体情况,否则不得进行现场作业。如人员出现有害气体中毒,应迅速将遇险人员搬运至通风良好、支护完好地点,进行心肺复苏。

(3) 钻杆后方不得站人,控制好钻机进钻速度,钻探过程中要时刻观察送水器供水压力及钻孔返水情况,确认无异常方可正常钻进。

(4) 出现卡钻现象,应停止钻进,减小压力,调节转速手轮,慢转,观测供水压力,正转慢退,冲出煤渣,卡钻时切勿反转、硬拉钻杆。继续钻进前,检查压力正常、返水正常,方可恢复正常钻进。

(5) 出现顶钻,严禁强行钻进,应调节钻速,试探钻进或缓慢钻进,调节钻速和旋转速度,如长时间无法钻进时应退出钻杆,进行封孔报废。

(6) 钻进过程中发现水量突然增大,应立即停止钻进,但不得拔出钻杆,现场负责人应立即向矿调度指挥中心汇报,撤出所有受水威胁区域的人员,采取措施,派专业技术人员监测水情并进行分析,妥善处理。

(7) 加、取钻杆时,必须严格按操作规程操作,操作钻机人员和加、取钻杆人员,必须协调配合,人员必须使用专用工具取下注水器,钻杆转动时手指严禁接触钻杆,人员严禁站在钻杆后方作业。

(8) 钻杆要摆放整齐,牢固、可靠,人员不得踩踏、挤靠钻杆。

(9) 作业前,严格执行"敲帮问顶"安全确认工作,确认安全后方可开机作业;发生冒顶、片帮等安全事故时,严格按照避灾路线有序撤离至安全区域并向调度指挥中心汇报。

(10) 钻机进入钻场后要支护钻机,升起压柱,压柱要支设牢固,支撑力达标,防止在压柱接触顶板时松散的煤块掉落伤人。

(11) 履带钻机行走期间,配合人员在钻机前方 5 m 外观察钻机行走通道,钻机周围 5 m 范围内严禁其他人员作业。

(12) 钻机在使用前必须对钻机进行安全检查,确保钻机设备完好。

(13) 操作人员必须持证上岗,并熟悉掌握操作规程。操作过程中要集中精力,做到"三看、两听、一及时"。在探放水钻机后面和前面的给进手把活动范围内,不准站人,防止高压水将钻具顶出伤人或给进手把翻起打伤人。在钻机不运转的情况下才可以拆卸水便,拆卸水便时要使用管钳或者卡钳。钻机司机要看清工人是否彻底拆卸水便,拆卸过程中不能随意动钻机,防止钻机误操作,使管钳转动伤人。

(14) 维修钻机时要确定钻机停机,开关手把打在零位,钻机的各操作手把打在零位。拆卸带压力油管时要正确泄压,防止拆开油管带压力伤人。在转动部位一定不要伸手。试钻过程中钻机司机一定要确保周围没有人,确保安全。

(15) 穿透采空区后,如孔内无水流出,经瓦斯检查工检查有害气体涌出时,必须立即停止钻进,用木塞或黄泥封闭钻孔。

(16) 通过班前会、安全例会、安全活动日等形式,宣贯各类事故征兆及处置措施,增强职工安全意识。发现有水灾、火灾、顶板、瓦斯、煤尘等事故预兆时,立即停止作业,并报告调度室。若发现煤岩松软、片帮、来压或钻孔中水压水量突然增大、顶钻等异常现象,必须立即停止作业,但不得拔出钻杆,立即报告调度室。

2. 应急处置措施

(1) 出现紧急情况,汇报调度、发出警报。

(2) 按避灾路线撤离至安全地点。

(3) 确保安全情况下,开展自救互救。

(4) 如无法撤离,应躲避至相对安全区域,等待救援。

第十四章 其他作业岗位应知应会知识

第一节 防 突 工

一、岗位责任制

(1) 认真学习安全生产方针、政策、法律法规,积极参加各类专业培训,熟悉本岗位安全生产责任制和队组各项管理制度,不断提高自身素质和技能。

(2) 严格执行《煤矿安全规程》《防治煤与瓦斯突出细则》等行业规定,遵守公司各项管理制度,认真学习防突业务,掌握矿井突出预兆、突出规律等。熟练操作各种测量仪器,做到准确测定各项参数。经过培训合格、持证上岗。

(3) 掌握仪器的原理,爱护仪器。每次下井前检查所带仪器的完好性,确保仪器正常使用,出井后要注意保养。

(4) 到达工作地点后,必须首先进行安全风险辨识,确保各类风险管控到位后进行安全确认,及时排查生产中的安全隐患,并积极参加治理隐患,隐患不排除不生产。

(5) 严格执行防突两个“四位一体”,按照防突设计、措施要求,对各个采掘工作面进行区域验证,保证参数及时、真实、准确,填写防突牌板,吊挂区域验证控制牌板并上锁管理。及时打印出结果,送区队领导和矿总工程师审核批准,分发有关领导,并做好防突档案资料的建立工作。

(6) 严格根据工作面进度进行预测预报,防治突出事故的发生。

(7) 防突验证根据组队掘进情况合理安排,保证防突参数准确、有效,严禁超掘、超采。

(8) 作业过程中,发现有突出、透水、冒顶预兆及其他险情时,及时撤人,立即汇报调度指挥中心。

(9) 负责责任范围内安全风险管控和隐患治理措施的落实。

二、岗位作业流程标准

(一) 作业流程

入井前准备→现场安全确认→现场准备工作→验证钻孔施工及测量→数据整理并汇报。

(二) 作业标准

1. 入井前准备

(1) 个人防护用品齐全完好。

(2) 作业前,必须明确工作地点、工作任务。

(3) WTC 仪器、秒表、坡度规、弹簧秤、煤样筛、煤样罐及其他规定的仪器、用具等工具完好、齐全。仪器、工具必须定期进行检校和维修,在生产中对使用的仪器每年必须进行全面的校验。

① 仪器检查。

a. 电压是否充足:打开仪器电源开关后看显示电压是否充足。

b. 查看仪器调零是否在允许范围内:打开仪器电源开关后待仪器显示时间页面后按确定键,仪器显示:1——测定,2——打印、显示。然后按"0"键,仪器显示:1——压差调零,2——浓度调零。按"1"键看仪器显示值是否在±150 帕范围内。

c. 将仪器试操作一遍。

② 煤样罐气密性检查。

将 WTC 仪器调至调零显示页,然后用乳胶管连接煤样罐,用力向煤样罐上吹气,用手捏住胶管吹气端,插入主机压差接头,看显示值是否能稳定在某一数值,若不能稳定,说明有漏气现象,应检查煤样罐的密封胶圈(一大一小共两个密封胶圈)是否老化或损坏,胶管是否老化或接头是否漏气,或者罐盖上阀门是否拧紧,更换胶圈、胶管或拧紧阀门。

2. 现场安全确认

(1) 作业地点附近巷道支护牢固、可靠,无片帮、空顶、离层现象。作业地点附近无其他平行作业。

(2) 作业地点通风良好,通风系统运行正常。

(3) 熟悉避灾路线,工作面出入口畅通。

3. 现场准备工作

到达现场后,选择安全地点将仪器平稳放置,连接煤样罐,接通电源预热 20 分钟。将仪器内储存的上一班数据清除,并输入本矿的 K_1 值和钻屑量 S_{max} 的临界值数据。

仪器操作步骤:开机后仪器首先显示日期,确认后按"确认"键,仪器显示:1——测定,2——打印、显示。若要测定按"1"键,仪器则显示:1——K 指标测定,2——其他指标测定。若测 K 值继续按"1"键,仪器进入清零菜单,会发出声光报警,提示用户是否清除仪器内的所有数据,而不只是 K 值测定数据,故应在确认操作无误后,才能执行清零功能。若清零按"1"键,不清零按"2"键。仪器显示 K_1 临界值和 S 临界值,这时则根据具体情况进行修改,修改后按"确定"键,仪器显示:请选择工作面 123,这时输入工作面组数(如第一次选择该工作面,则仪器要求输入工作面编号)按"确定"键进入测定菜单,仪器显示:1——K_1 采样,2——预报。若开始预测按"1"键。

4. 验证钻孔施工及测量(以掘进工作面示例)

(1) 钻孔施工要求

① 打预测钻孔前要观察好周围环境的安全状况,注意顶板煤壁的安全情况,打钻时颈部不要系毛巾,不得戴手套,并要扎紧袖口、衣服防止缠到钻杆上。

② 煤巷预测钻孔应布置在软分层中,煤巷掘进布置 3 个钻孔(石门揭煤工作面效果检验布置 4 个钻孔),一个钻孔位于巷道工作面中部并平行于掘进方向,其他钻孔终孔点应位

于巷道轮廓线外 2～4 m 处，效果检验孔布置在两个措施孔之间，孔深 8～10 m。

③ 在巷道迎头按要求选择好钻孔位置进行打眼，钻孔孔径 42 mm，打钻时速度控制在 1 m/min 左右，钻进速度要均匀。每钻进 1 m 测一个钻屑量，每钻进 2 分钟测 1 个 K 值。

(2) 数据测量

① 钻屑量测定：收集每钻进 1 m 钻孔排出的钻屑，称其质量。

② K_1 值测定：

a. 钻孔每钻进 2 m，用直径 1～3 mm 的筛子在孔口接煤粉筛分，并在接煤粉的同时开始计时。

b. 煤样筛分后迅速装入煤样杯中并用筛子刮平，使装入煤样的体积和煤样杯的容积一致，然后装入煤样罐中，并拧紧罐盖，松开盖上阀门，当计时到达规定值时(一般取 1 min、1.5 min、2 min，不得超过 2 min)拧紧盖上阀门，同时按照仪器菜单提示按相应数字键，开始测量该煤样的 K_1 值。

c. 测定。在仪器菜单提示下执行“K_1 采样”功能后，表示开始测量解吸指标 K_1 值，每隔 30 秒读取一个数据，并显示压力值“××××”，共读 10 个数，第十个数据显示后即 5 分钟后根据仪器提示输入取样时间和取样时的钻孔深度，再按“监控”键，仪器即显示该煤样的 K_1 值。这时仪器显示：1——结束，2——继续。若继续测定就倒掉煤样，再取下一组煤样按“2”键进行下一个煤样的测定。

d. 全部煤样测完后，执行结束功能，按照仪器提示按“2”键输入最大钻屑量，按“确定”键后，仪器即可预报该工作面的突出危险等级。有突出危险倾向时，引发声光报警。

5. 数据整理并汇报

(1) 预测(效果检验)工作完毕后，及时将测定数据填入防突牌板，将预测结果通知现场施工单位人员，并汇报调度室。

(2) 若预测值超限，应现场通知施工单位停止作业，实施防突措施。若效果检验不合格，则通知有关单位重新实施防突措施。

(3) 若预测(效果检验)值不超限，允许进尺的距离应留有 2 m 的预测(效果检验)孔超前距及 5 m 的措施孔超前距，并在现场预测(效果检验)的位置做好标志。

(4) 上井后应将本班情况及预测数据填写在工作记录本上，所测数据打印出来，并将仪器充电备用。

(5) 打印前，先用专用电缆将主机与打印机连接好，并给打印机接通 +5 V 电源，然后开主机电源(注意通电先后顺序)，进入打印菜单进行打印。打印完成后先关主机电源后关打印机电源，以防开关打印机电源时带来的脉冲信号破坏主机内数据。

三、风险隐患

1. 作业前准备不足

(1) 个人防护用品不齐全完好。

(2) 下井所带的仪器、工具、专用记录本不齐全、不完好，未检查。

(3) 煤样罐存在漏气，密封圈、连接管不严密现象。

2. 作业环境安全确认不到位

(1) 作业地点的顶板支护不完好,掉渣、片帮造成伤人。

(2) 作业地点存在平行作业,造成伤人。

(3) 作业地点通风情况不良,造成人员窒息。

(4) 不熟悉避灾路线,安全出口不畅通。

3. 钻孔施工作业不规范

(1) 钻具、钻头、钻尾不符合要求,造成施工过程中伤人。

(2) 钻具连接管连接不牢,造成连接管脱开伤人。

(3) 钻进速度过快夹杆,造成钻进过程中钻具脱手伤人。

(4) 钻杆变形弯曲,造成钻进过程中钻杆摆动伤人。

(5) 钻杆磨损严重,造成掉杆或钻杆飞出伤人。

(6) 戴手套、袖口未扎紧作业,造成钻具、钻杆夹伤。

4. 测量数据、填写牌板、整理记录不规范

(1) 收集钻屑时漏接、少接,造成测定钻屑量数据失真。

(2) 仪器、煤样罐摆放不平稳,煤样杯中装入的煤样不符合要求,造成测量数据有偏差。

(3) 作业人员记录不认真,导致数据出错,现场牌板填写错误。

(4) 作业人员未携带卷尺等测量工具,导致预测距离有偏差。

四、防范或应急处置措施

(1) 严格按照《煤矿安全规程》和操作规程准备仪器、工具、材料,制定有关仪器工具携带管理规定,加强检查和监督力度。

(2) 严格执行防突两个"四位一体",按照防突设计、措施要求,对各个采掘工作面进行区域验证,保证参数及时、真实、准确,填写防突牌板,吊挂区域验证控制牌板并上锁管理。

(3) 严格执行"敲帮问顶"制度,并对作业地点进行加强支护。熟悉避灾路线,发现问题及时撤出人员,并进行处理汇报。

(4) 加强现场和人员的管理,落实规范操作,严格按照规程规定进行防突验证作业。

(5) 记录和填写现场牌板时要认真仔细,确保无误。对现场预测距离进行测量时要有专用工具,确保预测距离准确。

(6) 认真学习防突专业知识,提升业务能力,提高工作效率。

第二节　检　身　员

一、岗位责任制

(1) 检身员需要掌握《煤矿安全规程》对入井人员的有关规定。

(2) 熟悉安全检测仪器的操作方法,并能正确识别异常或故障。

(3) 严守职责、严格检身,不徇私舞弊,不漏检,查出的违章入井人员交相关部门处理,对煤矿生产现场的安全管理起到监督和督促作用。

(4) 负责煤矿进出口的人员身份核验、登记和记录,在保证煤矿安全的前提下,控制进出人员的数量和流动。

(5) 对入井人员依次进行检身,要求入井人员必须戴安全帽,随身携带自救器和矿灯,严禁携带烟草和点火物品,严禁穿化纤衣服,入井前严禁喝酒。违者检身员有权拒绝其入井。

(6) 保持等候室处的等候秩序,及时制止入井人员的喧哗、吵闹,根据工作安排及时向矿区工作人员宣传安全知识和操作规程,提高员工的安全意识和安全素质。

(7) 煤矿检身员需要具备高度的安全意识,时刻保持警觉,随时检查等候室及通道情况,发现异常,对可能存在的安全隐患进行及时发现和处理、上报。

(8) 发现升井人员盗窃财产和炸药雷管者,要立即汇报矿保卫部门和公安部门进行处理。

(9) 外单位入井参观学习人员,必须要由矿派专人带领,持调度室的外来人员入井通知单,遵守有关规定方可入井,否则检身员有权拒绝其入井。

(10) 在发生突发事故时,协助相关部门进行救援和应急处理工作,保护现场人员的生命安全。

(11) 坚守工作岗位,按时交接班,严禁脱岗,严禁空班漏检。

二、岗位作业流程标准

(一) 作业流程

进场准备→人员核验→安全检查→现场监督→安全宣传→数据记录与报告。

(二) 作业标准

(1) 进场准备

检身员到达煤矿作业现场前,要提前做好准备工作,包括佩戴个人防护装备,如安全帽、安全鞋、防护眼镜等。

(2) 人员核验

在矿区进出口处,检身员会进行人员核验工作,与进入或离开矿区的人员核对身份,确认其是否具备进入煤矿现场的资格。

(3) 安全检查

对进入矿区的人员进行安全检查。检身员要检查人员是否佩戴必要的个人防护装备,如安全帽、防护眼镜、防护手套等,是否携带必要的工作证件,如工作牌、岗位证等。

(4) 现场监督

① 在煤矿作业现场,检身员要对人员的行为进行监督,检查所有人员是否遵守安全规定,是否正确佩戴个人防护装备,执行工作任务时是否符合安全要求等。

② 检身员还要不定期进行煤矿现场的安全巡视,检查是否存在安全隐患,如设备故障、防护设施破损等,并及时上报相关部门,以便进行及时修复和处理。

(5) 安全宣传

检身员要向作业人员宣传安全知识和操作规程,提高员工的安全意识和安全素质,确保他们能够正确地使用个人防护装备和遵循安全操作规范。

(6) 数据记录与报告

检身员要及时记录人员进出矿区的情况、安全巡视的结果、安全隐患排查的情况等,并及时向上级部门提交相关报告,以便监管和管理。

三、风险隐患

(1) 人员安全风险:在接触高风险职业煤矿作业人员时,例如矿工,检身员可能受到矿工的行为、不安全操作或意外事件的影响,存在被打伤、推挤、摔倒等风险。

(2) 物理环境风险:煤矿作业现场的路面狭窄、通道不平整,可能会遇到物理障碍和危险,如跌倒、撞伤等。

(3) 化学物质暴露:煤矿可能存在有害化学物质,如煤尘、有毒有害气体等,在接触和操作过程中,检身员可能会暴露在这些化学物质中,对健康造成潜在危害。

(4) 火灾和爆炸风险:煤矿作业现场存在着火灾和爆炸的风险,例如瓦斯爆炸等。检身员在现场巡视和处理事故时,可能会面临火灾和爆炸的危险。

(5) 运输事故风险:煤矿作业现场可能存在大型机械设备和运输车辆,如矿车、卡车等。检身员在工作过程中,接近和操作这些设备时,可能会面临被撞击、碾压等风险。

(6) 受伤和紧急情况:在处理矿井突发事故、救援和应急处理时,检身员可能会面临受伤和危险的情况,包括被困、缺氧、煤矿瓦斯爆炸等紧急情况。

四、防范或应急处置措施

(1) 加强与作业人员的沟通和协调,确保双方的安全意识和行动一致,不与他们发生冲突或争执,共同维护煤矿安全。

(2) 在遇到人身攻击或被推挤摔倒时,迅速寻求帮助,并采取适当的自我保护措施,尽量避免受伤。及时报告上级领导,并配合进行事故调查和处理。

(3) 穿戴适当的防护装备,如安全帽、防护鞋、手套等,保护自己免受物理伤害。注意状况,小心行走,避免跌倒。

(4) 如果发生跌倒或撞伤等事故,在确保自身安全的前提下,尽快采取紧急救援措施,如进行简单包扎、拨打紧急救援电话等,并及时通报上级领导和医护人员,接受进一步的处理和治疗。

(5) 佩戴防护口罩、防护眼镜等个人防护装备,减少暴露于有害化学物质的风险。遵循煤矿的操作规程和安全要求,正确使用和储存化学品。

(6) 严格遵守防火规定,不在禁止吸烟区域吸烟。注意维护作业现场的清洁和整齐。

(7) 参与应急演练和培训,熟悉应急操作流程。如果发生火灾或爆炸,迅速采取必要的逃生措施,按照应急预案进行疏散,尽量选择安全的通道和出口。

第三节 调 度 员

一、岗位责任制

(1) 协助领导做好安全生产工作,及时解决生产环节中出现的各种问题,确保生产任务的完成。

(2) 认真负责掌握全矿当班生产作业计划完成情况,并负责当班生产数据的统计和对影响生产造成误时情况的分析、记录工作。

(3) 认真做好上级通知、传真、电文的接收和下达工作,并做好记录。

(4) 矿井发生重大事故时,调度员应根据规定程序,在第一时间做出反应并采取必要的应对措施积极组织抢救工作,及时向领导和上级有关部门报告。

(5) 调度员每月按规定完成下井任务,及时了解和熟悉生产现场情况,掌握各个环节存在的问题。

(6) 及时制止违章指挥、违章作业和违反劳动纪律的现象,并做好记录。

(7) 做好操作室卫生及设备保养工作,禁止外来人员进入操作室。

二、岗位作业流程标准

(一) 作业流程

接收任务→收集信息→分析与规划→调度指令发布→监控与协调→问题处理→记录和报告→安全管理。

(二) 作业标准

(1) 生产调度:根据生产计划,合理安排和调度煤矿的作业流程,确保矿井的正常生产和运转。协调各个作业区域之间的工作,确保生产进度和产量的达标。

(2) 设备调度管理:对煤矿的设备进行合理调度和管理,包括矿井开采设备、运输设备、通风设备等。根据生产需要,合理安排设备的使用时间和位置,确保设备的高效运转和维护。

(3) 人员调派管理:根据生产需求,对作业人员进行合理的调派和排班,确保各个工作区域的人力资源能够得到合理利用。还需与作业人员进行沟通和协调,确保工作任务的顺利完成。

(4) 车辆调度管理:在煤矿运输过程中,需要对运输车辆进行调度和管理,包括安排运输路线、跟踪车辆行驶情况、协调道路交通等。确保煤矿的煤炭顺利运输到指定地点,以满足市场需求。

(5) 信息收集和处理:及时收集和处理与煤矿相关的信息,包括煤矿产量、设备运行状况、人员调度情况等。利用监控系统、通信设备和现场人员报告等渠道获取准确的信息,并进行分析和处理。

(6) 应急响应和问题解决:在煤矿生产过程中,可能会出现突发事件和问题,如设备故障、交通堵塞、安全事故等。调度员需要迅速响应,并提供紧急响应和问题解决方案,以确保煤矿生产的连续性和安全性。

(7) 安全管理:作为煤矿的调度员,安全管理是至关重要的责任。需严格遵守相关的安全管理规定和操作程序,确保煤矿作业过程中的安全性,及时发现和处理安全隐患。

(8) 数据记录和报告:需准确记录煤矿生产的数据,包括产量、设备运行时间、人员调度情况等,并及时向上级汇报工作进展和相关数据。

三、风险隐患

(1) 因安全生产任务重、时间紧可能导致调度员疲劳工作,影响工作质量和决策的准确性。

(2) 缺乏及时的信息传递:煤矿调度涉及多个环节和各种不同的操作人员,而缺乏及时有效的信息传递可能导致调度过程中的误解和决策错误。

(3) 人员素质不高:煤矿调度人员的业务素质水平不高,可能会导致调度过程中判断错误和操作失误。

(4) 调度资源不足:煤矿调度需要充足的人力和物力资源支持,如果资源不足,可能会导致调度过程中无法及时响应和处理各种问题。

(5) 安全风险:煤矿作业本身存在着许多安全风险,如果调度员没有及时发现和处理这些风险,可能会导致严重的事故和人员伤亡。

(6) 交通拥堵和堆积:矿区内道路和运输设施拥堵,或堆积过多的煤矿产物,可能会导致煤矿调度过程中的物流运输困难和时间延误。

(7) 不可预见的突发事件:煤矿调度过程中可能会面临天气变化、地质灾害、安全事故等突发事件,这些不可预见的因素可能会导致调度计划的紊乱和生产中断。

四、防范或应急处置措施

(1) 建立健全调度管理制度:制定完善的调度管理制度,明确调度工作的责任和流程,确保每个环节都能得到有效的执行和监控。

(2) 加强信息沟通和传递:建立健全的信息沟通渠道和系统,确保信息的传递及时准确,避免因信息不足而导致的误解和错误决策。

(3) 提高调度员素质:加强调度员的培训和技能提升,确保其具备相关专业知识和操作能力,能够做出准确、科学的决策。

(4) 加强资源管理:合理规划和调配调度所需的人力和物力资源,确保资源足够,并做好日常维护和管理工作,提高资源利用效率。

(5) 强化安全管理:推行安全生产责任制,加强安全培训和宣传教育,强化安全检查和巡视工作,确保安全风险得到有效控制。

(6) 优化交通和物流管理:加强矿区内道路和运输设施的规划和管理,合理安排运输路线和时间,避免交通拥堵和煤矿产物堆积。

(7) 做好应急预案和演练:制定煤矿调度应急预案,并定期进行演练,提高应急处理能力,减少突发事件对调度过程的影响。

第四节 矿山救护工

一、岗位责任制

(1) 遵守纪律,听从指挥,积极主动地完成领导分配的各项任务。

(2) 保养好技术装备,使其达到战斗准备标准要求。

(3) 积极参加技术学习、体质训练,不断提高技术业务水平和身体素质。

(4) 处理事故时的具体职责:

① 在处理事故时,应迅速且正确地完成指挥员的命令,并与其保持经常联系。

② 了解本队的战斗任务,熟练运用自己的技术、装备去努力完成任务。

③ 积极救助遇险人员和消除事故。

④ 在行进和作业时,时刻注意周围的情况,发现异常现象立即报告小队长。

⑤ 注意自己仪器的工作情况和氧气呼吸器的氧气压力,发生故障及时报告小队长。

⑥ 在工作中帮助同志,在执行任务时不准单独离开小队。

⑦ 撤离矿井后,要迅速整理好氧气呼吸器及个人分管的装备。

⑧ 根据指挥员的命令,在事故处理时担任电话值班员、通信员、平安岗哨等,履行队员的特别职责。

二、岗位作业流程标准

(一) 作业流程

闻警集合→初期应急响应→应急出动→确认事故现场情况→制定救援方案→灾区侦查→搜索和施救→救治和转移受困人员→制定后续措施→救援结束与总结。

(二) 作业标准

(1) 矿山救护队电话值班员接到事故电话后,立即发出警报。

(2) 电话值班员应问清和记录事故地点、时间、类别、遇险遇难人员数量、通知人姓名及单位。

(3) 立即向值班领导及中队长报告,指战指挥员向集团公司领导报告。

(4) 调度信息指挥中心立即启动事故应急预案,确定应急救援队伍出动人员及携带装备,并通知相关人员做好准备。

(5) 应急救援队伍迅速赶往事故现场,进行初步观察和确认事故情况,包括事故类型、受困人员数量、受困位置等,以便制定救援方案。

(6) 根据现场情况和资源情况,救援指挥部制定详细的救援方案,包括救援队伍的进入路径、救援设备的使用方法、通风方式、救护时间等。

(7) 根据救援方案,救援人员进入受困区域,进行搜索和施救工作。利用各种救援设备和工具寻找受困人员,包括使用探测仪器、照明设备等。

(8) 一旦找到遇险人员,救援人员立即进行救治工作,包括给予急救、安抚受伤人员的情绪、稳定伤员等。然后将受困人员转移至安全地点或医疗设施进行进一步诊治。

(9) 救援行动进行的同时,还需考虑后续措施,包括通知相关部门进行事故调查、做好事故记录、进行后续安全整改等。

(10) 救援工作结束后,救援指挥部需要及时对救援行动进行总结和评估,分析成功和不足之处,并提出改进建议,以提高矿山救援工作的效率和能力。

三、风险隐患

(1) 矿井内存在有毒气体、缺氧、高温、高湿等不良环境条件,对救援人员的生命安全构成威胁。

(2) 矿井内部存在坍塌、倒塌和地质灾害等风险,可能导致救援人员被困或伤亡。

(3) 矿井通风系统的故障可能导致空气污染和缺氧,对救援人员和受困人员的生命安全产生危害。

(4) 煤矿事故中常出现的煤尘爆炸和瓦斯爆炸是救援人员的重大威胁,可能导致二次事故和更多人员伤亡。

(5) 救援设备的故障或不足可能导致无法顺利进行救援工作,增加救援人员和受困人员的伤亡风险。

(6) 矿井内通信信号弱或中断,救援人员可能难以与指挥中心保持联系,导致无法及时获得指导和支援。

(7) 救援工作需要耗费大量体力,救援人员可能因超负荷工作而出现疲劳、虚脱以及意外伤害。

(8) 矿山事故救援工作对救援人员的心理压力较大,可能导致焦虑、恐惧、情绪失控等心理问题,影响工作效率和安全。

四、防范或应急处置措施

(1) 制定完善的矿山救援预案,明确各种事故类型的救援流程和操作步骤,确保救援工作能够有序进行。

(2) 对救援人员进行系统培训,包括应急救援技能、应对危险环境的训练以及心理抗压能力的培养。

(3) 确保救援人员配备足够的安全防护设备,如呼吸器、防爆服、头盔等,平时做好维护保养,确保这些设备百分之百正常运作和有效性。

(4) 建立可靠的通信系统,确保救援人员与指挥中心之间能够保持畅通的通信,并采用多种通信手段备用。

(5) 借助下矿预检契机,定期对矿井设备、通风系统、救援设备等进行维护和检查,确保其正常运作和可靠性。

(6) 定期进行矿山事故模拟演练,提高救援人员的应急反应能力和团队协作水平。

(7) 提供心理健康支持和咨询服务,帮助救援人员处理因工作压力和创伤事件而产生的心理问题。

(8) 加强与相关部门、单位和专业救援机构的合作与协调,提高应对矿山事故的整体效能。

（9）不断总结救援工作的经验教训，进行改进和优化，以提高矿山救援工作的质量和效率。

第五节 防 冲 工

一、岗位责任制

（1）必须经过安全生产教育和专门培训，考试合格后，方可持证上岗。

（2）熟悉防冲钻机工作性能、操作流程，严格按章操作，做好防冲钻孔的施工，保证钻孔质量。

（3）做好开工前的安全确认，发现隐患或者其他不安全因素及时整改。

（4）了解掌握作业场所和本岗位灾害及事故应急措施、职业病危害防护措施和避灾路线等。

（5）严格按照规定施工程序操作，做好作业现场的标准化文明生产工作。

（6）做好设备维修保养，杜绝野蛮操作，爱护设备及安全设施。

（7）严禁违章作业，当工作地点出现险情时，有权立即停止作业，撤到安全地点；当险情没有得到处理、不能保证人身安全时，有权拒绝作业。

二、岗位作业流程标准

1. 作业流程

安全确认作业区域顶板、巷帮支护完好→开工前确认钻机、钻具完好齐全、正常运转→降尘设施安装到位、管路连接牢固、可靠，安全警戒设置到位，施工退路畅通→按照操作规程标准化施工防冲钻孔→完成施工任务，做好文明生产工作。

2. 作业标准

（1）作业准备

① 施工前安全确认。

② 施工区域范围内支护完好。

③ 防冲钻机、钻具稳定牢固、安全可靠。

④ 供风、供水管路畅通。

⑤ 有害气体检查，当瓦斯浓度达到1%时，不得开钻。

⑥ 作业人员佩戴防尘口罩、防护耳塞、开启巷道内防尘设施等。

（2）作业要求

① 穿戴防冲护具，做好个体防护；严禁戴手套操作钻杆，钻孔后方严禁站人。

② 操作钻机不得远离操作手柄，钻进速度要平稳。

③ 钻进过程中出现轻微吸钻时，要控制推进速度，并使用安全可靠的辅助设施控制前进，待排出煤粉、无吸钻现象时再钻进；出现严重吸钻时，要立即停止前进，利用反转将钻杆抽出部分，然后进行排粉，待无吸钻现象时再缓慢钻进。出现严重吸钻且无法控制钻进时，要立即停止作业。

④ 两人以上操作、组装、拆卸或移动钻机时，要注意互相协调，严防操作不当造成人员伤亡。

⑤ 完成任务，保证钻孔质量。

(3) 收尾工作

① 卸压施工完成后将钻机冲洗、擦拭干净并妥善放置；将风管阀门或开关闭锁，软管或电缆盘放捆绑固定。

② 对施工区域进行洒水防尘、清理煤粉等，做好文明生产工作。

三、风险隐患

(1) 未采取个体防护措施进入强冲击危险区域或进行卸压解危作业。

(2) 出现冲击地压危险征兆时继续作业。

(3) 不按措施要求施工防冲钻孔。

(4) 严禁爆破卸压时打眼与装药平行作业。

(5) 不发开机信号启动、操作钻车。

(6) 带压、带电检修钻机设备。

(7) 站在正对钻孔施工方向及靠近运行钻机的转动部位作业。

四、防范或应急处置措施

(1) 严格执行冲击危险区人员准入制度，实行限员管理。

(2) 作业人员施工过程中必须穿戴防冲服等特殊的个体防护装备，对人体胸部、腹部、头部等主要部位加强保护。

(3) 作业人员必须掌握作业地点发生冲击地压灾害的避灾路线以及被困时的自救常识。

(4) 作业区域有危险情况时，班组长有权责令现场作业人员停止作业、停电撤人。

(5) 当发现工作地点有发生冲击地压征兆时，迅速撤离危险区，按冲击地压事故避灾路线撤退到安全地点。

(6) 遇险人员应沉着冷静，根据现场实际条件和情况，在保证自身安全的前提下，积极开展自救互救，保持统一指挥，严禁冒险蛮干。